江苏省安全生产培训教材编写委员会
2016 年 8 月新编教材

低压电工作业

(初 训)

主编 刘为民 孙向红
主审 沈 立 陈建东

东南大学出版社
·南京·

图书在版编目（CIP）数据

低压电工作业／刘为民，孙向红主编．－南京：东南大学出版社，2011.12（2021.3 重印）

ISBN 978－7－5641－3125－8

Ⅰ.①低…　Ⅱ.①刘…②孙…　Ⅲ.①低电压—电工技术—基本知识　Ⅳ.①TM

中国版本图书馆 CIP 数据核字（2011）第 247422 号

书　　名　低压电工作业（初训）
主　　编　刘为民　孙向红
出 版 人　江建中
责任编辑　张　慧
出版发行　东南大学出版社
　　　　　（江苏省南京市四牌楼 2 号东南大学校内　邮政编码 210096）
网　　址　http：//www.seupress.com
印　　刷　南京京新印刷有限公司
开　　本　787mm × 1092mm 1/16
印　　张　14.75
字　　数　375 千字
版次印次　2011 年 11 月第 1 版　2021 年 3 月第 31 次印刷
印　　数　156001 ~ 161000
书　　号　ISBN 978－7－5641－3125－8
定　　价　32.80 元

（＊东大版图书若有印装质量问题，请直接与读者服务部联系，电话: 025－83791830）

江苏省安全生产培训教材
编写委员会

编写委员会主任、副主任、委员

主　任：陈正邦

副主任：赵利复　刘振田　喻鸿斌　徐　林

　　　　陈忠伟　姜　坚　赵启凤　单昕光

委　员：（按姓氏笔画为序）

　　　　王从金　孙友和　庄国波　华仁杰　汪　波

　　　　苏　斌　张　昕　沈晨东　宋明岗　张新年

　　　　张继闯　李瑞林　武　奇　赵宝华　赵昶东

　　　　洪家宁　倪建明　曹永荣　曹　斌　崔　泉

　　　　熊佳芝　魏持红

编写委员会办公室主任、副主任、成员

主　任：汪　波

副主任：孙友和　严建华

成　员：程继平　昝夏青

前 言

特种作业人员培训是企业安全生产管理的重要工作，也是政府各级行政部门安全生产监督管理的重要内容。做好特种作业人员培训，对于保障特种作业人员及其他人员的生命安全，防止事故的发生和人员伤亡，提高企业安全生产水平和经济效益都具有十分重要的作用。

社会经济的快速发展，科学技术的不断进步和安全法制建设的加快，对安全生产和安全培训工作提出了更新的标准、更高的要求。江苏省特种作业人员培训工作已进行了多年，为企业培训了大批的安全技术人员，促进了企业安全生产水平的提高，也促进了安全形势的持续稳定好转。为适应新形势，新的《低压电工作业》教材，按照江苏省安全生产培训教材编写委员会的要求，根据国家安全生产监督管理总局2010年7月颁布的新的《特种作业人员安全技术培训大纲和考核标准》编写而成。

本教材由江苏省镇江市安全生产宣传教育中心刘为民、孙向红主编，沈立、陈建东主审。在编写过程中得到了江苏省安全生产宣传教育中心的指导，在此表示衷心的感谢！

由于水平有限，书中难免有疏漏、错误之处，敬请提出宝贵意见。

编　者

2016年8月6日

目　　录

第一章　安全生产法律法规

第一节　我国安全生产法律、法规

一、安全生产法

《中华人民共和国安全生产法》自2002年11月1日施行以来，对加强和改进安全生产工作起到了重要作用，对于建设有中国特色的安全生产法律体系，使安全生产工作走上法制化轨道，具有十分重大的意义。但随着社会经济的发展，《安全生产法》施行中也出现了一些问题。2011年7月27日，温家宝总理主持召开第165次国务院常务会议，要求加快修订《安全生产法》。

《安全生产法》立法的目的是为了加强安全生产工作，防止和减少生产安全事故，保障人民群众生命和财产安全，促进经济发展。

《全国人民代表大会常务委员会关于修改〈中华人民共和国安全生产法〉的决定》已由中华人民共和国第十二届全国人民代表大会常务委员会第十次会议于2014年8月31日通过，自2014年12月1日起施行。修订后的《安全生产法》共有七章，并由原来的97条增加到114条(增加了17条)，修改了57个条款。

从结构和内容来看，修订后的《安全生产法》吸收了国际上的一些很成熟的安全生产的监管经验，平衡了各个方面的利益。突出事故隐患排查治理和事前预防，重点强化了三方面的制度措施：

1. 强化落实生产经营单位主体责任，解决安全生产责任制、安全生产投入、安全生产管理机构和安全生产管理人员的作用和发挥等问题，事故隐患排查治理制度等问题。

2. 强化政府监管，完善监管措施，加大监管力度。

3. 强化安全生产责任追究，加重对违法行为特别是对责任人的处罚力度，着力解决如何“重典治乱”的问题。具体包括：

(1) 新法坚持以人为本，推进安全发展：新法提出安全生产工作应当以人为本，充分体现了习近平总书记等中央领导同志近一年来关于安全生产工作一系列重要指示精神，对于坚守发展绝不能以牺牲人的生命为代价这条红线，牢固树立以人为本、生命至上的理念，正确处理重大险情和事故应急救援中“保财产”还是“保人命”的问题，具有重大意义。为强化安全生产工作的重要地位，明确安全生产在国民经济和社会发展中的重要地位，推进安全生产形势持续稳定好转，新法将坚持安全发展写入了总则。

(2) 新法建立完善安全生产方针和工作机制：新法确立了“安全第一、预防为主、综合治理”的安全生产工作“十二字方针”，明确了安全生产的重要地位、主体任务和实现安全生产的根本途径。

“安全第一”要求从事生产经营活动必须把安全放在首位，不能以牺牲人的生命、健康为代价换取发展和效益。

“预防为主”要求把安全生产工作的重心放在预防上，强化隐患排查治理，打非治违，从源头上控制、预防和减少生产安全事故。

“综合治理”要求运用行政、经济、法治、科技等多种手段，充分发挥社会、职工、舆论监督各个方面的作用，抓好安全生产工作。坚持“十二字方针”，总结实践经验，新法明确要求建立生产经营单位负责、职工参与、政府监管、行业自律、社会监督的机制，进一步明确各方安全生产职责。做好安全生产工作，落实生产经营单位主体责任是根本，职工参与是基础，政府监管是关键，行业自律是发展方向，社会监督是实现预防和减少生产安全事故目标的保障。

(3) 新法落实“三个必须”：明确安全监管部门执法地位按照三个必须(管业务必须管安全、管行业必须管安全、管生产经营必须管安全)的要求进行：

① 规定国务院和县级以上地方人民政府应当建立健全安全生产工作协调机制，及时协调、解决安全生产监督管理中存在的重大问题。

② 明确国务院和县级以上地方人民政府安全生产监督管理部门实施综合监督管理，有关部门在各自职责范围内对有关行业、领域的安全生产工作实施监督管理，并将其统称为负有安全生产监督管理职责的部门。

③ 明确各级安全生产监督管理部门和其他负有安全生产监督管理职责的部门作为执法部门，依法开展安全生产行政执法工作，对生产经营单位执行法律、法规、国家标准或者行业标准的情况进行监督检查。

4. 新法明确乡镇人民政府以及街道办事处、开发区管理机构、安全生产职责乡镇街道是安全生产工作的重要基础，有必要在立法层面明确其安全生产职责，同时，针对各地经济技术开发区、工业园区的安全监管体制不顺、监管人员配备不足、事故隐患集中、事故多发等突出问题，新法明确：乡、镇人民政府以及街道办事处、开发区管理机构等地方人民政府的派出机关应当按照职责，加强对本行政区域内生产经营单位安全生产状况的监督检查，协助上级人民政府有关部门依法履行安全生产监督管理职责。

5. 新法进一步强化生产经营单位的安全生产主体责任，做好安全生产工作，落实生产经营单位主体责任是根本。新法把明确安全责任、发挥生产经营单位安全生产管理机构和安全生产管理人员作用作为一项重要内容，做出四个方面的重要规定：

(1) 明确委托规定的机构提供安全生产技术、管理服务的，保证安全生产的责任仍然由本单位负责。

(2) 明确生产经营单位的安全生产责任制的内容，规定生产经营单位应当建立相应的机制，加强对安全生产责任制落实情况的监督考核。

(3) 明确生产经营单位的安全生产管理机构以及安全生产管理人员履行的七项职责。

(4) 规定矿山、金属冶炼建设项目和用于生产、储存危险物品的建设项目竣工投入生产或者使用前，由建设单位负责组织对安全设施进行验收。

6. 新法建立事故预防和应急救援的制度，新法把加强事前预防和事故应急救援作为一项重要内容：

(1) 生产经营单位必须建立生产安全事故隐患排查治理制度，采取技术、管理措施及时发现并消除事故隐患，并向从业人员通报隐患排查治理情况的制度。

(2) 政府有关部门要建立健全重大事故隐患治理督办制度，督促生产经营单位消除重大事故隐患。

(3) 对未建立隐患排查治理制度、未采取有效措施消除事故隐患的行为，设定了严格的行政处罚。

(4) 赋予负有安全监管职责的部门对拒不履行执法决定、有发生生产安全事故现实危险的生产经营单位，依法采取停电、停供民用爆炸物品等措施，强制生产经营单位履行决定。

(5) 国家建立应急救援基地和应急救援队伍，建立全国统一的应急救援信息系统。生产经营单位应当依法制定应急预案并定期演练。参与事故抢救的部门和单位要服从统一指挥，根据事故救援的需要组织采取告知、警戒、疏散等措施。

7. 新法建立安全生产标准化制度　安全生产标准化是在传统的安全质量标准化基础上，根据当前安全生产工作的要求、企业生产工艺特点，借鉴国外现代先进安全管理思想，形成的一套系统的、规范的、科学的安全管理体系。2010年《国务院关于进一步加强企业安全生产工作的通知》(国发〈2010〉23号)、2011年《国务院关于坚持科学发展安全发展促进安全生产形势持续稳定好转的意见》(国发〈2011〉40号)均对安全生产标准化工作提出了明确的要求。近年来，矿山、危险化学品等高危行业企业安全生产标准化取得了显著成效，工贸行业领域的标准化工作正在全面推进，企业本质安全生产水平明显提高。结合多年的实践经验，新法在总则部分明确提出推进安全生产标准化工作，这必将对强化安全生产基础建设，促进企业安全生产水平持续提升产生重大而深远的影响。

8. 推进安全生产责任保险制度　新法总结近年来的试点经验，通过引入保险机制，促进安全生产，规定国家鼓励生产经营单位投保安全生产责任保险。安全生产责任保险具有其他保险所不具备的特殊功能和优势。

(1) 增加事故救援费用和第三人(事故单位从业人员以外的事故受害人)赔付的资金来源，有助于减轻政府负担，维护社会稳定。目前有的地区还提供了一部分资金作为对事故死亡人员家属的补偿。

(2) 有利于现行安全生产经济政策的完善和发展。2005年起实施的高危行业风险抵押金制度存在缴存标准高、占用资金大、缺乏激励作用等不足，目前湖南、上海等省市已经通过地方立法允许企业自愿选择责任保险或者风险抵押金，受到企业的广泛欢迎。

(3) 通过保险费率浮动、引进保险公司参与企业安全管理，可以有效促进企业加强安全生产工作。

9. 加大对安全生产违法行为的责任追究力度

(1) 规定了事故行政处罚和终身行业禁入

① 将行政法规的规定上升为法律条文，按照两个责任主体、四个事故等级，设立了对生产经营单位及其主要负责人的八项罚款处罚明文。

② 大幅提高对事故责任单位的罚款金额：一般事故罚款20万至50万，较大事故50万至100万，重大事故100万至500万，特别重大事故500万至1 000万；特别重大事故的情节特别严重的，罚款1 000万至2 000万。

③ 进一步明确主要负责人对重大、特别重大事故负有责任的，终身不得担任本行业生产经营单位的主要负责人。

(2) 加大罚款处罚力度:结合各地区经济发展水平、企业规模等实际,新法维持罚款下限基本不变、将罚款上限提高了2～5倍,并且大多数罚款不再将限期整改作为前置条件。反映了"打非治违"、"重典治乱"的现实需要,强化了对安全生产违法行为的震慑力,也有利于降低执法成本、提高执法效能。

(3) 建立了严重违法行为公告和通报制度:要求负有安全生产监督管理部门建立安全生产违法行为信息库,如实记录生产经营单位的违法行为信息;对违法行为情节严重的生产经营单位应当向社会公告,并通报行业主管部门、投资主管部门、国土资源主管部门、证券监督管理部门和有关金融机构。

10.《安全生产法》所说的"负有安全生产监督管理职责的部门"就是指实施监督管理的国务院有关部门和县级以上地方各级人民政府有关部门。

11.《安全生产法》第二十七条规定生产经营单位的特种作业人员,必须按照国家有关法律、法规的规定接受专门的安全培训,经考核合格,取得特种作业操作资格证书后,方可上岗作业。

二、《安全生产培训管理办法》

为进一步规范和加强安全生产培训管理,促进安全生产培训工作健康发展,总局对《安全生产培训管理办法》(原国家局令第20号,以下称《办法》)进行了修订。新修订的《安全生产培训管理办法》(国家安全生产监督管理总局令第44号)经2011年12月31日国家安全生产监督管理总局局长办公会议审议通过,自2012年3月1日起施行。《办法》共7章、45条。

1. 适用范围　《办法》第二条规定,安全培训机构、生产经营单位从事安全生产培训(以下简称安全培训)活动以及安全生产监督管理部门、煤矿安全监察机构、地方人民政府负责煤矿安全培训的部门对安全培训工作实施监督管理,适用本办法。

2. 生产经营单位培训对象　《办法》第三条规定,生产经营单位从业人员是接受安全培训教育的重要群体之一,主要指生产经营单位主要负责人、安全生产管理人员、特种作业人员及其他从业人员、注册安全工程师、安全生产应急救援人员等。

3. 安全培训工作的指导原则　统一规划、归口管理、分级实施、分类指导、教考分离。

4. 安全培训机构　《办法》第五条规定,从事安全培训活动的机构,必须取得相应的资质证书。资质证书分三个等级。即:一级资质证书、二级资质证书、三级资质证书。

5. 安全培训工作的监管　《办法》第十九条规定,国家安监机构负责安全培训工作的监管。

国家安全监管总局负责省级以上安全生产监督管理部门的安全生产监管人员、各级煤矿安全监察机构的煤矿安全监察人员的培训工作;组织、指导和监督中央企业总公司、总厂或者集团公司的主要负责人和安全生产管理人员的培训工作。

省级安全生产监督管理部门负责市级、县级安全生产监督管理部门的安全生产监管人员的培训工作;组织、指导和监督省属生产经营单位、所辖区域内中央企业的分公司、子公司及其所属单位的主要负责人和安全生产管理人员的培训工作;组织、指导和监督特种作业人员的培训工作。

市级、县级安全生产监督管理部门组织、指导和监督本行政区域内除中央企业、省属生产经营单位以外的其他生产经营单位的主要负责人和安全生产管理人员的安全培训工作。

6. 生产经营单位安全培训的管理　《办法》第二十条规定，生产经营单位应当建立安全培训管理制度，保障从业人员安全培训所需经费，对从业人员进行与其所从事岗位相应的安全教育培训；从业人员调整工作岗位或者采用新工艺、新技术、新设备、新材料的，应当对其进行专门的安全教育和培训。未经安全教育和培训合格的从业人员，不得上岗作业。从业人员安全培训情况，生产经营单位应当建档备查。

7. 安全培训的分工　《办法》第二十一条规定，依照有关法律、法规应当取得安全资格证的生产经营单位主要负责人、安全生产管理人员、特种作业人员（国家规定了 11 个作业类别为特种作业）、井工矿山企业的生产、技术、通风、机电、运输、地测、调度等职能部门的负责人。必须由取得资质证书的培训机构进行培训，经考试合格、取得从业资质证书方可上岗。生产经营单位的其他从业人员的安全培训，由生产经营单位组织培训，或者委托安全培训机构进行培训。

生产经营单位从业人员的培训内容和培训时间，应当符合《生产经营单位安全培训规定》和有关标准的规定。

8. 重新培训制度　《办法》第二十二条规定，中央企业的分公司、子公司及其所属单位和其他生产经营单位，发生造成人员死亡的生产安全事故的，其主要负责人和安全生产管理人员应当重新参加安全培训。特种作业人员对造成人员死亡的生产安全事故负有直接责任的，应当按照《特种作业人员安全技术培训考核管理规定》重新参加安全培训。

9. 师傅带徒弟制度　《办法》第二十三条规定，国家鼓励生产经营单位实行师傅带徒弟制度。矿山新招的井下作业人员和危险物品生产经营单位新招的危险工艺操作岗位人员，除按照规定进行安全培训外，还应当在有经验的职工带领下实习满 2 个月后，方可独立上岗作业。

10. 免予培训制度　《办法》第二十四条规定，国家鼓励生产经营单位招录职业院校毕业生。职业院校毕业生从事与所学专业相关的作业，可以免予参加初次培训，实际操作培训除外。

11. 安全培训考核的原则　《办法》第二十八条规定，安全监管监察人员、从事安全生产工作的相关人员、依照有关法律法规应当取得安全资格证的生产经营单位主要负责人和安全生产管理人员、特种作业人员的安全培训的考核，应当坚持教考分离、统一标准、统一题库、分级负责的原则，分步推行有远程视频监视的计算机考试。

12. 安全培训考核的管理　《办法》第三十条、三十一条规定，国家安全监管总局负责省级以上安全生产监督管理部门的安全生产监管人员、各级煤矿安全监察机构的煤矿安全监察人员的考核；负责中央企业的总公司、总厂或者集团公司的主要负责人和安全生产管理人员的考核。省级安全生产监督管理部门负责市级、县级安全生产监督管理部门的安全生产监管人员的考核；负责省属生产经营单位和中央企业分公司、子公司及其所属单位的主要负责人和安全生产管理人员的考核；负责特种作业人员的考核。市级安全生产监督管理部门负责本行政区域内除中央企业、省属生产经营单位以外的其他生产经营单位的主要负责人和安全生产管理人员的考核。

省级煤矿安全培训监管机构负责所辖区域内煤矿企业的主要负责人、安全生产管理人员和特种作业人员的考核。

除主要负责人、安全生产管理人员、特种作业人员以外的生产经营单位的其他从业人员的考核，由生产经营单位按照省级安全生产监督管理部门公布的考核标准，自行组织考核。

安全生产监督管理部门、煤矿安全培训监管机构和生产经营单位应当制定安全培训的考核制度，建立考核管理档案备查。

13. 安全培训的发证　《办法》第三十三条规定，安全生产监管人员经考核合格后，颁发安全生产监管执法证；煤矿安全监察人员经考核合格后，颁发煤矿安全监察执法证；危险物品的生产、经营、储存单位和矿山企业主要负责人、安全生产管理人员经考核合格后，颁发安全资格证；特种作业人员经考核合格后，颁发《中华人民共和国特种作业操作证》(以下简称特种作业操作证)；危险化学品登记机构的登记人员经考核合格后，颁发上岗证；其他人员经培训合格后，颁发培训合格证。

14. 安全培训证书的有效期　安全生产监管执法证、煤矿安全监察执法证、安全资格证的有效期为 3 年。有效期届满需要延期的，应当于有效期届满 30 日前向原发证部门申请办理延期手续。

特种作业人员的考核发证按照《特种作业人员安全技术培训考核管理规定》执行。

特种作业操作证和省级安全生产监督管理部门、省级煤矿安全培训监管机构颁发的主要负责人、安全生产管理人员的安全资格证，在全国范围内有效。

15. 安全培训的监督检查　《办法》第四十一条规定，安全生产监督管理部门、煤矿安全培训监管机构应当对生产经营单位的安全培训情况进行监督检查，检查内容包括：

(1) 安全培训制度、年度培训计划、安全培训管理档案的制定和实施的情况。

(2) 安全培训经费投入和使用的情况。

(3) 主要负责人、安全生产管理人员和特种作业人员安全培训和持证上岗的情况。

(4) 应用新工艺、新技术、新材料、新设备以及转岗前对从业人员安全培训的情况。

(5) 其他从业人员安全培训的情况。

(6) 法律法规规定的其他内容。

16. 安全培训的法律责任　《办法》第四十九条规定，生产经营单位主要负责人、安全生产管理人员、特种作业人员以欺骗、贿赂等不正当手段取得安全资格证或者特种作业操作证的，除撤销其相关资格证外，处 3 000 元以下的罚款，并自撤销其相关资格证之日起 3 年内不得再次申请该资格证。

《办法》第五十条规定，生产经营单位有下列情形之一的，责令改正，处 3 万元以下的罚款：

(1) 相关人员未按照本办法第二十一条第一款规定由相应资质安全培训机构培训的。

(2) 从业人员安全培训的时间少于《生产经营单位安全培训规定》或者有关标准规定的。

(3) 矿山新招的井下作业人员和危险物品生产经营单位新招的危险工艺操作岗位人员，未经实习期满独立上岗作业的。

(4) 相关人员未按照本办法第二十二条规定重新参加安全培训的。

第二节　电工作业人员的基本要求

一、电工作业人员条件

国家安全生产监督管理总局2010年5月24日第30号令《特种作业人员安全技术培训考核管理规定》中有下面的内容。

第四条特种作业人员应当符合下列条件：

1. 年满18周岁，且不超过国家法定退休年龄。

2. 经社区或者县级以上医疗机构体检健康合格，并无妨碍从事相应特种作业的器质性心脏病、癫痫病、美尼尔病、眩晕症、癔症、震颤麻痹症、精神病、痴呆症以及其他疾病和生理缺陷。

3. 具有初中及以上文化程度。

4. 具备必要的安全技术知识与技能。

5. 相应特种作业规定的其他条件。

第五条特种作业人员必须经专门的安全技术培训并考核合格，取得“中华人民共和国特种作业操作证”后，方可上岗作业。

二、电工职业道德

人在社会中生活与工作，必须遵循一定的准则，这准则是人所公认的，又是人人应自觉遵守的，这就是社会的道德标准。如果人与人之间、工种与工种之间、行业与行业之间都符合这一道德标准，则生产与工作就能协调地有秩序地进行。道德是人的行为准则，是不容破坏的，为防止个别人的行为破坏这一准则，所以又产生了法令、法律作为对不遵守道德标准的人的惩罚，以维护社会的健康。

下面是电工职业道德规范的具体内容：

1. 文明礼貌　文明礼貌要求仪表端庄、语言规范、举止得体、待人热情。

2. 爱岗敬业　爱岗敬业要求树立职业思想、强化职业责任、提高职业技能。

3. 诚实守信　诚实守信就是指真实无欺，遵守承诺和契约的品德行为。

4. 办事公道　办事公道是在爱岗敬业、诚实守信的基础上提出的更高层次的职业道德要求，要做到坚持真理、公私分明、公正公平、光明磊落。

5. 勤劳节俭　勤劳节俭是中华民族固有的美德，艰苦奋斗是中国人民的优良传统。节俭与勤劳互为表里，既勤又俭就能不断地创造和积累财富。

6. 遵纪守法　要了解与自己所从事的职业相关岗位的规范、纪律和法律、法规，要严格要求自己，养成遵纪守法的良好习惯，要敢同违法违纪的现象和不正之风作斗争。

7. 团结互助　要求平等尊重、顾全大局、互相学习、加强协作。

8. 开拓创新　开拓创新要有创新的意识，要运用现代科学的思维方式，要有坚定的信心和意志。

三、电工岗位安全职责

为保证正常的生产和工作,保证电工作业的安全,尤其是人身安全,所有在岗电工都应该做到以下几点:

1. 严格遵守有关的规章制度,遵守劳动纪律。

2. 努力学习电工的专业技术和安全操作技术,提高预防事故和职业危害的能力。

3. 正确使用及保管好安全防护用具及劳动保护用品。

4. 善于采纳有利于安全作业的意见,对违章指挥作业的行为及时予以指出,必要时应向有关领导部门报告。

5. 认真执行本单位、本部门为所在岗位制定的岗位职责。

四、关于实习人员参加电气工作的规定

1. 凡新参加电气工作的人员,在参加工作前,必须经过培训。培训内容包括:电气基本理论知识,电气工作安全知识,有关安全工作规程及相关的操作方法。

2. 凡新参加电气工作的人员,经过培训、考核合格后,在有经验的工作人员带领和指导下,进行工作实习。实习期间指导人员应固定。实习期至少三个月。

3. 实习人员在有电气工作经验人员的带领下,可以参加一些简单的技术工作和操作任务,但不能担任主要操作任务和监护人。实习人员进行的工作必须经过检查验收。

4. 在现场工作时,实习人员必须认真遵守安全操作规程,听从指导人员的指挥,否则现场负责人有权停止其工作。

5. 实习人员在实习期满,经过考试合格后,允许其正式参加电气工作,并可在停电范围内独立工作,但其工作质量应经专人检查。

第三节　电工作业人员的培训考核

为了防止人员伤亡事故,促进安全生产,必须提高电工作业人员的安全技术素质,规范电工作业人员的培训、考核、发证和监督管理工作。根据《中华人民共和国安全生产法》、《中华人民共和国行政许可法》和其他相关法律、法规的规定,国家安全监督管理总局颁布了《特种作业人员培训考核管理办法》和《特种作业人员安全技术培训大纲及考核标准》,对电工的培训、考核、发证工作的积极开展起到了规范和指导作用。

一、电工作业人员安全技术培训考核管理按下列程序办理:

1. 招用电工要求　生产经营单位招用或聘用电工作业人员的年龄、文化程度和身体健康状况应符合电工作业人员的基本条件,同时必须从取得电工作业操作资格证书的人员中选用。

2. 对单位已招用或聘用的电工　应根据《特种作业人员培训考核管理办法》,参加户籍所在地或从业所在地安全生产监督管理部门组织、指导的电工作业安全技术培训、考核和发证。

二、培训

1. 电工作业人员的培训由省级安全生产监督管理部门或其委托直辖市安全生产监督管理部门审查认可的培训机构进行。

2. 电工作业人员的培训机构和教员实行资质认可制度，取得资质证书的培训机构应在所在地安全生产监督管理部门的指导和监督下，根据《电工作业人员安全技术培训大纲》要求和《电工作业》培训教材组织实施培训，依据《电工作业人员安全技术培训考核标准》网络命题，计算机进行考试，教考分离。

三、考核、发证

1. 考核　培训期满后，由省、市安全生产监督管理部门或其指定的单位，按《特种作业人员安全技术培圳考核标准》电工作业部分要求的命题考核。考核分为安全技术理论和实际操作两部分，两部分都必须达到合格要求，方予以通过。经考核不合格的，允许补考一次，补考仍不合格的，须重新培训。

2. 发证　考试合格后，由省级安全生产监督管理部门或委托直辖市安全生产监督管理部门签发由国家安全生产监督管理总局统一制作的特种作业操作资格证书。电工在取得资格证书后，方准许独立作业。特种作业操作资格证书是特种作业人员从事特种作业唯一有效证件。特种作业操作资格证有效期为 6 年，特种作业操作资格证书全国通用，特种作业人员从事特种作业时须随身携带。

四、证书复审、补(换)

1. 复审的目的　为了不断提高电工的素质，整顿电工队伍，有必要对电工进行安全生产法制教育和安全生产新知识、新技术学习，并对电工的特种作业操作资格证进行复核审查。

2. 复审的间隔时间和内容　电工的操作证每三年复审一次(不进行复审电工的操作证将失效)，同时对电工进行复训考核。考核合格的予以确认，考核不合格的可申请再考核一次，仍不合格须重新培圳发证。对脱离电工岗位 6 个月以上者需进行复审，未经复审不准继续独立作业。复审内容包括：体格检查；事故、违章记录检查；安全技术理论和实际操作考核。复审由省级安全生产监督管理部门或其委托的省辖市安全生产监督管理部门及其指定的单位进行。

3. 证书换证和补发　特种作业操作资格证在有效期内，由申请人提出换证申请；操作资格证书遗失、损毁的，由申请人向原发证部门申报补发新证。

4. 对违章及事故的责任者，省级或省辖市安全生产监督管理部门应根据国家安全生产监督管理总局颁布的《特种作业人员培训考核管理办法》罚则条款中规定，吊销或注销所发的特种作业操作资格证书。

第二章　电气安全管理

第一节　电气安全的重要性

一、安全用电的重要意义

随着国民经济的迅速发展及人民生活水平的不断提高。电力已成为工农业生产、科研、城市建设、市政交通和人民生活不可缺少的二次能源。随着用电设备和耗电量的不断增加，用电的安全问题也愈来愈成为不可忽视的重要问题。电力的生产和电气设备的使用有其特殊性。在生产和使用过程中如果不注意安全，会造成人身伤亡事故或电气设备损坏事故，甚至可能将事故范围扩大。若涉及电力系统，则会造成系统停电或大面积停电，使国家财产受到巨大的损失，影响正常的生产和生活。所以，为保证人身、电气设备、电力系统的安全，在用电的同时，必须把电气安全工作放在首位。

各用电单位及个人应贯彻“安全第一，预防为主，综合治理”的方针。加强安全用电教育和安全技术培训，掌握人身触电事故的规律性及防护技术，采取各种切实有效的措施防止事故发生。

安全用电，就是要使一切电力设施处于良好的运行状态，避免电力系统发生事故。安全用电就是要按照规程操作；按照运行管理规程进行定期的巡视检查及维修；按照安全工作规程做好安全防护工作；消除可能导致事故的隐患。

安全用电，是要我们采取一切必要的措施避免发生人身触电事故。这就要求我们在电气设备施工中按照有关的电气工程安装标准进行，以避免电气设备运行中可能出现的危及人身安全的情况。对于带电作业，要执行有关带电作业的安全工作规程；对停电作业，要遵守有关停电检修的安全规程，采取必要的安全技术措施和组织措施。要遵守有关劳动保护方面的法规、法令，正确地使用和保管安全用具。此外，还要普及电气知识，尤其是对那些直接使用电气设备的人员更要加强用电安全知识的教育，使其在一旦出现非常事故(如触电)时，有足够的应变能力。这也是电工作业人员不可推卸的责任。

二、电工作业的危险性

电工作业的固有特性，造成了它的高危险性，其特征如下：

1. 直观识别难　电有看不见、听不见、闻不到、摸不得的特性。电本身不具有人们直观识别的特征，是否带电不易被人们察觉。

2. 电能传递途径多样性　常用交流电可以通过导线传送；也可以在不相接触的导体之间，通过互感传送；还可以通过导体间和导体与地之间的电容传送。如果没有一定的电工理论知识，这是难以辨别的。在已停电的设备上，虽然两端都有明显的断开点，但常因周围有带电设备而感应电压，造成“麻电”，从而引发高空坠落事故。在停电设备上工作时也发生过检修人员移动接地线，造成令设备短时间未接地，造成触电事故，诸如此类事故均系通过互感或电容传递电能所致。

3. 电气设备都有电容　虽然电气设备已停电，但在电容上还会有剩余电荷，往往因未放电或未放完电就拆接头，造成触电事故。

4. 短路时，会在短路处产生电弧，而电弧会发出巨大的光热能量，在工作场所，人虽未触电，但电弧会对人的皮肤产生严重烧伤。

5. 运载电能的网络和设备是处于变化之中的。电工要警惕，要有足够的认识并认真辨别。变化大致有如下四种：

(1) 电网运行方式常有变化：为了保证不中断供电，电网结构常常互为备用，其运行方式多变化，如停电作业范围边缘的隔离开关外侧在有的运行方式下无电，在有的运行方式下有电，曾因此而出现触电伤亡事故多起。电工在工作前和工作中应了解运行方式有可能发生哪些变化。

(2) 运行中的设备绝缘可能会老化损坏，有可能使原来不带电的金属外壳意外带电，移动式设备和手持式电动工具绝缘更易受到损坏，造成危险。

(3) 运行中的设备，接头和导线原来存在隐患，在轻负载时不易发现，当过载或短路时，会加重隐患，造成危险，甚至发生事故。

(4) 运行中的电气设备保护配置不完善（如漏电保护器等）或校验失误，该动不动，不该动乱动，造成事故。

6. 有的电工作业会出现多工种（如：一次、二次、试验和电缆等工种）同时在一个单元或一台设备上作业，相互间配合不好或通信信息传递不好，会造成事故。

7. 常遇的停电、检修、送电环节多，涉及人员多，联络环节多，任何一环出错就有可能造成重大事故。

8. 有的电工作业会出现立体交叉作业，除可能出现电的伤害外，还有可能出现机械性伤害。

9. 电工作业场所有变压器油、汽油、粉尘等，使作业处于火灾、爆炸等危险环境之中，不可忽视。

10. 恶劣的天气会带来更大的危险。雷雨天会造成雷电反击、雷电感应等电击事故，冻雨天易造成倒杆断线，抢修时困难且危险性大。

三、电气安全管理工作的基本要求

1. 建立健全规章制度　合理和必要的规章制度是人们从长期安全生产实践中总结出来的，是保障安全生产的有效措施。如安全生产责任制，其主要作用是明确各企业领导、各部门和各岗位的安全责任，对安全生产的有序进行起到基本保证的作用。而与安全生产有直接关系的规章制度还有安全操作规程、安全作业规程、电气安装规程、运行管理和维护检修制度等。

根据不同电工工种，应建立各种安全操作规程和运行维护制度。如变配电所值班电工安全倒闸操作规程、运行规程、内外线维护检修电工安全操作规程、电气设备维修安全操作规程、电气试验安全操作规程、蓄电池安全操作规程（制度）、非专职电工人员手持电动工具安全操作规程、电焊安全操作规程、电炉安全操作规程、行车司机安全操作规程制度等。

在安装或变动电气一、二次设备和线路时，必须严格遵循有关安全操作规程和交接验收规程的要求，保证这些设备安全、正常地投入运行。

根据设备状况的特点，应建立相应的运行管理制度和维护检修制度，及时消除设备缺陷和隐患，保证设备和人身安全。

对于某些电气设备(如 SF_6 设备)，应建立专人管理的责任制。开关设备、临时线路、临时设备等容易发生人身事故的设备，应有专人负责管理。

对高压设备的检修工作，必须建立必要的安全工作制度，如工作票制度、工作监护制度等。

2. 建立安全监督机构和企业的三级安全网　企业应根据安全生产监督管理局的有关规定建立本单位的安全监督部门，不设专门安全监督机构的，必须设专职安全员，车间、班组至少应设兼职安全员，组成企业三级安全网。

对电气设备的运行、检修应认真履行监督职责，对人身安全的危险源和危险点进行评估、监督等，安全管理部门、动力(或电气)部门等必须互相配合，认真做好电气安全管理工作。专职电气安全员应具备必需的电工知识和电气安全知识，根据本单位员工人身和设备安全的实际状况制订安全措施计划，并监督计划的实施，不断提高员工电气安全水平。

3. 组织安全检查　安全检查是发现隐患和督促解决隐患的有效手段，可分为日常性巡视检查、一般性的定期检查和互查、专项定点检查、安全大检查等几种。日常性巡视检查是专业电工和值班电工的日常工作，几乎是每天都在进行；一般性的定期自检、互检是本单位电气部门和安技部门的正常业务，一般每月一次；专项检查是不定期的，有的是本单位安排的，有的是上级管理部门组织的；安全大检查是由本单位或上级管理部门组织的，由各企业有关部门管理者参加的，较全面、较深入的群众性安全检查，最好每季进行一次(结合夏季、冬季及雨季等检查)。

(1) 电气安全检查的内容：电气设备的绝缘有无问题；绝缘电阻是否合格、设备裸露带电部分是否有防护；保护接零或保护接地是否正确、可靠；安全保护装置和设施是否符合要求；特殊场所使用的手提灯和照明设备是否是安全电压；移动电气设备和手持式电动工具是否符合安全要求；电气安全用具和消防器材是否安全试验合格、是否在有效使用周期内等。

(2) 安全大检查的内容：查员工安全意识，查“三违”(违章指挥、违章操作、违反劳动纪律)情况和查安全制度的贯彻执行，以及安全分析会等安全活动是否正常开展等内容。

四、加强安全教育和安全技能培训

对独立电工要有经常性的安全教育和安全技能培训，使他们懂得安全法规，提高他们遵章守纪的自觉性和责任心，不断提高他们的安全知识和技能以及掌握安全用电的基本方法，使每个电工都能懂得电气设备的安装、调试、使用、维护、检修的标准和安全要求，都能熟知和掌握电工安全作业操作规程和其他安全生产制度，学会预防、分析和处理电气事故的方法，掌握触电事故抢救和扑灭电气火灾的方法。独立电工要接受省或直辖市安全生产监督管理部门组织的考核复审，企业应对电工进行继续教育和知识更新培训。

对使用电气设备的其他生产人员，通过企业的安全教育和培训，使他们知道安全法规，认识到安全用电的重要性，掌握安全用电的基本方法，懂得有关安全用电知识和安全作业规程。

要通过企业的安全教育和培训，使一般员工懂得电气安全和安全用电，以及了解安全生产法的一般知识。新进厂人员要接受厂、车间、班组三级安全教育，使他们懂得安全生产的重要性和安全用电的常识。安全宣传教育可采用多种形式，比如典型事故录像、广播、图片、标语、开办培训班等，使企业有良好的安全生产氛围。

五、组织事故分析和经验交流

一旦发生事故后，要深入调查清楚事故现场状况，召开事故分析会，分析事故发生的原因，找出预防事故的对策。对待事故应严肃地按照"四不放过"原则（即：事故责任人没有得到处理不放过；找不出事故原因不放过；事故责任人和群众受不到教育不放过；没有制定出防范措施不放过），认真调查分析事故，吸取事故教训。

六、建立安全技术资料

安全技术资料是做好安全工作的重要依据，应该经常收集和保存，尤其应注意收集与本企业有关的各种安全法规、标准和规范。

要建立电气系统图、低压系统布线图、全厂架空线路和电缆线路布置图、直流系统安装图以及设备操作的二次回路图，设备的说明及其资料。

设备的检修和试验记录、变配电所运行日志和设备缺陷记录以及设备事故和人身事故记录、事故报告等也应存档保存。

第二节　保证安全工作的组织措施和技术措施

一、保证安全工作的组织措施

电气设备上安全工作的组织措施包括：工作票制度、工作许可制度、工作监护制度、工作间断、转移和终结制度。

1. 工作票制度　工作票是准许在电气设备上工作的命令。也是保证安全工作的依据。工作票有第一种工作票和第二种工作票。事故应急抢修可不用工作票，但应使用事故应急抢修单。事故应急抢修工作是指电气设备发生故障被迫紧急停止运行，需短时间内恢复的抢修和排除故障的工作。非连续进行的事故修复工作，应使用工作票。

① 填写第一种工作票的工作：高压设备上的工作，需要全部停电或部分停电者。二次系统和照明等回路上的工作，需要将高压设备停电或做安全措施的。高压电力电缆需停电的工作。其他工作需要将高压设备停电或要做安全措施者。

② 填写第二种工作票的工作：控制盘和低压配电盘、配电箱、电源干线上的工作。二次系统和照明等回路上的工作，无需将高压设备停电或做安全措施的。转动中的发电机、同期调相机的励磁回路或高压电动机转子电阻回路上的工作。非运行人员用绝缘棒、核相器和电压互感器定相或用钳型电流表测量高压回路的电流。

(1) 工作票的填写与签发

① 工作票应使用黑色或蓝色的钢(水)笔或圆珠笔填写与签发,一式两份,内容应正确,填写应清楚,不得任意涂改。如有个别错、漏字需要修改,应使用规范的符号,字迹应清楚。

② 用计算机生成或打印的工作票应使用统一的票面格式,由工作票签发人审核无误,手工或电子签名后方可执行。

③ 工作票一份应保存在工作地点,由工作负责人收执;另一份由工作许可人收执,按值移交。工作许可人应将工作票的编号、工作任务、许可及终结时间记入登记簿。

④ 一张工作票中,工作票签发人、工作负责人和工作许可人三者不得互相兼任。工作票由工作负责人填写,也可以由工作票签发人填写。

(2) 工作票的使用

① 一个工作负责人不能同时执行多张工作票,工作票上所列的工作地点,以一个电气连接部分为限。

② 在原工作票的停电及安全措施范围内增加工作任务时,应由工作负责人征得工作票签发人和工作许可人同意,并在工作票上增填工作项目。若需变更或增设安全措施者应填用新的工作票,并重新履行签发许可手续。

③ 第一种工作票应在工作前一日送达运行人员,可直接送达或通过传真、局域网传送,但传真传送的工作票许可应待正式工作票到达后履行。

第二种工作票和带电作业工作票可在进行工作的当天预先交给工作许可人。

(3) 工作票所列人员的基本条件

① 工作票的签发人应是熟悉人员技术水平、熟悉设备情况、熟悉本规程,并具有相关工作经验的生产领导人、技术人员或经本单位分管生产领导批准的人员。工作票签发人员名单应书面公布。

② 工作负责人(监护人)应是具有相关工作经验,熟悉设备情况和本规程,经工区(所、公司)生产领导书面批准的人员。工作负责人还应熟悉工作班成员的工作能力。

③ 工作许可人应是经工区(所、公司)生产领导书面批准的、有一定工作经验的运行人员或检修操作人员(进行该工作任务操作及做安全措施的人员):用户变、配电站的工作许可人应是持有效证书的高压电气工作人员。

(4) 工作票所列人员的安全责任

① 工作票签发人

· 工作必要性和安全性。

· 工作票上所填安全措施是否正确完备。

· 所派工作负责人和工作班人员是否适当和充足。

② 工作负责人(监护人)

· 正确安全地组织工作。

· 负责检查工作票所列安全措施是否正确完备,是否符合现场实际条件,必要时予以补充。

· 工作前对工作班成员进行危险点告知,交代安全措施和技术措施,并确认每一个工作班成员都已知晓。

· 严格执行工作票所列安全措施。

· 督促、监护工作班成员遵守本规程，正确使用劳动防护用品和执行现场安全措施。

· 工作班成员精神状态是否良好，变动是否合适。

③ 工作许可人

· 负责审查工作票所列安全措施是否正确、完备，是否符合现场条件。

· 工作现场布置的安全措施是否完善，必要时予以补充。

· 负责检查、检修设备有无突然来电的危险。

· 对工作票所列内容即使发生很小疑问，也应向工作票签发人询问清楚，必要时应要求作详细补充。

④ 专责监护人

· 明确被监护人员和监护范围。

· 工作前对被监护人员交代安全措施，告知危险点和安全注意事项。

· 监督被监护人员遵守本规程和现场安全措施，及时纠正不安全行为。

⑤ 工作班成员

· 熟悉工作内容、工作流程，掌握安全措施，明确工作中的危险点，并履行确认手续。

· 严格遵守安全规章制度、技术规程和劳动纪律，对自己在工作中的行为负责，互相关心工作安全，并监督本规程的执行和现场安全措施的实施。

· 正确使用安全工器具和劳动防护用品。

2. 工作许可制度 工作许可人在完成施工现场的安全措施后，还应完成以下手续，工作班方可开始工作：

(1) 会同工作负责人到现场再次检查所做的安全措施，对具体的设备指明实际的隔离措施，证明检修设备确实无电压。

(2) 对工作负责人指明带电设备的位置和注意事项。

(3) 和工作负责人在工作票上分别确认、签名。

(4) 运行人员不得变更有关检修设备的运行接线方式。工作负责人、工作许可人任何一方不得擅自变更安全措施，工作中如有特殊情况需要变更时，应先取得对方的同意并及时恢复。变更情况应及时记录在值班日志内。

3. 工作监护制度

(1) 工作许可手续完成后，工作负责人、专责监护人应向工作班成员交代工作内容、人员分工、带电部位和现场安全措施，进行危险点告知，并履行确认手续，工作班方可开始工作。工作负责人、专责监护人应始终在工作现场，认真监护工作班人员，及时纠正不安全的行为。

(2) 工作负责人在全部停电时，可以参加工作班工作。在部分停电时，只有在安全措施可靠，人员集中在一个工作地点，不致误碰有电部分的情况下，方能参加工作。

(3) 专责监护人不得兼做其他工作。专责监护人临时离开时，应通知被监护人员停止工作或离开工作现场，待专责监护人回来后方可恢复工作。若专责监护人必须长时间离开工作现场时，应由工作负责人变更专责监护人，履行变更手续，并告知全体被监护人员。

(4) 工作期间，工作负责人若因故暂时离开工作现场时，应指定能胜任的人员临时代替，离开前应将工作现场交代清楚，并告知工作班成员。原工作负责人返回工作现场时，也应履行同样的交接手续。

(5) 若工作负责人必须长时间离开工作现场时,应由原工作票签发人变更工作负责人,履行变更手续,并告知全体工作人员及工作许可人。原、现工作负责人应做好必要的交接。

4. 工作间断、转移和终结制度

(1) 工作间断时,工作班人员应从工作现场撤出,所有安全措施保持不动,工作票仍由工作负责人执存,间断后继续工作,无须通过工作许可人。每日收工,应清扫工作地点,开放已封闭的通道,并将工作票交回运行人员。次日复工时,应得到工作许可人的许可,取回工作票,工作负责人应重新认真检查安全措施是否符合工作票的要求,并召开现场站班会后,方可工作。若无工作负责人或专责监护人带领,作业人员不得进入工作地点。

(2) 在未办理工作票终结手续以前,任何人员不准将停电设备合闸送电。在工作间断期间,若有紧急需要,运行人员可在工作票未交回的情况下合闸送电,但应先通知工作负责人,在得到工作班全体人员已经离开工作地点、可以送电的答复后方可执行,并应采取下列措施:

① 拆除临时遮栏、接地线和标示牌,恢复常设遮栏,换挂"止步,高压危险!"的标示牌。

② 应在所有道路派专人守候,以便告诉工作班人员"设备已经合闸送电,不得继续工作"。守候人员在工作票未交回以前,不得离开守候地点。

(3) 检修工作结束以前,若需将设备试加工作电压,应按下列条件进行:

① 全体工作人员撤离工作地点。

② 将该系统的所有工作票收回,拆除临时遮栏、接地线和标示牌,恢复常设遮栏。

③ 应在工作负责人和运行人员进行全面检查无误后,由运行人员进行加压试验。

工作班若需继续工作时,应重新履行工作许可手续。

(4) 在同一电气连接部分用同一工作票依次在几个工作地点转移工作时,全部安全措施由运行人员在开工前一次做完,不需再办理转移手续。但工作负责人在转移工作地点时,应向工作人员交代带电范围、安全措施和注意事项。

(5) 全部工作完毕后,工作班应清扫、整理现场。工作负责人应先周密地检查,待全体工作人员撤离工作地点后,再向运行人员交待所修项目、发现的问题、试验结果和存在的问题等,并与运行人员共同检查设备状况、状态,有无遗留物件,是否清洁等,然后在工作票上填明工作结束时间。经双方签名后,表示工作终结。

待工作票上的临时遮栏已拆除,标示牌已取下,已恢复常设遮栏,未拆除的接地线、未拉开的接地刀闸(装置)等设备运行方式已汇报调度,工作票方告终结。

(6) 只有在同一停电系统的所有工作票都已终结,并得到值班调度员或运行值班负责人的许可指令后,方可合闸送电。禁止约时停、送电。

(7) 已终结的工作票、事故应急抢修单应保存一年。

二、保证安全工作的技术措施

在电气设备上工作,保证安全的技术措施有:停电、验电、接地、悬挂标示牌和装设遮栏(围栏)。

1. 停电

(1) 断开发电厂、变电站、换流站、开闭所、配电站(所)(包括用户设备)等线路断路器(开关)和隔离开关(刀闸)。

(2) 断开线路上需要操作的各端(含分支)断路器(开关)、隔离开关(刀闸)和熔断器。

(3) 断开危及线路停电作业,且不能采取相应安全措施的交叉跨越、平行和同杆架设线路(包括用户线路)的断路器(开关)、隔离开关(刀闸)和熔断器。

(4) 断开有可能返回低压电源的断路器(开关)、隔离开关(刀闸)和熔断器。

进行线路停电作业前,应做好下列安全措施:停电设备的各端应有明显的断开点,若无法观察到停电设备的断开点,应有能够反映设备运行状态的电气和机械等指示。

可直接在地面操作的断路器(开关)、隔离开关(刀闸)等操作机构上应加锁,不能直接在地面操作的断路器(开关)、隔离开关(刀闸)应悬挂标示牌;跌落式熔断器的熔管应摘下或悬挂标示牌。

2. 验电

(1) 验电是保证电气作业安全的技术措施之一。在停电线路工作地段装接地线前,应先验电,验明线路确无电压。验电时,应使用相应电压等级且合格的接触式验电器。

(2) 验电前应先在有电设备上进行试验,确认验电器良好;无法在有电设备上进行试验时,可用工频高压发生器等确证验电器良好。如果在木杆、木梯或木架上验电,不接地不能指示者,可在验电器绝缘杆尾部接上接地线,但应经运行值班负责人或工作负责人许可。

验电时人体应与被验电设备保持规定的距离,并设专人监护。使用伸缩式验电器时应保证绝缘的有效长度。

(3) 对无法进行直接验电的设备、高压直流输电设备和雨雪天气时的户外设备,可以进行间接验电。即通过设备的机械指示位置、电气指示、带电显示装置、仪表及各种遥测、遥信等信号的变化来判断。判断时,应有两个及以上的指示,且所有指示均已同时发生对应变化,才能确认该设备已无电;若进行遥控操作,则应同时检查隔离开关(刀闸)的状态指示、遥测、遥信信号及带电显示装置的指示进行间接验电。

(4) 对同杆塔架设的多层电力线路进行验电时,应先验低压、后验高压,先验下层、后验上层,先验近侧、后验远侧。禁止工作人员穿越未经验电、接地的 10 kV 及以下线路对上层线路进行验电。

线路的验电应逐相(直流线路逐极)进行。检修联络用的断路器(开关)、隔离开关(刀闸)或其组合时,应在其两侧验电。

3. 装设接地线

(1) 线路经验明确无电压后,应立即装设接地线并三相短路(直流线路两极接地线分别直接接地)。装、拆接地线应在监护下进行。各工作班工作地段各端和有可能送电到停电线路工作地段的分支线(包括用户)都要验电、装设工作接地线。直流接地极线路,作业点两端应装设工作接地线。配合停电的线路可以只在工作地点附近装设一处工作接地线。

(2) 禁止工作人员擅自变更工作票中指定的接地线位置。如需变更,应由工作负责人征得工作票签发人同意,并在工作票上注明变更情况。

(3) 同杆塔架设的多层电力线路挂接地线时,应先挂低压、后挂高压,先挂下层、后挂上层,先挂近侧、后挂远侧。拆除时次序相反。

(4) 成套接地线应由有透明护套的多股软铜线组成,其截面积不得小于 25 mm^2,同时应满足装设地点短路电流的要求。禁止使用其他导线作接地线或短路线。接地线应使用专用的线夹固定在导体上,禁止用缠绕的方法进行接地或短路。

(5) 装设接地线时,应先接接地端,后接导线端,接地线应接触良好、连接可靠。拆接地线的顺序与此相反。装、拆接地线均应使用绝缘棒或专用的绝缘绳。人体不准碰触未接地的导线。

(6) 利用铁塔接地或与杆塔接地装置电气上直接相连的横担接地时,允许每相分别接地,但杆塔接地电阻和接地通道应良好。杆塔与接地线连接部分应清除油漆,接触良好。

(7) 对于无接地引下线的杆塔,可采用临时接地体。接地体的截面积不小于190 mm^2(如 ϕ16 圆钢)。接地体在地面下深度不准小于 0.6 m。对于土壤电阻率较高地区,如岩石、瓦砾、沙土等,应采取增加接地体根数、长度、截面积或埋地深度等措施改善接地电阻。

(8) 在同塔架设多回线路杆塔的停电线路上装设的接地线,应采取措施防止接地线摆动。断开耐张杆塔引线或工作中需要拉开断路器(开关)、隔离开关(刀闸)时,应先在其两侧装设接地线。

(9) 电缆及电容器接地前应逐相充分放电,星形接线电容器的中性点应接地,串联电容器及与整组电容器脱离的电容器应逐个多次放电,装在绝缘支架上的电容器外壳也应放电。

(10) 使用个人保安线

① 工作地段如有邻近、平行、交叉跨越及同杆塔架设线路,为防止停电检修线路上产生感应电压伤人,在需要接触或接近导线工作时,应使用个人保安线。

② 个人保安线应在杆塔上接触或接近导线的作业开始前挂接,作业结束脱离导线后拆除。装设时,应先接接地端,后接导线端,且要求接触良好,连接可靠。拆个人保安线的顺序与此相反。个人保安线由作业人员负责自行装、拆。

③ 个人保安线应使用有透明护套的多股软铜线,截面积不准小于 16 mm^2,且应带有绝缘手柄或绝缘部件。禁止用个人保安线代替接地线。

④ 在杆塔或横担接地通道良好的条件下,个人保安线接地端允许接在杆塔或横担上。

4. 悬挂标示牌和装设遮栏(围栏)

(1) 在一经合闸即可送电到工作地点的断路器(开关)、隔离开关(刀闸)及跌落式熔断器的操作处,均应悬挂“**禁止合闸,线路有人工作!**”或“**禁止合闸,有人工作!**”的标示牌。

(2) 进行地面配电设备部分停电的工作时,人员工作时距未停电设备小于表 2-1 安全距离的,应增设临时围栏。临时围栏与带电部分的距离,不小于表 2-2 的规定。临时围栏应装设牢固,并悬挂“止步,高压危险!”的标示牌。

表 2-1　设备不停电时的安全距离

电压等级(kV)	安全距离(m)
10 及以下	0.70
20、35	1.00
63(66)、110	1.50

注表中未列电压应选用高一电压等级的安全距离,表 3-2 同

表 2-2　工作人员工作中正常活动范围与带电设备的安全距离

电压等级(kV)	安全距离(m)
10 及以下	0.35
20、35	0.60
63(66)、110	1.50

35 kV 及以下设备的临时围栏，如因工作的特殊需要，可用绝缘隔板与带电部分直接接触。绝缘隔板的绝缘性能应符合规定的要求。

5. 倒闸操作的基本要求

(1) 停电拉闸操作应按照断路器(开关)—负荷侧隔离开关(刀闸)—电源侧隔离开关(刀闸)的顺序依次进行，送电合闸操作应按与上述相反的顺序进行。禁止带负荷拉合隔离开关(刀闸)。

(2) 开始操作前，应先在模拟图(或微机防误装置、微机监控装置)上进行核对性模拟预演，无误后，再进行操作。操作前应先核对系统方式、设备名称、编号和位置，操作中应认真执行监护复诵制度(单人操作时也应高声唱票)，宜全过程录音。操作过程中应按操作票填写的顺序逐项操作。每操作完一步，应检查无误后做一个"√"记号，全部操作完毕后进行复查。

(3) 监护操作时，操作人在操作过程中不准有任何未经监护人同意的操作行为。

第三节　一般带电作业的基本要求

一、低压带电工作安全措施

1. 低压带电作业人员必须经过专门培训，并经考试合格和单位领导批准。

2. 低压带电作业应设专人监护。监护人应由有实践经验的熟练工人担任。

3. 进行低压带电作业应使用带绝缘柄的工具，工作时应站在干燥的绝缘物上，穿低压绝缘鞋、戴绝缘手套和安全帽及防护用具，如需要登高作业应使用由绝缘材料制作的梯子等登高工具。工作时必须穿长袖工作服，工作中应有良好的照明条件，进行低压带电作业时应随身携带试电笔。

4. 高、低压同杆架设，在低压带电线路上工作时，应先检查与高压线的距离，并采取措施防止误碰高压带电设备。在低压带电导线未采取绝缘措施前，工作人员不得穿越导线。应设专人监护，并采取防止导线产生跳动而与带电导线接近至危险范围以内的措施，在带电的低压配电装置上工作时，应采取防止相间短路和单相接地的隔离措施。

5. 低压带电进行断接导线作业时，上杆前应分清相线、中性线、路灯线，并选好工作位置。断开导线时，应先断开相线，后断中性线，并应先做好相位记录。搭接导线时，顺序相反。一根杆上只允许一人断、接导线，并设专人监护。

6. 修换灯口、闸盒和电门时，应采取防止短路、接地及防止人身触电的措施。

7. 带电拆、搭弓子线时,应在专人监护下进行,并应戴防护目镜,使用绝缘工具,尽量避开阳光直射。

8. 在雷电、雨、雪、大雾及五级以上大风等气候条件下,一般不应进行室外带电作业。

二、临近带电导线工作安全规定

1. 低压带电线路电杆的工作

(1) 只允许在带电线路的下方处理水泥杆裂纹、加固拉线、拆除鸟窝、紧固螺丝、查看导线金具和绝缘子等工作。作业人员活动范围及其所携带的工具、材料等与低压带电导线的最小距离不得小于 0.7 m。

(2) 在带电电杆上进行拉线加固工作时,只允许调整拉线下把的绑扎或补强工作,不得将连接处松开。

2. 邻近或交叉其他电力线路的工作

(1) 新架或停电检修的线路(指放线、撤线或紧线、松线、落线等工作)如与另一强电、弱电线路邻近或交叉,以致工作时将可能和另一回路导线接触或接近至危险距离以内(见表 2-3),则均应对另一线路采取停电或其他安全措施。

表 2-3　低压线路邻近或交叉其他电力线路工作的安全距离

电压等级(kV)	安全距离(m)	电压等级(kV)	安全距离(m)
10 及以下	1.0	330	5.0
35(20～44)	2.5	500	6.0
60～110	3.0	750	9.0
220	4.0	1 000	10.5

(2) 为了防止新架或停电检修线路的导线产生跳动,或因过度牵引引起导线突然脱落、滑跑而发生意外,应用绳索将导线牵拉牢固或采用其他安全措施。

(3) 为防止登杆作业人员错误登杆而造成人身电击事故,与检修线路邻近带电线路的电杆上必须挂标示牌,或派专人看守。

3. 同杆架设多回低压线路中的停电检修工作

(1) 同杆架设的多回线路中的任一回路检修,其他线路都必须停电,并均必须挂接地线。

(2) 停电检修的每一回线路均应具有双重称号,即线路名称、左(右)线或上(下)线的称号(面向线路杆号增加的方向,在左边的线路称为左线,在右边的线路称为右线)。工作票中应填写线路的双重称号。

三、低压间接带电作业安全规定

1. 进行间接带电作业时,作业范围内电气回路的剩余电流动作保护器必须投入运行。

2. 低压间接带电工作时应设专人监护,工作人员必须穿着长袖衣服和绝缘鞋、戴绝缘手套,使用有绝缘手柄的工具。

3. 间接带电作业,应在天气良好的条件下进行。

4. 在带电的低压配电装置上工作时，应采取防止相间短路和单相接地短路的隔离措施。更换和检修用电设备时，最好的安全措施是切断电源。

5. 在紧急情况下，允许用有绝缘柄的钢丝钳断开带电的绝缘照明线。断线时，应分相进行。断开点应在导线固定点的负荷侧。被断开的线头，应用绝缘胶布包扎、固定。

6. 带电断开配电盘或接线箱中的电压表和电能表的电压回路时，必须采取防止短路或接地的措施。

7. 更换户外式熔断器的熔丝或拆搭接头时，应在线路停电后进行。如需作业时必须在监护人的监护下进行间接带电作业，但严禁带负荷作业。

8. 严禁在电流互感器二次回路中带电工作。

四、临时用电安全技术

1. 对于临时用电线路，应有一套严格的管理制度。临时用电必须提出申请、明确用电的时间、用电地点，要有专人管理，经批准后方可实施。使用中必须派专人负责，定期检查，用后应立即拆除。

2. 临时线应采用三芯或四芯的橡套或塑套软线，线路布置应当符合要求。临时线路应与正常的用电安全规范要求相一致，其长度一般不宜超过 500 m，架空线路离地高度 6 m，所使用的设备应采取漏电保护措施。电源侧必须设置总开关，安装漏电保护器。还可采取保护接零（或保护接地）或其他安全措施，如必要的遮栏、必要的警告牌等。

3. 临时线路应有使用期限，一般不应超过 6 个月。临时线架设时，应先安装用电设备一端，再安装电源侧一端；拆除时顺序相反。临时线相互连接时，应用插头及插座拖板，严禁将连接线的两头都装插头。

4. 临时用电线路严禁利用大地作中性线，即严禁三线一地、二线一地、一线一地。移动式开关箱要做到一机一闸一漏，严禁一闸多机。

第三章 电工基础知识

第一节 直流电路

一、直流电路的组成及各部分的作用

1. 电路的组成 电流所通过的路径称为电路。电路一般都是由电源、负载、导线、控制电器(开关)组成(如图 3-1 所示)。常用的直流电源有干电池、蓄电池和直流发电机。

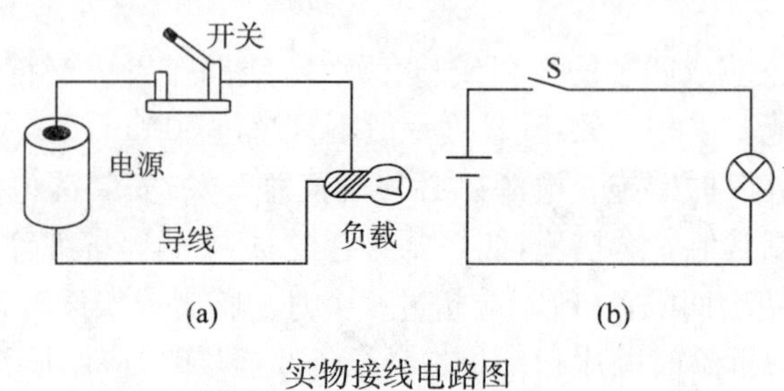

实物接线电路图

图 3-1 电路的组成

2. 电路的三种工作状态

(1) 通路状态:开关接通,构成闭合回路,电路中有电流通过。

(2) 断路(开路)状态:开关断开或电路中某处断开,电路中无电流。电路在断路(开路)状态下负载电阻 R 为∞或某处的连接导线断开电流不能导通的现象。

(3) 短路状态:如果电源通向负载的两根导线不经过负载而相互直接接通,就发生电源被短路的情况。这时,电路中的电流可能增大到远远超过导线所允许的限度。

二、直流电路的基本物理量

1. 电量

(1) 电荷:带电的基本粒子称为电荷。失去电子带正电的粒子叫正电荷,电子带负电的粒子叫负电荷。

(2) 电量:是指物体所带电荷的多少。电量用 Q 表示,电量的单位为库仑(C)。$1\ C=6.25\times10^{18}$ 个电子荷。

2. 电场 电场强度是描述电场性质的物理量,电场强度是矢量,不仅有大小,还有方向。

3. 电流 导体中的自由电子在电场力的作用下,电荷规则的定向运动就形成了电流。电流的表达式为:

$$i=\frac{dq}{dt}$$

电流用 I 表示，单位是安培(A)。

1 kA=10^3 A　　1 mA=10^{-3} A　　1 μA=10^{-6} A

电流的产生条件有两个：一是电路中必须存在不为零的电动势；二是电路必须成为闭合回路。两者缺一不可，假如缺少其中任何一个，电路内便不可能存在电流。

电流可以用交流电流表或直流电流表串联在电路中进行测量，也可用电流天平、电桥、电位差计间接测量。

① 直流电流：直流电流是指电流方向不随时间而变化的电流。方向和大小都保持不变的电流称恒定电流，简称为直流。直流电流过导线时，导线横截面上各处的电流密度相等。

② 交流电流：方向、大小随时间而变化的电流称为交流电流。

4. 电位、电压、电动势

(1) 电位：物体处在不同的高度具有不同的位能，相对高度越大位能就越大，电场中某点的电位与参考点的选择有密切的关系。电位的高低决定于物体所带电荷的正负，以及所带电荷的多少。

(2) 电压：在电路中 A、B 两点间的电位差称为电压。

$$U_{AB}=U_A-U_B$$

电压用 U 表示，单位是伏特(V)。

两个物体或两点之间电位的差，称为电位差，习惯上称电压。可以用直流电压表或交流电压表分别测量直流、交流电压。电压表必须并联在被测电路两端。

(3) 电动势：在电场中将单位正电荷由低电位移向高电位时，外力所做的功称为电动势。(要电流持续不断地沿电路流动使电源两极应维持一定的电位差，这种电位差称为电源的电动势)。

$$e=\frac{dw}{dq}$$

电位、电压、电动势的单位都是伏特(V)。

1 kV=10^3 V　　1 mV=10^{-3} V　　1 μV=10^{-6} V

5. 电阻和电阻率

(1) 电阻：导体中自由电子在定向移动时，不断相互碰撞，同时又要与导体的原子相互碰撞，这种碰撞对电子起到阻碍作用。这种对电流的阻碍作用称为电阻，用 R 表示，单位是欧姆(Ω)：1 Ω=1 V/1 A。

1 kΩ=10^3 Ω　　1 MΩ=10^6 Ω　　1 Ω=10^{-6} MΩ

(2) 电阻率：电阻率的大小等于长度为 1 m，截面积为 1 mm^2 的导体在一定的温度下的电阻值，单位是欧姆米(Ω · mm)。

金属导体的电阻与其长度成正比，与其截面积成反比，并与材料、温度等因素有关。在20℃时导体的电阻可用以下公式表示：

$$R=\rho L/S$$

R——导体的电阻(Ω);

ρ——导体电阻率($\Omega \cdot mm^2/m$);

L——导体的长度(m);

S——导体截面积(mm^2)。

导体的电阻与温度有关,通常金属的电阻是随温度的升高而增大。

6. 欧姆定律

(1) 部分欧姆定律的内容是:流过导体的电流与这段导体两端的电压成正比,与这段导体的电阻成反比,其表达式为:

$$I=U/R$$

(2) 全电路欧姆定律的内容是:在全电路中电流强度与电源的电动势成正比,与整个电路的内外电阻之和成反比。

7. 电阻电路

(1) 电阻的串联:在电路中几个电阻依次相连接,中间没有分岔支路,这时通过每个电阻的电流相同,这种连接方式叫电阻的串联(如图 3-2 所示)。

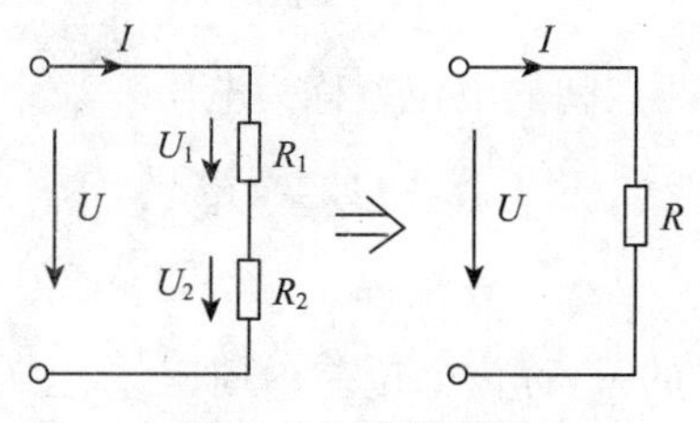

图 3-2　串联电阻

串联电阻的特点:

① 每个电阻上流过的电流相同。

即:$I_1=I_2=I_3$

② 总电压(电压降)等于各个电阻分电压之和。

即:$U=U_1+U_2+U_3=IR_1+IR_2+IR_3$

③ 串联电阻的总阻值等于各分路电阻阻值之和。

即:$R=U/I=R_1+R_2+R_3$

④ 串联电阻中每个电阻上的电压和总电压之间的关系:

$U_1=R_1/R\times U$　　$U_2=R_2/R\times U$　　$U_3=R_3/R\times U$

每个电阻上分得的电压和该电阻成正比,电阻越大分得的电压越大,电阻越小分得的电压越小。

⑤ 当电阻串联时,串联电路的总功率等于各电阻的功率之和。

(2) 电阻的并联:在电路中几个电阻分别接在两个接点之间,使每个电阻承受同样的电压,这种连接方法叫电阻的并联(如图 3-3 所示)。

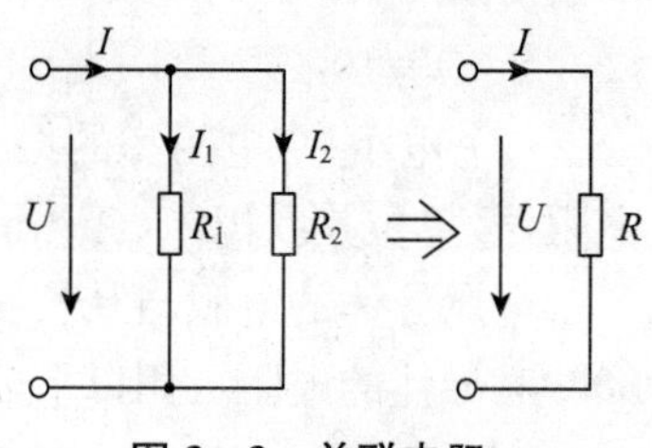

图 3-3　并联电阻

并联电阻的特点:

① 各并联支路两端电压相等。

即:$U_1=U_2=U_3=U$

② 总电流等于各并联支路电流之和。

即:$I=I_1+I_2+I_3=U/R_1+U/R_2+U/R_3$

③ 并联电路总电阻的倒数等于各支路电阻的倒数之和。

即:$1/R=1/R_1+1/R_2+1/R_3$

当有两个电阻并联时,则总电阻为:

$$R=R_1\times R_2/(R_1+R_2)$$

当 N 个相等的电阻并联时,总阻值等于任一电阻 R_N 的阻值除以 N,即:$R=R_N/N$。

④ 并联电路的总功率等于各分支电路的功率之和。

(3) 电阻的混联:在电路中既有电阻的串联又有电阻的并联,称混联电路,也称复联电路。

对于混联电路的计算,要根据电路的具体情况,应用有关串联和并联的特点来进行。一般步骤为:

① 求出各个元件串联和并联的等效电阻值,再计算电路的总电阻值;

② 由电路的总电阻值和电路的端电压,根据欧姆定律计算出电路的总电流;

③ 根据电阻串联的分压关系和电阻并联的分流关系,逐步推算出各部分的电压和电流。

8. 基尔霍夫(克希荷夫)定律

(1) 基尔霍夫第一定律,也称节点电流定律。

第一定律的理论内容是:任何时刻流入电路中某节点的电流总和必等于从该节点流出的电流总和。

$$\sum I_{入}=\sum I_{出}$$

在任一瞬时,通过任一节点电流的代数和恒等于零。

$$\sum I=0$$

(2) 基尔霍夫第二定律,也称回路电压定律。

第二定律的理论内容是:在电路的任何一个闭合回路中总电位升必等于总电位降。

$$\sum U_{升}=\sum U_{降}$$

在任一瞬时,沿任一回路电压的代数和恒等于零。

$$\sum U=0$$

9. 电功率、电能及电流的热效应

(1) 电流在 1 s 内所做的功叫做电功率,简称功率。

(2) 电能是表示电流做了多少功的物理量。

(3) 电流通过导体时使导体发热的现象叫电流的热效应。

10. 电容　电容元件是一种能够贮存电场能量的元件(如图 3 - 4 所示)。

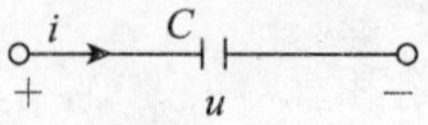

图 3 - 4　实际电容器的理想化模型

只有电容器上的电压变化时,电容器两端才有电流。在直流电路中,电容器上即使有电压,但 $i=0$,相当于开路,即电容具有隔直作用(图 3 - 5)。

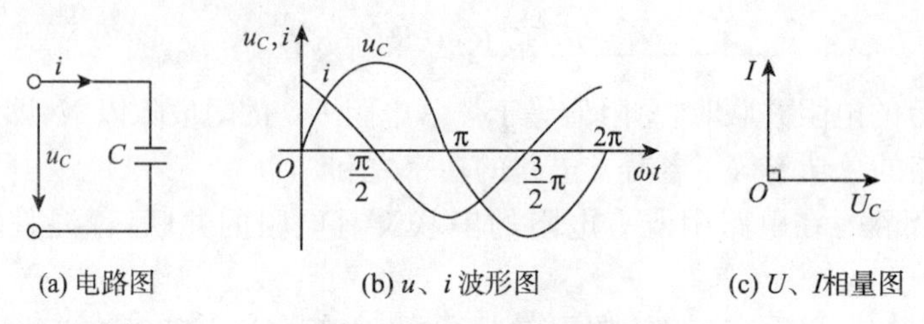

(a) 电路图　(b) u、i 波形图　(c) U、I 相量图

图 3 - 5　电容有关图形

(1) 存储能量

$$W_C=\frac{1}{2}Cu^2$$

电容器接通电源后,在两级板上集聚的电荷量(Q)与电容器两端的电压(U)的比值称为电容(C)。

$$C=Q/U$$

式中:C——电容(F);

Q——电荷量(C);

U——电压(V)。

电容量的单位是法拉(F):

$$1\ \text{F}=10^6\ \mu\text{F}=10^{12}\ \text{pF}$$

电容器的功率单位用乏(var)或千乏(kvar)表示。

(2) 电容串联的特点

① 每个电容器所带的电荷量相等,电容器串联后的总电荷量等于各电容器上所带的电荷量。

$$Q_{总}=Q_1=Q_2$$

② 电容器串联后两端的总电压等于各电容器上电压之和。

$$U_{总}=U_1+U_2$$

③ 电容器串联后的总电容量的倒数等于各分电容器电容量倒数之和。电容器串联后,其总电容量是减小的。

$$1/C_{总}=1/C_1+1/C_2$$

(3) 电容并联的特点

① 电容器并联后,每个电容器两端电压相等,且等于总电压。

$$U_{总}=U_1=U_2$$

② 电容器并联后,总电荷量等于各并联电容器所带的电荷量之和。

$$Q_{总}=Q_1+Q_2$$

③ 电容器并联后,总电容量等于各并联电容器电容量之和。

$$C_{总}=C_1+C_2$$

第二节　磁和电磁原理

一、磁现象

1. 磁的基本知识

物质能显示磁性的原因,是由于磁性分子得到有规则的排列。

磁铁具有吸铁的性质,称为磁性。具有磁性的物体称磁体,磁体两端磁性最强的区域称为磁极。任何磁铁均有两个磁极:即N极(北极)和S极(南极)。同性磁极相斥,异性相吸。磁铁能吸铁的空间,称为磁场。为了形象化,常用磁力线来描绘磁场的分布。

2. 磁力线的特征　磁力线是闭合的曲线。规定小磁针的北极所指的方向为磁力线的方向。

(1) 磁力线在磁铁外部由N极到S极,在磁铁内部由S极到N极。

(2) 磁力线上任意一点的切线方向,就是该点的磁场方向。它既无头又无尾,只有方向,而且从不间断,是一种闭合的曲线。

(3) 磁力线是互不相交的连续不断的回线,磁性强的地方磁力线较密,磁性弱的地方磁力线较疏。

3. 磁化　将不带磁性的物质使其具有磁性的过程叫磁化。铁磁(磁性)材料有三类:

(1) 硬磁材料:一经磁化磁性不易消失的物质叫硬磁材料(剩磁强),用来制作永久磁铁。有钨钢、钴钢等。

(2) 软磁材料:一经磁化磁性容易消失,剩磁极弱(称剩磁)的物质,叫软磁材料(剩磁弱),常用来制作电机和磁铁的铁芯。有硅钢片、纯铁等。

(3) 巨磁材料:其特点是在很小的外磁作用下就能磁化,一经磁化便达到饱和,去掉外磁后,磁性仍能保持在饱和值。因其磁滞回线近似为矩形而得名,巨磁材料常用来做记忆元件,如计算机中存储器的磁芯。

二、磁场的基本物理量

1. 磁通　磁通是用来定量描述磁场在一定面积上的分布情况。通过与磁场方向垂直的某一面积上的磁力线的总数,称为通过该面积的磁通量,简称磁通。用字母 Φ 表示,它的单位是韦伯,简称韦,用符号 Wb 表示。

2. 磁感应强度　磁感应强度 B 是用来描述磁场中各点的强弱和方向的物理量,垂直通过单位面积磁力线的多少,称该点的磁感应强度。

3. 磁导率　磁导率是一个用来描述物质导磁性能的物理量,用字母 μ 表示,其单位是 H/m,真空中的磁导率为一常数。磁路与电路之间的关系见表 3-1。

表 3-1　磁路与电路之间的关系

磁　路	电　路
磁通势(NI)	电动势(E)
磁通(Φ)	电流(I)
磁导率(μ)	电阻率(P)
磁阻($R_m=1/\mu S$)	电阻($R=P\times 1/S$)
欧姆定律($\Phi=NI/R_m$)	欧姆定律($I=E/R$)

(1) 根据相对磁导率 μ 的大小把物质分为三类:

① $\mu<1$ 的物质叫逆(反)磁物质,如铜、银等;

② $\mu\geqslant 1$ 的物质叫顺磁物质,如空气、锡;

③ $\mu\gg 1$ 的物质叫铁磁物质,如铁、钴、镍及合金等。

(2) 相对磁导率等于物质的磁导率与真空中磁导率的比值,相对磁导率是没有单位的。

4. 磁场强度　磁场强度的数值,只与电流的大小及导体的形状有关,而与磁场介质的磁导率无关。磁场强度是个矢量,在均匀介质中,它的方向和磁感应强度的方向一致。

三、法拉第电磁感应定律

线圈中感应电动势的大小与通过同一线圈的磁通变化率成正比,这一规律称为法拉第电磁感应定律。

法拉第电磁感应定律指出,感应电动势的大小决定于线圈的匝数和磁通量变化的快慢,而与磁通量本身的大小无关。

四、楞次定律

当通过线圈的磁通发生变化时,感应电流产生的磁场总是阻碍原磁场的变化,当线圈磁通增加时,感应电流就要产生与之相反的磁通去阻碍它的增加;当线圈中的磁通减少时,感应电流就要产生与它方向相同的磁通去阻碍它的减少。

五、电流的磁效应对电流的作用

1. 电流的磁效应　载流导体周围存在有磁场即电流产生磁场(电能生磁、磁能生电),称电流的磁效应。

电流的磁效应,使我们能够容易地控制磁场的产生和消失,这在生产实践中有着非常重要的意义。

2. 右手定则　也称“发电机定则”,用右手定则可以判断通电导线(或线圈)周围磁场(磁力线)的方向。

(1) 通电直导线磁场(磁力线)方向的判断方法:用右手握住导线,大拇指指向电流的方向,则其余四指所指的方向就是磁场(磁力线)的方向(如图 3－6)。

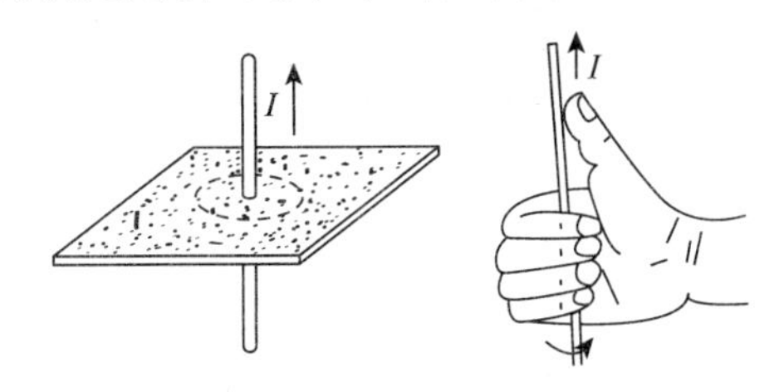

图 3－6　通电直导线磁场(磁力线)方向的判断方法

(2) 线圈磁场(磁力线)方向的判断方法:右手大拇指伸直,其余四指沿着电流方向围绕线圈,则大拇指所指的方向就是线圈内部的磁场(磁力线)方向(如图 3－7)。

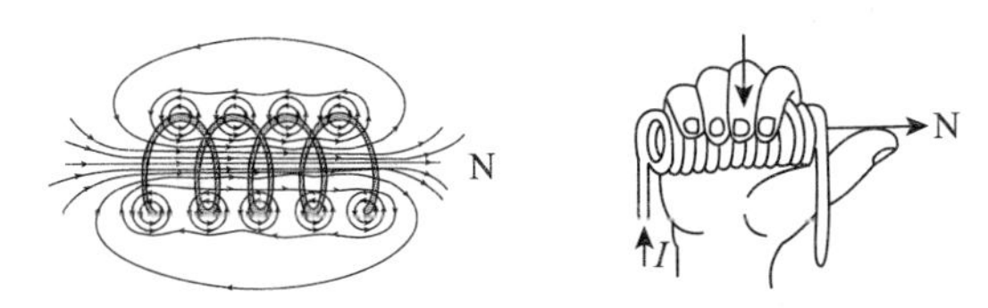

图 3－7　线圈磁场(磁力线)方向的判断方法

通电导线在磁场中会受到力的作用,这种力叫做电磁力或电动力。电动机和测量电流电压用的磁电式仪表,就是应用这个原理制成的。

3. 左手定则　也称为"电动机定则"(如图 3－8)。

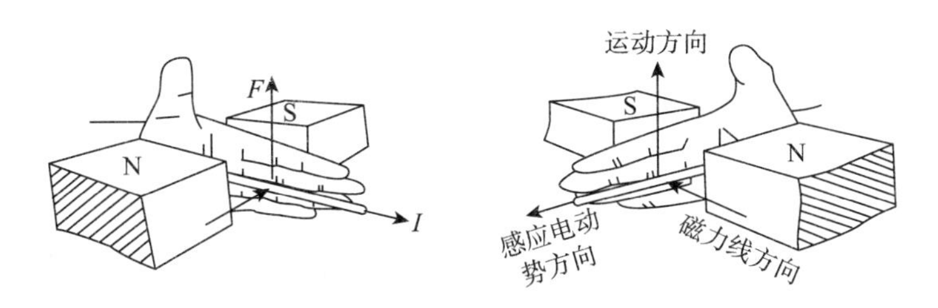

图 3－8　左手定则

可以应用电动机左手定则来确定通电导线在磁场中受力的方向。伸出左手使掌心迎着磁力线,即磁力线垂直穿过掌心,伸直的四指与导线中的电流方向一致,则与四指成直角的大拇指所指的方向就是导线受力的方向。

电动力的大小与磁场的强弱、电流的大小和方向、通电导线的有效长度有关。通电的导线越长,电流越大,磁场越强,则导线受到的电动力就越大。电流与磁场的方向垂直时作用力最大,平行时作用为零。电流和磁场密不可分,磁场总是伴随着电流而存在,而电流永远被磁场所包围。

一般情况下,磁场对电流作用的电动力可以用下列公式计算

$$F=IBf$$

六、电磁感应

当导体相对于磁场运动而切割磁力线,或者线圈中的磁通发生变化时,在导体或线圈中

产生感应电动势的现象,称为电磁感应。由电磁感应产生的电动势,称为感应电动势。由感应电动势产生的电流,称为感应电流。

1. 自感　由于线圈(或回路)本身电流的变化而引起线圈(或回路)内产生电磁感应的现象叫做自感现象,简称自感。由自感现象产生的电动势称为自感电动势(如图 3-9)。

自感电动势的大小与本线圈中的电流成正比。线圈的电阻与自感系数无关。

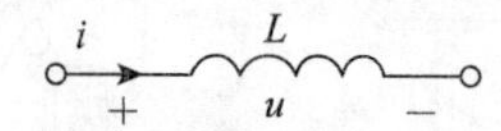

图 3-9　实际电感器的理想化模型

只有电感上的电流变化时,电感两端才有电压。在直流电路中,电感上即使有电流通过,但 $u=0$,相当于短路。

2. 互感　由于一个线圈的电流变化,而在另一个线圈中产生感应电动势的现象称为互感现象,简称互感。电感元件是一种能够贮存磁场能量的元件。

3. 线圈的极性　我们把绕向一致,感应电动势的极性始终保持一致的线圈的端点,叫做同名端,又可以叫同极性端。了解同名端后,可以根据电流的变化趋势,很方便地判断出互感电动势的极性。

4. 涡流　涡流是感生在导体内部的旋涡电流,它是一种电磁感应现象。由于这种感应电流在整块铁芯中流动,自成闭合回路,故称涡流。

第三节　交流电路

一、交流电

1. 正弦交流电基本概念　交流电可以分为正弦交流电和非正弦交流电两类。正弦交流电是指电流的大小和方向随时间按正弦规律变化的交流电,其波形图见图 3-10。

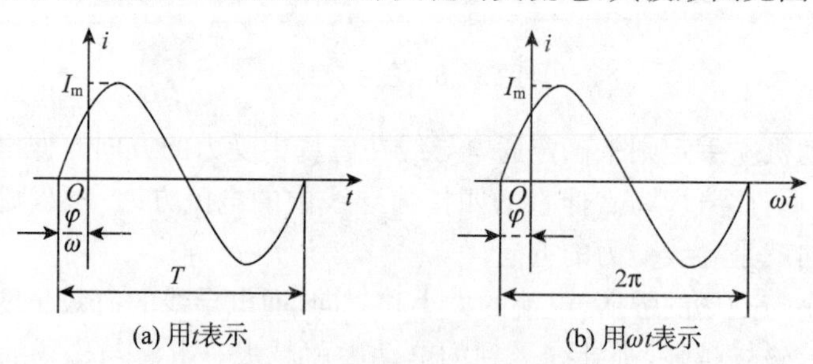

图 3-10　正弦交流电波形图

(1) 周期、频率

① 周期:线圈在两磁极间旋转一周,交流电即完成一次正和负的变化,我们称为一个周期。交流电变化一周所需要的时间称为周期,用字母“T”来表示,单位时间是秒(s)。

② 频率:单位时间(1 s)内,交流电变化的周期数叫做频率,用字母“f”来表示,单位是赫兹(Hz)。我国采用的标准交流电频率为 50 Hz,习惯上又称为工频。

频率和周期的关系：$T=1/f$ 或 $f=\frac{1}{T}$

(2) 初相位、相位和相位差(图 3－11)

① 初相位：$t=0$ 时的相位。正弦交流电的初相位为零。

② 相位：正弦量表达式中的角度。

③ 相位差：两个同频率正弦量的相位之差，其值等于它们的初相之差。

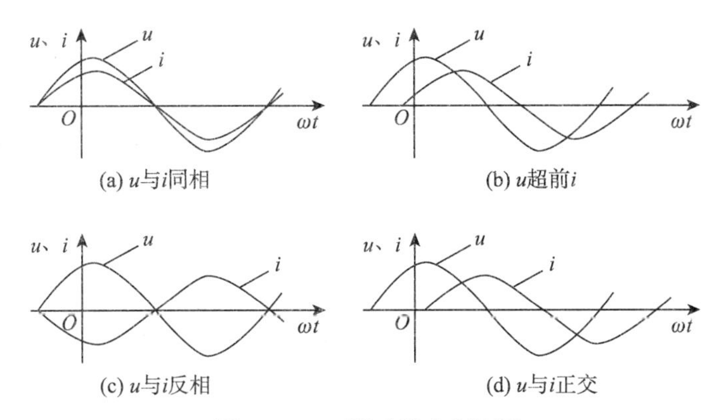

图 3－11　正弦交流电相位图

2. 正弦交流电的基本物理量

(1) 瞬时值和最大值

① 瞬时值：交流电时刻都在变化，在变化一周任何一瞬时的数值都不相同。

② 最大值：我们把正弦交流电最大的瞬时值，叫交流电的最大值，又叫峰值或幅值。

(2) 有效值：把交流电和直流电分别通入电阻相同的两个导体，如果在相同的时间内电阻产生的热量相等，我们把这个直流电流的值称为交流电的有效值。

我们常说交流电的电动势、电压、电流，既不是指正弦交流电的瞬时值，也不是最大值，而是指正弦交流电的有效值。各种电工仪表所测量到的交流电电压值、电流值也都是有效值。

(3) 平均值：正弦交流电有效值和最大值之间的关系：

$$U=U_m/\sqrt{2}\approx 0.707\,U_m$$

$$I=I_m/\sqrt{2}\approx 0.707\,I_m$$

或：

$$U_m=\sqrt{2}U\approx 1.414\,U$$

$$I_m=\sqrt{2}I\approx 1.414\,I$$

二、单相交流电路

1. 纯电阻电路　纯电阻电路是电压(u_R)和电流(i)同频率、同相位的正弦量(图 3－12)。

电阻消耗的平均功率等于电阻两端电压有效值和流过电阻中电流有效值的乘积。

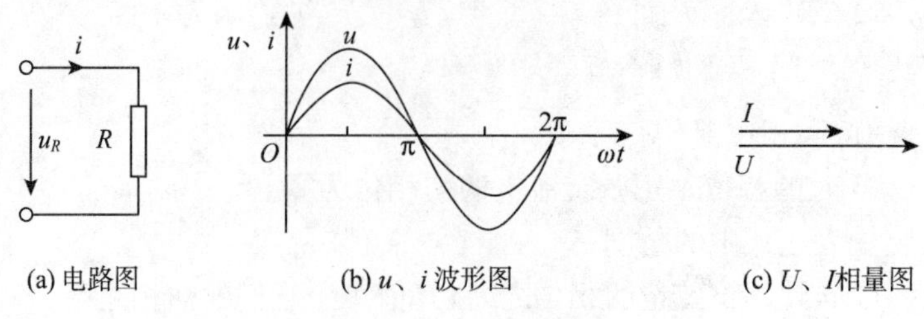

图 3－12　纯电阻电路

平均功率用 P 表示，即：

$$P=U\,I$$

2. 纯电感电路　纯电感电路中，相位上的外加电压超前电流 90°。纯电感电路是不消耗能量的，它仅仅与电源之间进行能量的互换（图 3－13）。

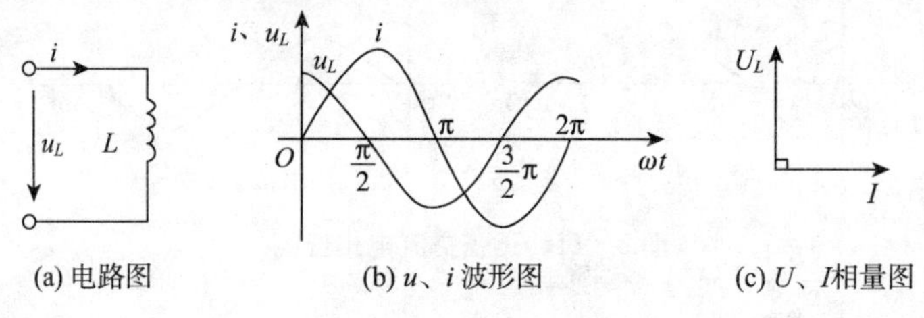

图 3－13　纯电感电路

纯电感电路公式：

$$Q=U_{\mathrm{L}}I \qquad Q=I^2X$$

式中：Q——无功功率；

U_L——电压，伏（V）或千伏（kV）；

I——电流，安（A）或千安（kA）；

X_L——感抗，欧（Ω）或千欧（kΩ）。

交流电的频率越高，电感越大，电感线圈的感抗就越大。

3. 纯电容电路　纯电容电路，相位上外加电压滞后电流 90°（图 3－14）。

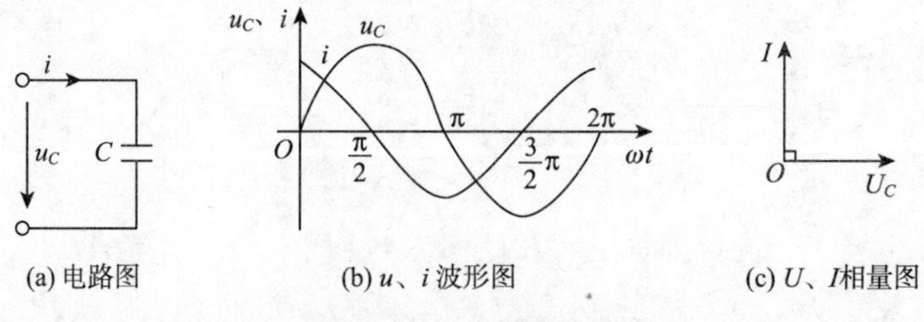

图 3－14　纯电容电路

在交流电路中电容器也是电路的基本元件，在电力系统中，用电容器调整电压，改善功率因数；在电子电路中用电容器隔断直流，并用于滤波等。

$$Q=U_C\,I$$

电容的容抗与频率成反比：

$$X_C = 1/(\omega C) = 1/(2\pi f C)$$

三、三相交流电路

1. 相序　三相交流量在某一确定的时间(T)内到达最大值(或零值)的先后顺序称为相序。

2. 三相交流电电动势的产生及其特点(见图 3-15)

对称三相电动势是指三个频率相同、最大值相等、相位彼此相差 120°的正弦电动势。

$$u_A = \sqrt{2}U_p \sin \omega t \qquad \dot{U}_A = U_p \angle 0^\circ$$

$$u_B = \sqrt{2}U_p \sin(\omega t - 120^\circ) \qquad \dot{U}_B = U_p \angle -120^\circ$$

$$u_C = \sqrt{2}U_p \sin(\omega t + 120^\circ) \qquad \dot{U}_C = U_p \angle 120^\circ$$

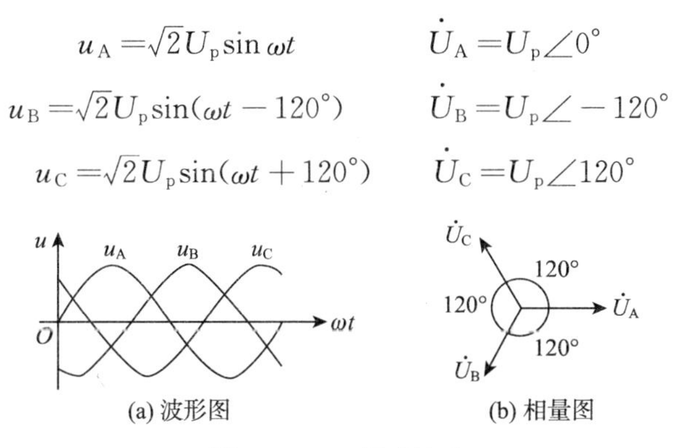

图 3-15　三相交流电

3. 对称的三相电动势的特点

(1) 各电动势的波形都按正弦规律变化。

(2) 它们的周期和最大值都相等。

(3) 三个电动势的频率相同、幅值相等,相位彼此相差 120°。

4. 三相交流电的连接

(1) 对称的星形(Y)接法(图 3-16):对称的星形接法中 $U_{线}$ 等于$\sqrt{3}U_{相}$, $I_{线}$ 等于 $I_{相}$。

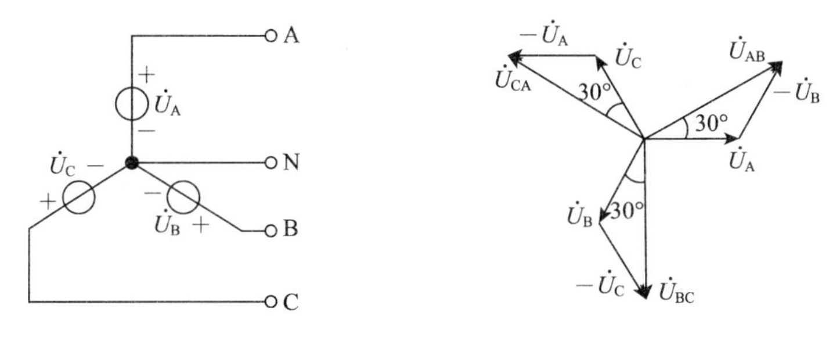

图 3-16　三相交流电星形接法

(2) 对称的三角形(△)接法(图 3-17):对称的三角形接法中 $U_{线}$ 等于 $U_{相}$, $I_{线}$ 等于$\sqrt{3}I_{相}$。

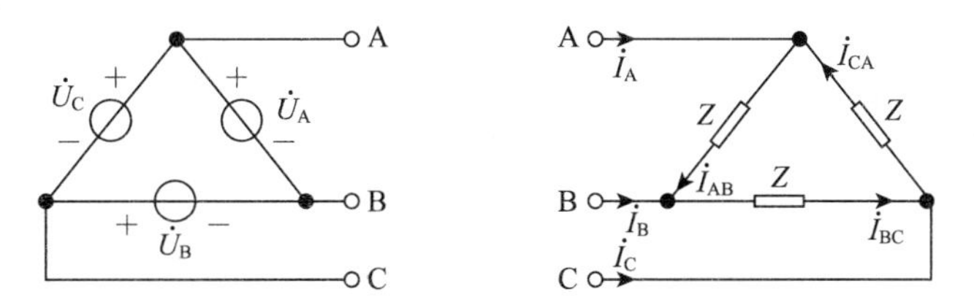

图 3-17　三相交流电三角形接法

相电压:三相电源每个线圈两端(头尾之间)的电压称为相电压。

线电压:三相电源中任意两根端线间(相与相之间)的电压称为线电压。

5. 三相交流电比单相交流电具有更多的优点

(1) 节约输电线路。

(2) 同时有两种电压可供使用。

(3) 可产生旋转磁场。

6. 三相交流电路的功率

(1) 有功功率:指在交流电路中,电阻所消耗的功率,以 P 表示,功率的单位用瓦(W)和千瓦(kW)表示。

有功功率与电压、电流之间的关系:$P=UI\cos\varphi$

式中:U——电压的有效值(V);

I——电流的有效值(A);

$\cos\varphi$——功率因数。

三相负载对称时,三相有功功率等于一相有功功率的三倍:

$$P=3UI\cos\varphi$$

$$P=\sqrt{3}U_{相}I_{相}\cos\varphi$$

(2) 无功功率:指在交流电路中,电容(包括电感)是不消耗能量的,它只是与电源之间进行能量的互换,而并没有消耗真正的能量,我们把与电源交换能量的功率称无功功率。

无功功率用符号 Q 表示,单位是法拉(F)或乏(kVar)。

$$1\ \text{kF}=10^3\ \text{F};\qquad 1\ \text{kVar}=10^3\ \text{Var}$$

无功功率 Q 与电压电流之间的关系:$Q=UI\sin\varphi$

三相负载对称时,三相无功功率等于一相无功功率的三倍:

$$Q=3U_{相}\ I_{相}\ \sin\varphi$$

$$Q=\sqrt{3}U_{相}\ I_{相}\sin\varphi$$

(3) 功率因数:是指在交流电路中电压与电流之间的相位差的余弦,用 $\cos\varphi$ 表示,在数值上是有功功率和视在功率的比值:

$$即\ \cos\varphi=P/S\ 或\ \cos\varphi=P/UI$$

(4) 视在功率:是指在交流电路中,电压和电流的乘积,它既不是有功功率,也不是无功功率,通常视在功率表示变压器等设备的容量,以符号 S 表示,单位是伏安(VA)或千伏安(kVA)。它与电压、电流之间的关系:$S=UI$。

三相视在功率:$S=\sqrt{3}UI$

$$S^2=P^2+Q^2\qquad S=\sqrt{P^2+Q^2}$$

视在功率与有功功率和无功功率之间的关系见图 3-18。

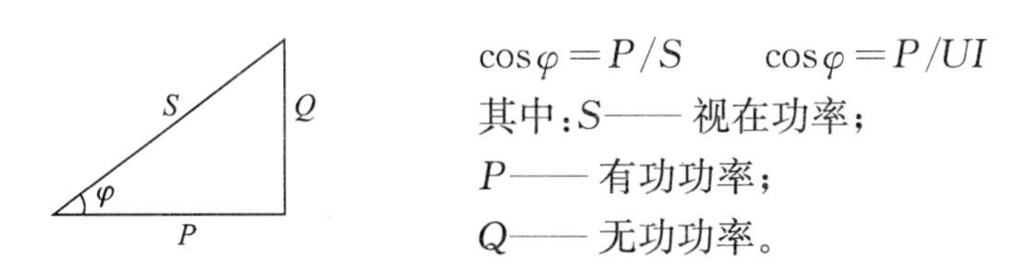

图 3－18　视在功率与有功功率和无功功率之间的关系

7. 对称的星形(Y)连接的中性点、中性线和零点、零线

(1) 中性点、中性线：发电机、变压器、电动机三相绕组连接的公共点称为中性点；从中性点引出的导线称中性线。

(2) 零点、零线：如果三相绕组平衡，由中性点到各相外部接线端子间的电压绝对值必然相等，如中性点接地的，则该点又称作零点；从零点引出的导线称零线。

(3) 保护中性线(PEN 线)具有 PE(保护)线和 N(中性)线两种功能的导体。

(4) 三相负载星形连接时，不一定都要将中性线引出。

第四节　电子技术基础

一、半导体

半导体是指导电性能介于导体和绝缘体之间的材料。

各种半导体器件所用的材料是硅、锗，它们为四价元素，其原子结构的最外层有四个价电子。为了制作半导体器件，硅、锗都必须经过高度提纯，使其原子排列成为非常整齐的、有规律的晶体状态，称为单晶体也称本征半导体。

半导体的特性主要有：

(1) 热敏特性。当半导体的温度升高时，它的导电性能就会随温度的升高而加强，半导体的这种特性称为热敏特性。利用半导体的这种特性可以制成热敏元件。

(2) 光敏特性。当半导体受到光的照射时，导电性能就会随光照的增加而增加，半导体的这种特性称为光敏特性。利用半导体的这种特性可以制成光敏元件。

(3) 掺杂特性。当有目的地往本征半导体中掺入微量五价或三价元素时，它的导电性能就会急剧增加。半导体的这种特性称为掺杂特性。利用半导体的这种特性可以制成半导体材料。

二、晶体二极管(半导体二极管)(图 3－19)

1. 半导体二极管分为点接触型、面接触型两种。

(1) 点接触型：由于这种结构接触面积小，故只能通过较小的电流(几十毫安以下)，常作为小电流整流和检波用。但它的结电容小(因其面积小)，适合高频场所使用。

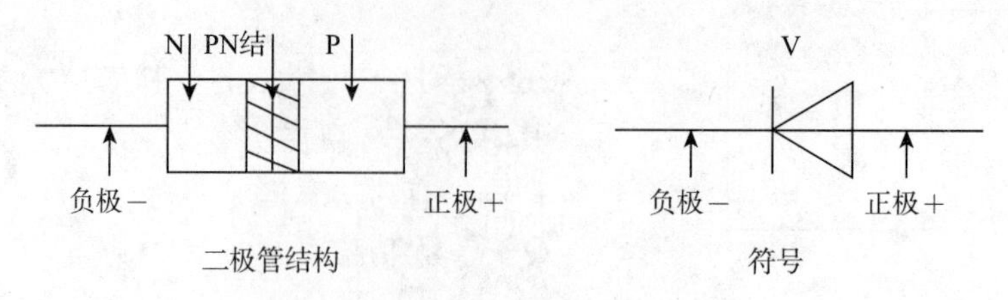

图 3－19　半导体二极管结构与符号

(2) 面接触型:面接触型二极管的管芯采用合金法制造。这种结构接触面积大,可以通过较大的电流(几十毫安至几十安),常用作大电流整流。由于其结电容较大,故不宜用于高频电路中,通常只用于 100 kHz 以下的电路中。

PN 结:我们把一块 P 型半导体和一块 N 型半导体,以一定工艺方法结合在一起。

半导体二极管正向导通时,半导体二极管的电阻为零($U > U_0$时);反向导通时,二极管的电阻为无穷大($U < U_0$时)。半导体二极管有单向导电的性能。

2. 半导体二极管主要参数　半导体二极管主要参数是反映管子性能的质量指标,是选用管子的主要依据。

(1) 最大整流电流(I_{Fm}):它是管子长期运行时允许通过的最大半波电流的平均值。是为保证二极管正常工作温升不超过允许值而规定的,电流过大会导致 PN 结因过度发热而烧坏。

(2) 反向电流(I_R):它是指二极管处于反向运用时未被击穿前的电流值。反向电流的数值越小,说明二极管单向导电性能越好。

(3) 最高反向工作电压(U_{Rm}):二极管反向运用时所允许的电压值。由于反向电压过高时二极管将会引起反向击穿,失去单向导电特性。为保证二极管正常工作,规定最高反向工作电压为反向击穿电压的一半。

(4) 最高工作频率:PN 结结电容的存在限制了半导体二极管的工作频率不能过高。因为当工作频率过高时,高频信号能直接通过结电容,也就破坏了 PN 结的单向导电性能。

3. 晶体二极管的简单测量方法:见“万用表”一节。

4. 半导体二极管分类

(1) 按构成二极管的半导体种类,可分为硅管和锗管。

(2) 按二极管的耗散功率,可分为大功率管和小功率管。

(3) 按二极管的工作频率,可分为高频管和低频管。

(4) 按二极管的用途,可分为普通管、整流管、变容管、开关管、稳压管、阻尼管等。

5. 其他二极管

(1) 硅稳压二极管:采用特殊工艺,可以制成稳压二极管,稳压二极管均为硅管。

(2) 发光二极管:发光二极管(简称 LED)是一种将电能转变为光能的半导体器件。发光二极管有各种颜色,常用的发光二极管能发出红、绿、黄光等。

(3) 光电二极管:光电二极管是一种将光信号转变为电信号的半导体器件。

6. 整流　利用半导体二极管单向导电的特性,把正弦规律变化的交流电变成单一方向的脉动直流电。将交流电转化为直流电的过程叫整流电路。

常见的整流电路:

(1) 单相半波整流电路:单相半波整流电路用一只二极管,整流出电压是原电压的

0.45倍。

(2) 单相全波整流电路：单相全波整流电路用两只二极管，整流出的电压是原电压的0.9倍。

(3) 单相桥式整流电路：单相桥式整流电路用四只二极管，整流出的电压是原电压的0.9倍。

表 3-2　常用整流电路比较

电路名称	单相半波	单相全波	单相桥式	三相半波	三相桥式
输出直流电压	$0.45U_2$	$0.9U_2$	$0.9U_2$	$1.17U_2$	$2.34U_2$
输出直流电流	$0.45U_2/R_X$	$0.9\ U_2/R_{fX}$	$0.9U_2/R_{fX}$	$1.17U_2/R_f$	$2.34U_2/R_X$
二极管承受的最大反向电压	$1.41U_2$	$2.83U_2$	$1.41U_2$	$2.45U_2$	$2.45U_2$
流过每个二极管的平均电流	I_{fX}	$1/2\ I_{fX}$	$1/2I_{fX}$	$1/3I_{fX}$	$1/3I_{fX}$

三、晶体三极管(半导体三极管)

1. 三极管的结构和符号　三极管的文字符号为 V，图形符号见图 3-20。

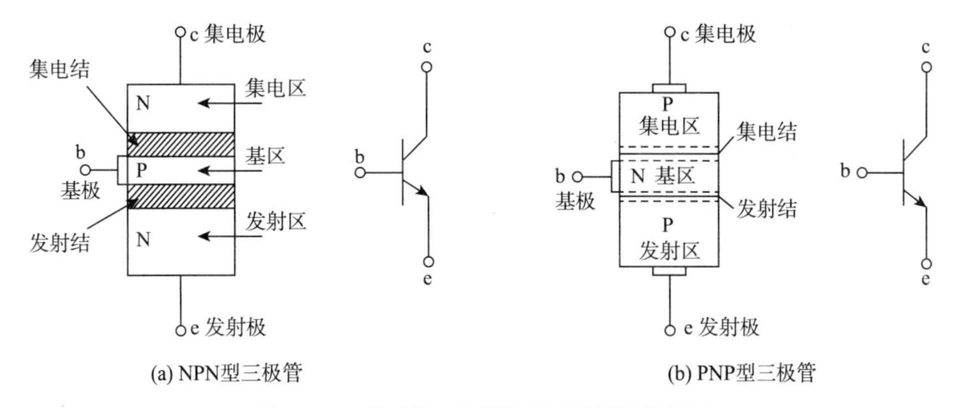

图 3-20　半导体三极管的图形符号及结构图

2. 三极管的作用

(1) 半导体三极管有电流放大作用：晶体三极管实际上是一个电流分配器。发射极电流分成两部分，一部分是集电极电流，另一部分是基极电流。

集电极电流随发射极电流而变化，也就是说发射极电流能够控制集电极电流，而集电极电流的大小又受基极电流的控制。只要基极有一个小电流流过，则集电极就会流过一个很大的电流。

(2) 半导体三极管具有电流放大作用的外部条件：为了使半导体三极管具有电流放大的作用，必须给半导体三极管加上合适的工作电压，这是使半导体三极管具有电流放大作用所必需的外部条件。

① 发射极正向偏置：为了使发射区向基极区发射载流子，就必须给三极管的发射结加正向偏置电压 U_{be}。硅管一般为 0.6～0.7 V；锗管一般为 0.2～0.3 V。

② 集电极反向偏置：为了使发射区涌入基区的载流子能穿过集电结进入集电区，必须

给三极管集电结加反向偏置电压 U_{cb}。U_{cb} 的数值一般为几伏至几十伏。

总之,为了使三极管具有电流放大作用,除了满足三极管的内部条件外,还必须满足三极管的外部条件,通常简称"加电原则",即发射极正向偏置,集电极反向偏置。这个"加电原则"在实际应用中非常重要。

(3) 半导体三极管工作状态:晶体管有三种工作状态:放大状态、饱和导通状态、截止关闭状态。

① 半导体三极管放大状态:当晶体管处于放大状态时,其特征是:发射结处于正向偏置,集电结处于反向偏置。

三极管发射极电流等于集电极电流与基极电流之和。三极管像一个结点一样,流入三极管的电流等于流出三极管的电流,用公式表示:

$$I_e = I_c + I_b$$

当改变基极电流时,集电极电流也随着变化,但集电极电流和基极电流的比却保持为一个常数。三极管的这个特性叫做直流电流放大作用。I_c 与 I_b 的比叫做三极管的直流电流放大系数 β。

② 饱和状态:晶体管饱和时发射结和集电结都处于正向偏置。

③ 截止状态:三极管截止时集电结反向偏置,发射结也经常反向偏置。

截止相当于开关断开,饱和相当于开关接通。因此饱和、截止称为晶体管的开关状态。

3. 电子基本放大电路　晶体管放大电路有以下几点要求:

(1) 具有一定的放大能力。

(2) 放大电路的非线性失真要小。

(3) 放大电路有合适的输入电阻和输出电阻,一般来说输入电阻要大、输出电阻要小。

(4) 放大电路的工作要稳定。

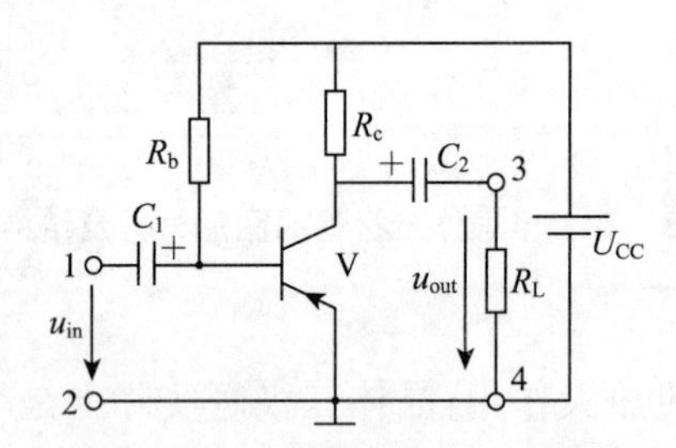

图 3-21　基本共发射放大电路

图 3-21 中:

① 晶体管 V 起电流放大作用。

② 基极偏置电阻 R_b 的作用是为晶体管基极提供合适的偏置电流,并向发射极提供合适的偏置电压。

③ 集电极电源通过集电极负载电阻 R_c 给晶体管的集电极加反向偏压,同时又通过基极偏置电阻 R_b 给晶体管发射极加正向偏压,使晶体管处于放大状态;另一方面给放大器提供能源。

④ 集电极电阻 R_c 的作用是把晶体管的电流放大作用以电压放大的形式表现出来。

⑤ 耦合电容 C_1 和 C_2 的作用是避免放大器的输入端与信号之间、输出端与负载之间直流电的相互影响，并保证输入、输出信号的传输。

四、稳压管、晶闸管

1. 稳压二极管　为了使生产电压稳定，通常在整流滤波电路后，增加一级直流稳压电路，有稳压管并联型稳压、串联型稳压电路集成稳压器和开关型稳压电路(图 3－22)。

稳压管虽然工作在反向击穿区，但只要反向击穿区电流不超过允许值(I_{ZM})，PN 结就不会因过热而损坏。当外加反向电压取消后，管子的特性仍能恢复到击穿前的状态。

图 3－22　稳压二极管

2. 晶闸管(可控硅)

(1) 要使晶闸管导通，必须具备加正向电压的同时加触发电压(阳极加正向电压的同时门极加触发电压)。

(2) 晶闸管用途：整流、逆变、直流调压、交流调压、变频。

晶闸管(可控硅)是一种新型大功率整流元件，它与一般硅整流元件的区别，就是在于整流电压可以控制，当供给整流电路交流电压一定时，输出电压(能)可以均匀的调节。

(3) 双向晶闸管(可控硅)：普通可控硅只能控制单方向导通，如果在交流调压电路中就必须把两个可控硅反并联，同时需要有两套相互绝缘的脉冲触发装置，这种电路比较复杂。

(4) 可关断晶闸管(可控硅)：普通可控硅一经触发导通后，就失去了控制作用，只有当可控硅两端的电压降低到接近零时，或将可控硅两端加上反向电压时，可控硅才能关断。

晶闸管(可控硅)在串联使用时，必须采取均压措施。

(5) 要使晶闸管(可控硅)导通的两个必备条件：

① 晶闸管(可控硅)加上正向电压，即阳极接正，阴极接负。

② 控制极同时加上适当的正向电压。

第五节　识读电气图

一、电气简图布局的原则

电气简图布局的主要原则是：便于绘制、易于识读、突出重点、均匀对称、清晰美观。

电气图中的元件都是按正常状态绘制的所谓“正常状态”或“正常位置”，即电气元件、器件和设备的可动部分表示为非激励(未通电，无外力作用)或不工作状态或位置。例如：

1. 继电器和接触器的线圈未通电，因而其触头在还未动作的位置。

2. 断路器、负荷开关、隔离开关、刀开关等在断开位置。

3. 带零位的手动控制开关的操作手柄在“0”位。

4. 行程开关在非工作状态或位置。

5. 事故、备用、报警等开关在设备、电路使用或正常工作位置。

6. 对于发、输、变、配、供电系统的电气图,应按照实际设计,把备用的电源、线路、变压器以及与之配套的开关设备等都一一表达出来。

二、电气图简图布局的要点

从总体到局部,从一次到二次,从主到次,从左到右,从上到下,从图形到文字。

1. 触头的电气图形符号通常规定为“左开右闭,下开上闭”。

2. 用表格法表示　“0”表示触头断开,“1”表示触头闭合。

3. 在电气图上,一般电路或元器件是按功能布置,并按工作顺序从左到右,从上到下排列的。

4. 用符号标明直流电路导线的极性时,正极用“+”标记,负极用“-”标记,直流系统的中间线用字母“M”表明。

5. 凡是绘成矩形的符号(熔断器、避雷器、电阻器等)长宽比以 2∶1 为宜。

6. 同一电器元件的各部件分散地画在原理图中,必须标注文字符号。

三、识图的基本要求

电工识图要做到“五个结合”,即:

1. 结合电工基础知识识图。

2. 结合电器元件的结构和工作原理识图。

3. 结合典型电路识图。

4. 结合电气图的绘制特点识图。

5. 结合其他专业技术图识图。

四、读图的基本步骤

首先看图样说明,然后看电路图,再看安装接线图。

1. 看电路图时首先要分清主电路和副(辅助)电路,交流电路、直流电路。其次按照先看主电路再看副(辅助)电路的顺序读。

2. 看主电路时通常从下往上看,即从电气设备开始,经控制元件顺次往电源看。

3. 看副(辅助)电路时,则自上而下、从左向右看,即先看电源、再顺次看各条回路,分析各条回路元件的工作情况及其对主电路的控制关系。

4. 电气图的种类繁多,常见的有电气原理图、安装接线图、展开接线图、平面布置图、剖面图。维修电工以电气原理图、安装接线图、平面布置图最为重要。

五、常用电气图形符号及文字符号

具体见附录一。

第四章　常用电工仪表

在电气线路、用电设备的安装、使用、维修过程中，电工仪表对整个电气系统的检测、控制、监视都起到极为重要的作用。在电气安装、维修过程中，万用表起到重要的作用。

本章主要介绍电流表、电压表、万用表、钳形电流表、兆欧表、接地电阻测定仪、电能表、直流电桥的测量原理、使用方法，以及相关注意事项。

第一节　电工仪表基本知识

掌握电工仪表的基本知识是正确使用和维护电工仪表的基础。

一、常用电工仪表的分类

电工仪表是实现电磁测量过程所需技术工具的总称。其分类方法很多，这里按测量方法、结构和用途等方面的特性将电工仪表分为以下几类：

1. 指示仪表

(1) 按仪表的工作原理分：有磁电系仪表、电磁系仪表、电动系仪表、铁磁电动系仪表、感应系仪表、整流系仪表、静电系仪表等。电动式仪表可直接用于交、直流测量，且精确度高。电磁式仪表可直接用于交直流测量，但精度低。

(2) 按测量对象的名称分：有电流表、电压表、功率表、电能表、功率因数表、频率表，以及多种测量用途的万用表等。

(3) 按被测电流的种类分：有直流仪表、交流仪表，以及交直流两用仪表。

(4) 按使用方法分：有安装式、携带式两种。

(5) 按使用条件分：根据温度、湿度、尘沙、霉菌等使用环境条件的不同，国家专业标准把仪表分为 P、S、A、B 四组。

(6) 按仪表误差等级的不同分为：0.1 级、0.2 级、0.5 级、1.0 级、1.5 级、2.5 级、4.0 级等七个等级。在七个等级中，数字越小精确度越高，基本误差越小。

2. 比较仪器　这类仪器用于比较法测量中，包括直流比较仪器、交流比较仪器两种。

(1) 属于直流比较仪器的，有直流电桥、电位差计、标准电阻、标准电池等。

(2) 属于交流比较仪器的，有交流电桥、标准电感、标准电容等。

二、常用电工仪表的标志

不同种类的仪表具有不同的技术特性。为了便于选择和使用仪表，通常把这些技术特性不同的符号标注在仪表的刻度盘或面板上，称为仪表的标志(见表 4 - 1)。

表 4-1 电工仪表的常用符号

符 号	符号内容	符 号	符号内容
	磁电式仪表	1.5	精度等级 1.5 级
	电磁式仪表		外磁场防护等级Ⅲ级
	电动式仪表	2	耐压试验 2 kV
	整流磁电式仪表		水平放置使用
	磁电比率式仪表		垂直安装使用
	感应式仪表	60°	倾斜 60°安装使用

三、常用电工仪表的型号与精确度

1. 常用电工仪表的型号　电工仪表的产品型号是按规定的标准编制的。安装式指示仪表的型号编制规则如图 4-1 所示。

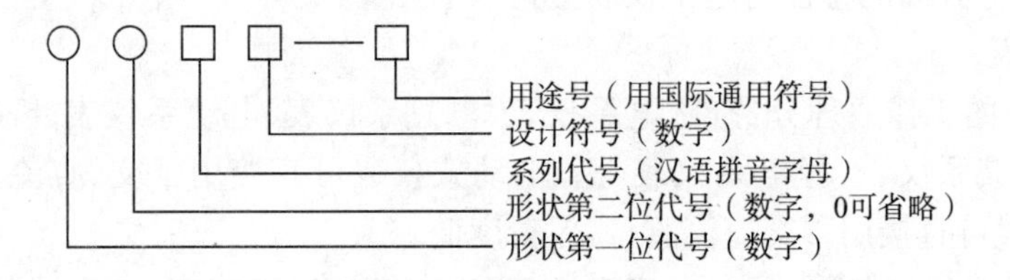

图 4-1 安装式指示仪表型号编制规则

2. 电工仪表的精确度等级　是指在规定的条件下使用时，可能产生的基本误差占满刻度的百分比。

四、常用电工仪表的基本结构 （图 4-2）

常用电工仪表主要由外壳、标度尺、符号面板、测量线路(简易的仪表没有)、表头、电磁系统、指针、阻尼器、转轴、轴承、游丝、零位调节器等组成。

电磁式仪表由固定的线圈，可转动的铁芯及转轴、游丝、指针、机械调零机构等组成。

电动式仪表由固定的线圈，可转动的线圈及转轴、游丝、指针、机械调零机构等组成。

五、常用电工仪表的维护与保养

1. 严格按说明书的要求在温度、湿度、粉尘、震动、电磁场等环境允许的范围保管和使用。

2. 对于长时间存放的仪表，要求定期通电检查和驱除潮气。

3. 对于长时期使用的仪表，应按电气计量的要求，进行必要的检验和校正。

4. 不得随意拆卸、调试仪表。表内装有电池的仪表，应注意检查电池放电的情况，对不能使用的应及时更换。对长期不用的仪表,应取出表内的电池。

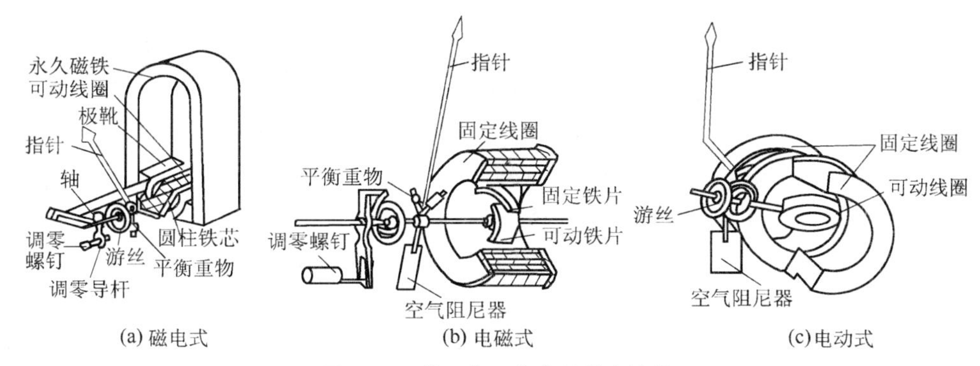

(a) 磁电式　　　(b) 电磁式　　　(c) 电动式

图 4 - 2　常用电工仪表的基本结构

第二节　电压表与电流表

测量直流电流和直流电压多用磁电式仪表。测量交流电流和交流电压多采用电磁系仪表。

一、电压表

电压表用来测量电路中的电压(图 4 - 3(a))。电压的单位是伏特,所以又称为伏特表。

1. 测量线路电压时,必须将电压表与被测量电路并联。电压表要求内阻越大越好。

2. 用直流电压表测量直流电压时,其接线必须使电压表的正极端钮接被测量电路的高电位端;负极端钮接被测量电路的低电位端。

3. 用交流电压表测量交流电压时,其接线不分极性,只要在测量量程范围内将其并入被测量电路即可。

4. 用电压表测量电压时,应根据被测量电压的高低、属于交流还是直流电,以及要求准确度来选择电压表的型号、规格和量程。

5. 如需要扩大电压表量程,直流电压表可串联分压电阻,交流电压表可加装电压互感器。

(a) 电压表

(b) 电流表

图 4 - 3　电流表与电压表

二、电流表

电流表用来测量电路中的电流[图 4-3(b)]。电流的基本单位是安培,因此又称为安培表。测量线路电流时,电流表必须串入被测量电路。

1. 测量线路电流时,必须将电流表与被测量电路串联。电流表要求内阻越小越好。

2. 用直流电流表测量直流电流时,其接线必须使电流表的正端钮接被测量电路的高电位端;负极端钮接被测量电路的低电位端。

3. 用交流电流表测量交流电流时,其接线不分极性,只要在测量量程范围内将其串入被测量电路即可。

4. 使用电流表测量电流时,必须正确选择仪表的量程和精度等级。应在仪表量程允许的范围内测量。

5. 如需要扩大电流表量程,直流电流表可加大固定线圈线径或采用固定线圈与活动线圈串、并联的方法。交流电流表可加装电流互感器。

三、钳形电流表

钳形电流表是用来测量交流电流的,通常电流表在测量电流时需将被测量电路断开,而使用钳形电流表测量电流时,可以在不断开电路的情况下进行。钳形电流表是一种可携带式电工仪表,使用时非常方便(图 4-4)。有些钳形电流表还有其他功能,如可以测量电压等。

1. 钳形电流表其工作部分主要由电磁式电流表和穿芯式电流互感器组成。还有一种交直流两用的钳形流电表。

2. 钳形电流表使用方法及注意事项

(1) 钳形电流表应保存在干燥的室内,使用前要擦拭干净。使用前应弄清楚属于交流、直流或交直流两用钳形电流表。使用钳形电流表时,应注意钳形电流表的电压等级。测量时戴绝缘手套,站在绝缘垫上,不得触及其他设备,以防短路或接地。

(2) 钳形电流表测量前,应检查钳形电流表指针是否在零位。如果不在零位,应进行机械调零。

(3) 每次只能测量一相导线的电流,被测量导线应置于钳形电流表钳口内中心位置,不可以将多相导线都夹入钳口内测量(假如三相导线同时夹入钳口内测量,矢量和为零)。

(4) 钳形电流表都有量程转换开关,测量前应估计被测量电流的大小,再决定用哪个量程。不可以在测量过程中改变量程。

图 4-4　钳形电流表的外形结构

(5) 被测量电路电压不能超过钳形电表上所标明的数值，否则容易造成接地事故，或者引起触电危险。

(6) 钳形电流表的钳口在测量时闭合要紧密。注意保养，钳口上不能有杂物、油污、锈蚀，不用时应妥善保管。

(7) 钳形电流表测量误差较大、精度较低。维修钳形电流表时不要带电操作。

(8) 既能测量电流，又能测量电压的多功能钳形电流表不可同时测量电压、电流。

第三节　万用表

一、万用表

万用表又称万能表、三用表(见图 4－5、图 4－6)，是一种多功能的，可携带式电工仪表，用以测量交、直流电压、电流、电阻以及其他各种物理量，例如测量三极管的直流放大倍数等，是电工必备的仪表之一。

1. 工作原理　采用磁电系仪表为测量机构，测量电阻时用内部电池做电源，应用电压电流法。

2. 组成结构　万用表主要由测量机构、测量线路、转换开关三部分组成。

3. 使用方法　万用表红色表棒应接在标有“＋”号的接线柱上(内部电池为负极)；黑色表棒应接在标有“－”号的接线柱上(内部电池为正极)；数字式仪表的准确度和灵敏度，比一般指示仪表高。数字式万用表功能开关 DCV 表示直流电压，ACV 表示交流电压。

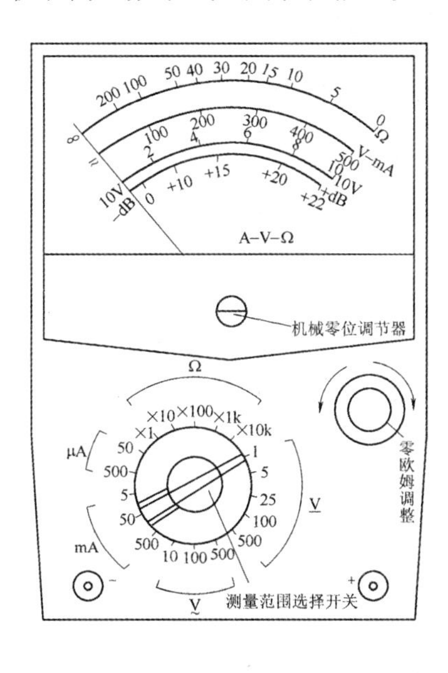

图 4－5　MF30 型万用表的外形结构

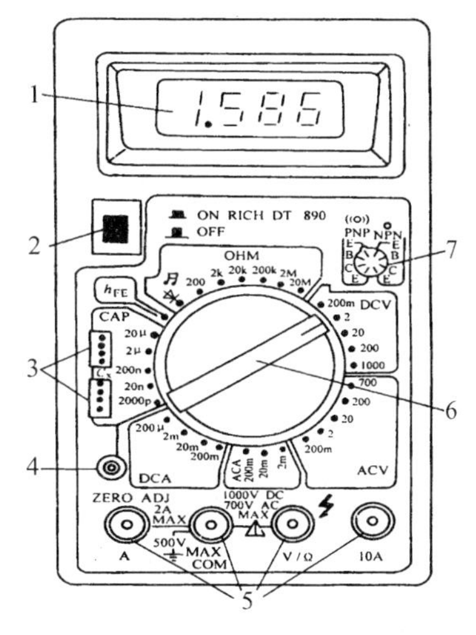

1—显示器　2—开关　3—电容插口

4—电容调零器　5—插孔　6—选择开关

7—h_{FE}插口

图 4－6　DT890 型数字万用表的面板图

二、万用表的使用

1. 熟悉表盘上各符号的意义及各个旋钮和选择开关的主要作用。

2. 选择表棒插孔的位置。测量前要进行机械调零。

3. 根据被测量的种类及大小,选择转换开关的挡位及量程,找出对应的刻度线。

4. 测量电压

(1) 测量电压(或电流)时要选择好量程,如果用小量程去测量大电压,则会有烧表的危险;如果用大量程去测量小电压,那么指针偏转太小,无法读数。量程的选择应尽量使指针偏转到满刻度的 2/3 左右。如果事先不清楚被测电压的大小时,应先选择最高量程挡,然后逐渐减小到合适的量程。

(2) 交流电压的测量:将万用表的一个转换开关置于交、直流电压挡,另一个转换开关置于交流电压的合适量程上,万用表两表笔和被测电路或负载并联即可。

(3) 直流电压的测量:将万用表的一个转换开关置于交、直流电压挡,另一个转换开关置于直流电压的合适量程上,且"+"表棒(红表棒)接到高电位处,"−"表棒(黑表棒)接到低电位处,即让电流从"+"表棒流入,从"−"表棒流出。若表棒接反,表头指针会反方向偏转,容易撞弯指针。

5. 测量电流　测量直流电流时,将万用表的一个转换开关置于直流电流挡,另一个转换开关置于50 μA到 500 mA 的合适量程上,电流的量程选择和读数方法与电压一样。测量时必须先断开电路,然后按照电流从"+"到"−"的方向,将万用表串联到被测电路中,即电流从红表棒流入,从黑表棒流出。如果误将万用表与负载并联,则因表头的内阻很小,会造成短路烧毁仪表。其读数方法如下:实际值=指示值×量程/满偏

6. 测量电阻　用万用表测量电阻时,应按下列方法操作:

(1) 机械调零:在使用之前,应该先调节指针定位螺丝使电流示数为零,避免不必要的误差。

(2) 选择合适的倍率挡:万用表欧姆挡的刻度线是不均匀的,所以倍率挡的选择应使指针停留在刻度线较稀的部分为宜,且指针越接近刻度尺的中间,读数越准确。一般情况下,应使指针指在刻度尺的 1/3～2/3 之间。

(3) 欧姆调零:测量电阻之前,应将两个表棒短接,同时调节"欧姆(电气)调零旋钮",使指针刚好指在欧姆刻度线右边的零位。如果指针不能调到零位,说明电池电压不足或仪表内部有问题。并且每换一次倍率挡,都要再次进行欧姆调零,以保证测量准确。

(4) 读数:表头的读数乘以倍率,就是所测电阻的电阻值。

(5) 使用万用表欧姆挡时要特别细心,注意刻度不均匀。

三、万用表使用时的注意事项

1. 在测电流、电压时,不能带电换量程。

2. 选择量程时,要先选大的,后选小的,尽量使被测值接近于量程。

3. 测电阻时,不能带电测量。因为测量电阻时,万用表由内部电池供电,如果带电测量则相当于接入一个额外的电源,可能损坏表头。

4. 用毕,应使转换开关在交流电压最大挡位或空挡上。

5. 注意在电阻挡改换量程时，需要进行欧姆调零，无需机械调零。

6. 使用万用表时不准用手触及表棒的金属部分测量电阻。

7. 不得随意拆卸、调试仪表。应注意检查电池放电的情况，对不能使用的万用表应及时更换。

8. 对长期不用、表内装有电池的仪表，应取出表内的电池。

9. 用万用表测量电流时，应采用并联电阻分流的方法，以扩大量程限度。

10. 用万用表测量电压时，应采用串联电阻分压的方法，以扩大量程限度。

11. 使用万用表每换一次倍率挡，必须进行一次调零。

12. 使用万用表测量电压、电流，属于带电测量，要十分注意测量种类挡和量程限度挡的选择。

13. 使用万用表测量高电压或大电流时，要注意被测量的极性，测量时要有人监护。

14. 用万用表测量二极管时应注意：

(1) 将万用表置于 $R\times100$ 或 $R\times1\text{K}$ 挡，用表棒接触二极管的两端，正反向各测量一次，在电阻较小的一次中黑色表棒(负棒)所接的为阳极，红色表棒(正棒)所接的为阴极。常温下正向电阻为 100 Ω 到数千欧(应越小越好)，反向电阻约为数百千欧(应越大越好)。要求正反向电阻为几十倍，用此倍数来估判管子的单向导电性能。

(2) 假如正反向电阻都很小，说明晶体二极管反向短路；假如正反向电阻都是无穷大，则说明晶体二极管已开路。

(3) 测量晶体二极管时，不得使用万用表的 $R\times1$ 或 $R\times10\text{k}$ 挡，否则因电流太大、电压太高可能导致晶体二极管损坏。

第四节　兆欧表

一、兆欧表

兆欧表又称绝缘电阻表，俗称摇表(图 4－7～图 4－9)。摇表主要由手摇直流发电机和磁电式流比计及接线柱“L”“E”和“G”组成。

兆欧表应按被测电气设备或线路的电压等级选用。测量的额定电压在 500 V 以下时应选用 500 V 或 1 000 V 的兆欧表；测量的额定电压在 500 V 以上时应选用 1 000～2 500 V 的兆欧表。

图 4－7　CA6503 手摇兆欧表

CE

图 4－8　BY2671 系列数字兆欧表

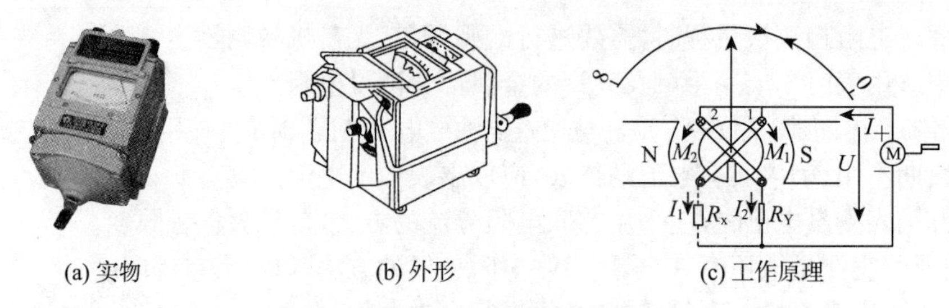

(a) 实物　　(b) 外形　　(c) 工作原理

图 4-9　兆欧表外形及工作原理

二、使用前的准备工作

1. 测量前必须将被测设备电源切断,在测量绝缘前后,应将被测设备对地放电。绝不允许设备带电进行测量,以保证人身和设备的安全。

2. 对可能感应出高压电的设备,必须消除这种可能性后,才能进行测量。

3. 被测物表面要清洁,减少接触电阻,确保测量结果的正确性。

4. 测量前要检查兆欧表是否处于正常工作状态,主要检查其"0"和"∞"两点。摇动手柄,使电机达到额定转速,兆欧表在短路时应指在"0"位置,开路时应指在"∞"位置。

5. 兆欧表使用时应放在平稳、牢固的地方,且远离大的外电流导体和外磁场。

6. 在测量时,还要注意兆欧表的正确接线,否则将引起不必要的误差甚至错误。兆欧表的接线柱共有三个:"L"为线端,"E"为地端,"G"为屏蔽端(也叫保护环),一般被测绝缘电阻都接在"L""E"端之间,但当被测绝缘体表面漏电严重时,必须将被测物的屏蔽环或不需测量的部分与"G"端相连接。这样漏电流就经由屏蔽端"G"直接流回发电机的负端形成回路,而不再流过兆欧表的测量机构(动圈)。这样就从根本上消除了表面漏电流的影响,特别应该注意的是测量电缆线芯和外表之间的绝缘电阻时,一定要接好屏蔽端钮"G",因为当空气湿度大或电缆绝缘表面又不干净时,其表面的漏电流将很大,为防止被测物因漏电而对其内部绝缘测量所造成的影响,一般在电缆外表加一个金属屏蔽环,与兆欧表的"G"端相连。

7. 当用兆欧表测电器设备的绝缘电阻时,一定要注意"L"和"E"端不能接反,正确的接法是:"L"线端钮接被测设备导体,"E"地端钮接设备外壳,"G"屏蔽端钮接被测设备的绝缘部分(图 4-10)。

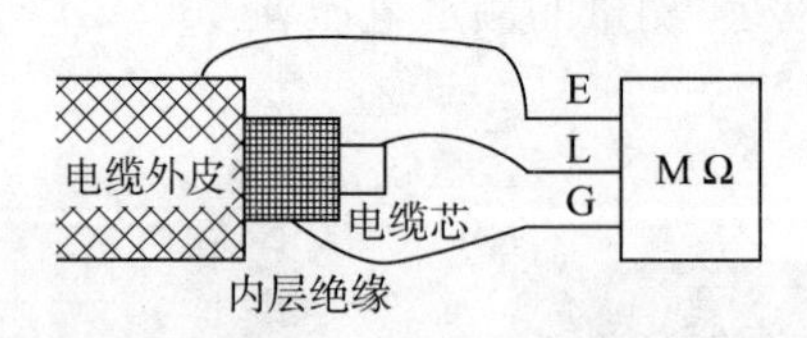

图 4-10　兆欧表测量电缆接线方法

如果将"L"和"E"接反了,流过绝缘体内及表面的漏电流经外壳汇集到地,由地经"L"流进测量线圈,使"G"失去屏蔽作用而给测量带来很大误差。另外,因为"E"端内部引线同外壳的绝缘程度比"L"端与外壳的绝缘程度要低,当兆欧表放在地上使用时,采用正确接线方式时,"E"端对仪表外壳和外壳对地的绝缘电阻,相当于短路,不会造成误差;而当"L"与"E"接反时,"E"对地的绝缘电阻同被测绝缘电阻并联,而使测量结果偏小,给测量带来较大误差。

要想准确地测量出电气设备等的绝缘电阻，必须正确使用兆欧表，否则，将失去测量的准确性和可靠性。

三、使用方法及注意事项

1. 测量前，应切断被测电器及回路的电源，并对相关元件进行临时接地放电，以保证人身的安全和测量结果的准确。

2. 兆欧表接线柱引出的测量软线绝缘应良好，两根导线之间和导线与地之间应保持适当距离，以免影响测量精度。

3. 在测定特高电阻时，保护环应接于被测两端之间最内层的绝缘层上，以消除因漏电而引起的读数误差。

4. 摇动兆欧表时，不能用手接触兆欧表的接线柱和被测回路，以防触电。

5. 摇动兆欧表后，各接线柱之间不能短接，以免损坏。

6. 24 V 低压电路，正极对地之间的绝缘电阻阻值为 20 MΩ，负极对地之间的绝缘电阻为50 MΩ是正常的。

7. 兆欧表在工作时，自身产生高电压，而测量对象又是电气设备，所以必须正确使用，否则就会造成人身或设备事故。

8. 摇动兆欧表后，时间不要久，转速大约为 120 r/min 时，指针所指读数即为绝缘电阻值。

9. 雷电天气时，禁止测量线路绝缘。

10. 吸收比测量　用兆欧表测量大容量的吸收比，直流电压作用在电介质上，60 s 电压与电流的比值称 $R_{60\,s}$；直流电压作用在电解质上 15 s 电压与电流的比值称 $R_{15\,s}$；吸收比等于 $R_{60\,s}/R_{15\,s}$，通常良好的绝缘吸收比应大于 1.3，用吸收比反映绝缘受潮的程度。

第五节　接地电阻测定仪

接地电阻测量仪又名接地摇表，主要由手摇发电机、电流互感器、电位器以及检流计组成。用于测量电气系统接地装置的接地电阻和土壤阻率。

一、接地电阻测试仪

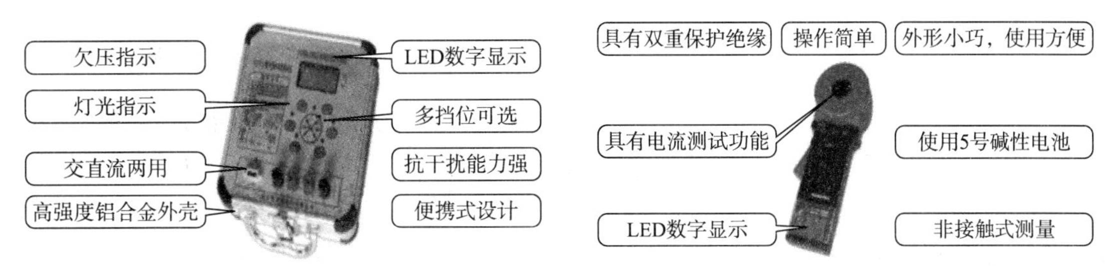

图 4－11　TE1501 数字式接地电阻测试仪　　图 4－12　ETCR2000 钳形接地电阻表

1. TE1501 数字式接地电阻测试仪的特点(图 4 - 11)

(1) LED 大字屏数字显示,读数方便。

(2) 具有抗地电压干扰能力。

(3) 辅助接地电阻小于 10 kΩ 对测试没有影响。

(4) 接地测试回路开路时,能给出提示信号。

(5) 电池供电,欠压指示。

2. ETCR2000 钳形接地电阻表的特点(图 4 - 12)

(1) 适用于各种形式的接地引线(圆钢、扁钢、角钢)。

(2) 非接触式测量接地电阻,安全快速。

(3) 不必使用辅助接地棒,不需要中断带测设备的接地。

(4) 具有双重保护绝缘。

(5) 抗干扰抗污染性能强,测量准确度高。

(6) 使用 5 号碱性电池,方便用户。

(7) 备有 5.1 Ω 测试环,可随时检测钳表的准确度。

二、使用方法(图 4 - 13)

1. 用一根最短的连接线连接测量仪的接线端子 E 和接地装置的接地体。

2. 用一根最长的连接线连接测量仪的接线端子 O 和一根 40 m 远的接地棒,接地棒插入地下 400 mm。

3. 用一根较短的连接线连接测量仪的两个已并联接线端子 P—P 和一根 20 m 远的接地棒。

4. 以 120 r/min 的速度均匀摇动摇柄,当表针偏斜时,随即调节细调拨盘,直至表针稳定下来为止。以细调拨盘调定后的读数乘以粗调定位的倍数,即是被测量接地体的接地电阻。

5. 用接地电阻测量仪,为了保证测得的接地电阻值准确可靠,应在测试后移动两根接地棒,换一个方向进行复测。

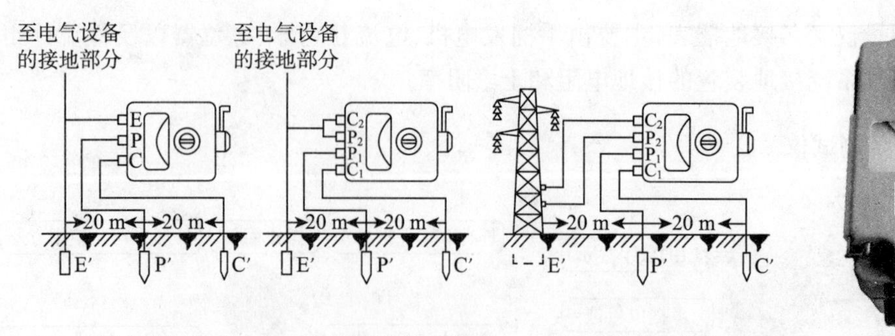

(a) 三端表的钮接线　(b) 四端表的钮接线　(c) 测量小电阻的接线　(d) 实物图

图 4 - 13　接地电阻测量仪接线及实物

第六节　电　桥

一、电桥(比较仪器)

这类仪器用于比较法测量中,包括直流比较仪器、交流比较仪器两种。

二、电桥种类

1. 属于直流比较仪器的有直流电桥、电位差计、标准电阻、标准电池等。
2. 属于交流比较仪器的有交流电桥、标准电感、标准电容等。
(1) 适用于测量电阻 $1 \sim 10^{8}\,\Omega$ 的精密仪器是直流单臂电桥(又称惠斯登电桥)。
(2) 适用于测量电阻 $1 \sim 10^{-5}\,\Omega$ 的精密仪器是直流双臂电桥(又称凯尔文电桥)(见图4-14)。

三、直流单臂电桥(又称惠斯登电桥)简介

1. 图 4-15 中 R_X 为被测电阻。
2. R_2,R_3,R_4 连接成四边形桥式电路。
3. 四个支路 ac,bc,bd,ad 称为桥臂。
4. 从 a,b 端经按钮开关 S_E 接入直流电源。
5. 从 c,d 端经按钮开关 S_G 接入检流计 G 作为指零仪。
6. 按钮开关 S_E 接通后,调节三个标准电阻 R_2,R_3,R_4 的阻值,使检流计 G 指零,电桥达到平衡。
7. 此时 $I_G=0$,c 端与 d 端电位相等。

$$U_{ac}=U_{ad},U_{bc}=U_{bd}$$

$I_x R_x=I_4 R_4$,$I_2 R_2=I_3 R_3$

将两式相除,得:$I_x R_x \div I_2 R_2=I_4 R_4 \div I_3 R_3$

$R_x R_3=R_2 R_4$,故 $R_x=\dfrac{R_2 R_4}{R_3}$

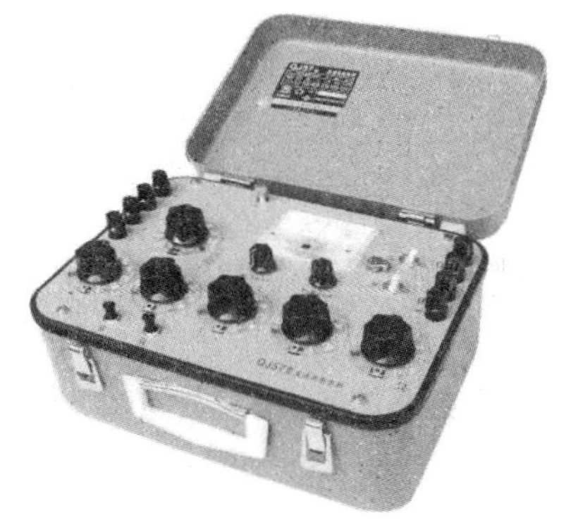

图 4-14　直流双臂电桥

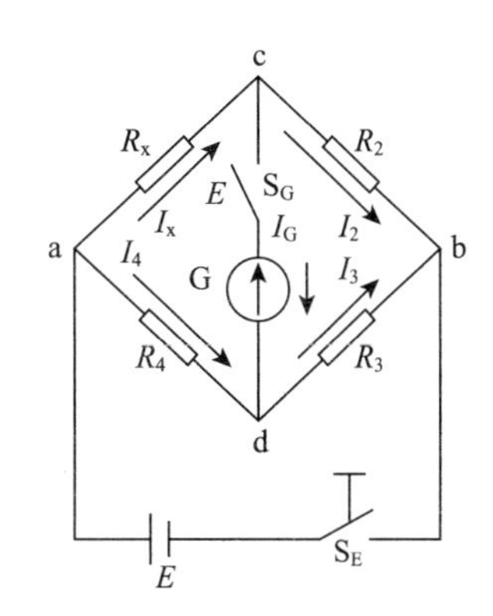

图 4-15　直流单臂电桥电路示意图

四、直流单臂电桥的使用方法

1. 首先将检流器锁打开。调节机械调零旋钮,使指针位于零位。

2. 将被测电阻 R_x 接在接线端钮上,根据 R_x 的阻值范围选择合适的比较臂倍率,使比较臂四组电阻都用上。

3. 调节平衡时,先按电源按钮 S_E,再按检流器按钮 S_G,以防被测对象产生感应电动势而损坏检流器。

4. 按下按钮后若指针向正侧偏转,应增大比较臂电阻;若指针向负侧偏转,应减小。调平衡过程不可将比较臂电阻旋钮按死,待调到电桥(接)近平衡时才可以按死(定)检流器按钮进行细调,否则检流器指针可能因为猛烈碰撞(撞击)而损坏。

5. 假如使用外接电源,其电压按规定选择。电压过高会损坏桥臂电阻。电压过低会降低灵敏度。假如使用外接检流计,应将内附的检流计用短路片短接,将外接检流计接在外接端钮上。

五、使用直流单臂电桥的注意事项

1. 接线要注意极性,线头必须拧紧。

2. 测量电容设备时,在测量前必须进行放电 3 min。

3. 温度对电阻的测量影响很大,应记录被测设备的温度。

4. 精密测量除选择较高一级的电桥外,测量应改变电源的极性,作正、反两次测量求平均值。

5. 测量结束,应锁上检流器锁扣,以免受震动而损坏。

第七节　电能表、互感器

一、电能表

电能表,过去又称电度表,是用来计量电能(用电量)的电工仪表。

1. 电能表的分类

(1) 按结构和工作原理的不同分为:感应式(机械式)、静止式(电子式)和机电一体式(混合式)。

(2) 按接入电源的性质可分为:交流电能表和直流电能表。

(3) 按表计的安装接线方式可分为:直接接入式和间接接入式(经互感器接入式);其中,又有单相、三相三线、三相四线电能表之分。

(4) 根据计量对象的不同又分为:有功电能表、无功电能表、最大需量表、分时记度电能表及多功能电能表。

① 有功电能表:其测量结果一般表示为:

$$W_p = UI\cos\varphi t$$

式中：W_p——有功电能量；

U、I——交流电路的电压和电流的有效值；

Φ——电压和电流之间的相位角；

$\cos\varphi$——负载功率因数；

t——所测电能的累计时间。

② 无功电能表：多用于计量发电厂生产及用电户与电力系统交换的无功电能，测量结果为：

$$W_Q = UI\sin\varphi t$$

式中：W——无功电能量；

$\sin\varphi$——无功功率因数。

③ 最大需量表：一般由有功电能表和最大需量指示器两部分组成，除测量有功电量外，在指定的时间区间内还能指示需量周期内测得的平均有功功率最大值，主要用于执行两部制电价的用电计量。

2. 常用电能表的安装接线

（1）单相电能表：单相电能表主要由一个可转动的铝盘和分别绕在不同铁芯上的一个电压线圈和一个电流线圈组成，其接线方式见图 4－16。

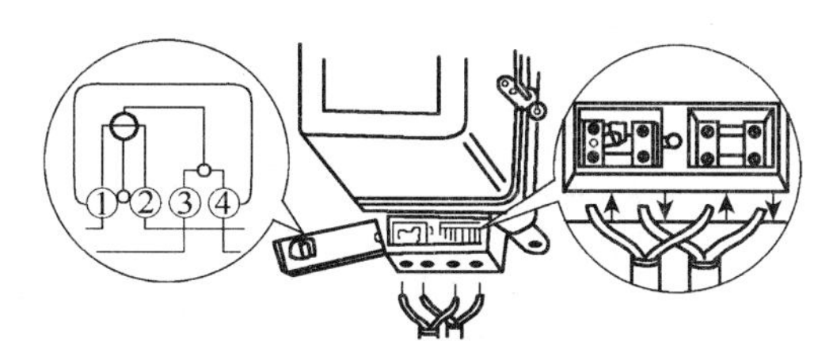

图 4－16　单相电能表的安装接线

（2）直接式三相电能表：常用直接式三相电能表的规格有：① 10 A、20 A；② 30 A、50 A；③ 75 A；④100 A。直接式三相三线制电能表的接线方式如图 4－17 所示；直接式三相四线制电能表的接线方式如图 4－18 所示。

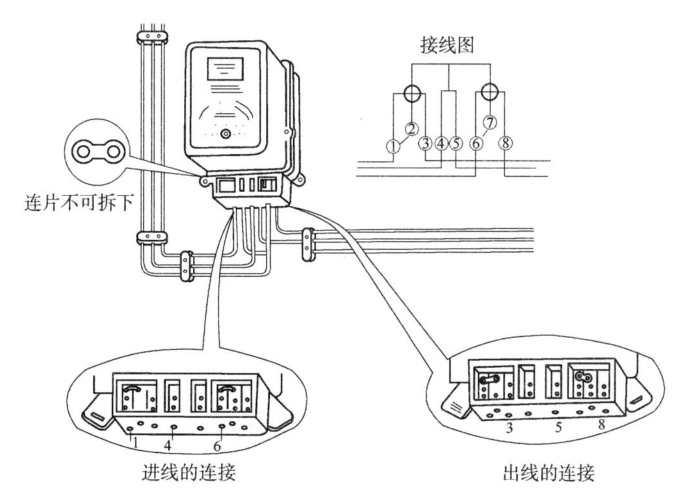

图 4－17　直接式三相三线制电能表的接线

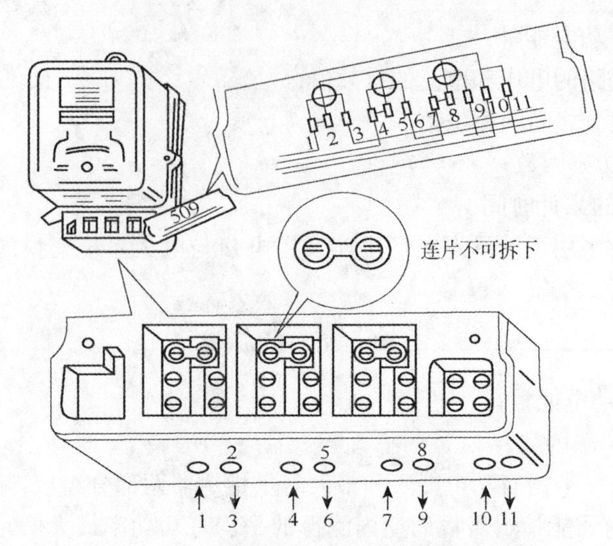

图 4-18　直接式三相四线制电能表的接线

常用直接式三相电能表的规格有:① 10 A、20 A;② 30 A、50 A;③ 75 A;④ 100 A。

(3) 三相三线制电能表带互感器接入的接线方式,如图 4-19 所示。

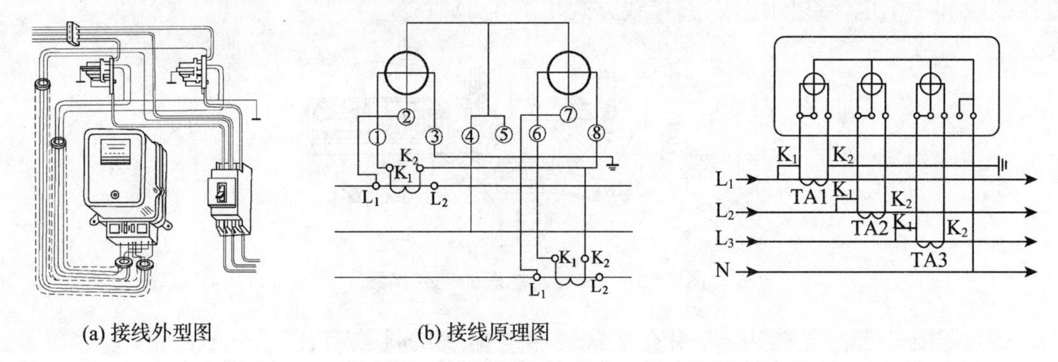

(a) 接线外型图　　(b) 接线原理图

图 4-19　三相三线制及三相四线制电能表间接接线图

3. 电能表的使用

(1) 选择电能表应注意电能表的额定电压、额定电流。

(2) 电能表应垂直安装,表箱底部对地面垂直距离一般为 1.8 m。

(3) 接入、接出电能表都必须用铜芯绝缘线,不准用铝线。导线不准有接头。

(4) 经互感器接入,极性必须正确。电压应采用 1.5 mm^2 铜芯绝缘线;电流应采用 2.5 mm^2 铜芯绝缘线。

二、互感器

1. 互感器的作用

(1) 与测量仪表配合,测量电力线路的电压、电流和电能。

(2) 与继电保护装置、自动控制装置配合,对电力系统和设备进行过电压、过电流、过负荷和单相接地保护。

(3) 将测量仪表、继电保护装置和自动控制装置等二次装置与线路高压隔离,以保证工作人员和二次装置的安全。

(4) 将线路中的电压和电流变化成统一的标准值,将高电压变成 100 V 低压、将大电流变成 5 A 的小电流。

2. 电压互感器(图 4－20)

(1) 电压互感器有以下的分类方式:

① 按相数分:有单相、三相三柱、三相五柱。

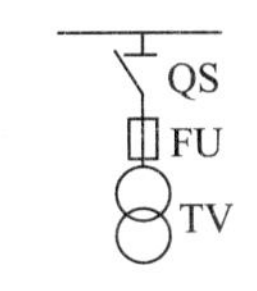

(a) 电压互感器接线

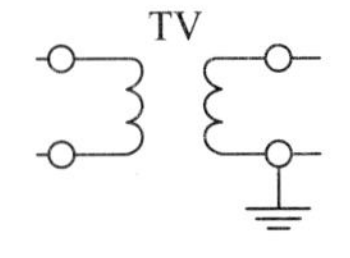

(b) 电压互感器电路

(c) 电压互感器实物

图 4－20　电压互感器

② 按绝缘冷却方式分:有干式、烧注式、油浸式和充气式。

③ 按装置地点分:有户内和户外式。

④ 按绕组数分:双绕组和三绕组。

⑤ 按准确度等级可分为 0.1 级、0.2 级 0.5 级、1 级、3 级。

(2) 电压互感器安装使用

① 电压互感器文字符号 TV(PT)

② 新装或大修后,应对电压互感器的外观进行检查。

③ 电压互感器在运行中二次侧不允许短路。

④ 电压互感器的一次侧二次侧均应装设隔离开关和熔断器。

⑤ 电压互感器的铁芯(外壳)和二次侧不带电的一端必须接地。

3. 电流互感器(图 4－21)

(1) 电流互感器是将高压电路的大电流变成额定为 5A 小电流,电流互感器文字符号 TA(CT)。

图 4－21　电流互感器符号及实物图

(2) 电流互感器的分类

① 按安装地点可分为户内式、户外式及装入式。

② 按安装方法可分为穿墙式和支持式。

③ 按绝缘方式可分为干式、浇注式、油浸式等。

④ 按一次绕组匝数可分为单匝数和多匝数式。

⑤ 按准确度等级可分为 0.2 级、0.5 级、1 级、3 级、10 级。

(3) 电流互感器安装使用

① 电流互感器在运行中,二次绕组的一端(不带电的负极)及铁芯外壳必须可靠地进行保护接地,应该特别注意的是电流互感器在运行中二次绕组严禁开路。

② 我国互感器是采用"+"、"−"(正、负)极性的标注法。

③ 电流互感器安装时,其二次回路严禁设开关或熔断器。运行中,即使由于某种原因要拆除二次侧电流表、电能表、继电器时,也必须先将二次侧短接,然后再进行拆除。

第五章　安全标志及电气安全用具

安全标志由安全色、几何图形、图形符号组成。电气安全用具是保证操作者安全地进行电气工作时必不可少的工具。电气安全用具包括绝缘安全用具和一般防护用具。

第一节　安全标志

一、安全色(表 5－1)

表 5－1　安全色标的意义

色　标	含　义	举　例
红	禁止、停止、消防	停止按钮、禁止合闸
黄	警告、注意	当心触电
绿	安全、通过、允许、工作	在此工作、已接地
蓝	指令、必须遵守、强制执行	必须戴安全帽
黑	警告、注意	文字、图形、符号
白	背景色	红、蓝、绿背景色

1. 安全色　安全色是表达安全信息含义的颜色，表示禁止、警告、指令、提示等。国家规定的安全色有红、蓝、黄、绿四种颜色。

红色表示禁止、停止；蓝色表示指令、必须遵守的规定；黄色表示警告、注意；绿色表示指示、安全状态、通行。

2. 对比色　为使安全色更加醒目的反衬色叫对比色。国家规定的对比色是黑、白两种颜色。

各种安全色与其对应的对比色是：红—白、黄—黑、蓝—白、绿—白。黑色用于安全标志的文字、图形符号和警告标志的几何图形。白色作为安全标志红、蓝、绿色的背景色，也可用于安全标志的文字和图形符号。

3. 在电气上用黄、绿、红三色分别代表 L_1、L_2、L_3三个相序；配电室内，母线涂有色油漆，可以区分相序、防腐；以柜正面方向为基准，其母线涂色符合下列标准的规定，如表 5－2、表 5－3 所示。

表 5-2　交流三相系统及直流系统中裸导线涂色

系　统	交流三相系统					直流系统	
母线	L_1	L_2	L_3	N 线及 PEN 线	PE 线	正极	负极
字母	A	B	C	N　PEN	PE	L^+	L_-
涂色	黄	绿	红	淡蓝	黄绿双色线	褚	蓝

表 5-3　按母线排列方式要求标志颜色

相　别	颜　色	垂直排列	水平排列	引下排列
L_1(A)	黄	上	后	左
L_2(B)	绿	中	中	中
L_3(C)	红	下	前	右
N	淡蓝	淡蓝	淡蓝	淡蓝

(1) 涂成红色的电器外壳是表示其外壳有电。

(2) 电气设备的金属外壳涂有灰色表示正常情况下不带电,故障情况下可能带电,必须接地或接零保护。保护线(保护接零或保护接地)颜色应按标准采用黄/绿双色线。

(3) 接地线应涂漆以示明显标示。其颜色一般规定是:黑色为保护接地;紫色底黑色条为接地中性线(每隔 15 cm 涂一黑色条,条宽 1～1.5 cm)。

(4) 系统中,中性线不接地涂紫色;系统中,中性线接地涂黑色。

(5) 明设的接地母线、零线母线均为黑色;明敷接地扁铁或圆钢涂黑色。

(6) 直流电用棕色代表正极,蓝色代表负极。信号和警告回路用白色。

(7) 变配电所设置模拟图版的绘制依照系统电压等级的不同,对不同电压等级的设备颜色(按国家标准)应有区别(表 5-4)。

表 5-4　常用模拟图版母线标志颜色

交流 0.23 kV	交流 0.40 kV	交流 3 kV	交流 6 kV	交流 10 kV	交流 35 kV	交流 110 kV	直流
深灰	黄褐	深绿	深蓝	绛红	浅黄	朱红	褐

二、安全标志(图 5-1)

1. 安全标志是提醒人员注意或按标志上注明的要求去执行,保障人身和设施安全的重要措施。

图 5-1　部分标志牌样式

2. 安全标志牌一般设置在光线充足、醒目、稍高于视线的地方。

3. 对于隐蔽工程(如埋地电缆)在地面上要有标志桩或依靠永久性建筑挂标志牌,注明工程位置。

4. 对于容易被人忽视的电气部位,如封闭的架线槽、设备上的电气盒,要画上电气箭头。

5. 另外在电气工作中还常用标志牌,以提醒工作人员不得接近带电部分、不得随意改变刀闸的位置等。

6. 移动使用的标志牌要用硬质绝缘材料制成。上面有明显标志,并应根据规定使用(表5-5)。

表5-5 标示牌式样资料执行标准(2009年8月1日起)

名称	悬挂处	式样		
		尺寸(mm)	颜色	字样
禁止合闸,有人工作!	一经合闸即可送电到施工设备的断路器(开关)和隔离开关(刀闸)操作把手上	200×160 和 80×65	白底,红色圆形斜杠,黑色禁止标志符号	黑字
禁止合闸,线路有人工作!	线路断路器(开关)和隔离开关(刀闸)把手上	200×160 和 80×65	白底,红色圆形斜杠,黑色禁止标志符号	黑字
禁止分闸!	接地刀闸与检修设备之间的断路器(开关)操作把手上	200×160 和 80×65	白底,红色圆形斜杠,黑色禁止标志符号	黑字
在此工作!	工作地点或检修设备上	250×250 和 80×80	衬底为绿色,中有直径 200 mm 和 65 mm 白圆圈	黑字,写于白圆圈中
止步,高压危险!	施工地点临近带电设备的遮栏上;室外工作地点的围栏上;禁止通行的过道上;高压试验地点;室外构架上;工作地点临近带电设备的横梁上	300×240 和 200×160	白底,黑色正三角形及标志符号,衬底为黄色	黑字
从此上下!	工作人员可以上下的铁架、爬梯上	250×250	衬底为绿色,中有直径 200 mm 白圆圈	黑字,写于白圆圈中
从此进出!	室外工作地点围栏的出入口处	250×250	衬底为绿色,中有直径 200 mm 白圆圈	黑体黑字,写于白圆圈中
禁止攀登,高压危险!	高压配电装置构架的爬梯上,变压器、电抗器等设备的爬梯上	500×400 和 200×160	白底,红色圆形斜杠,黑色禁止标志符号	黑字

注:在计算机显示屏上一经合闸即可送电到工作地点的断路器(开关)和隔离开关(刀闸)的操作把手处所设置的"禁止合闸,有人工作!"、"禁止合闸,线路有人工作!"和"禁止分闸"的标记,可参照上表中有关标示牌的式样。

第二节　电气安全用具

一、电气安全用具

电气安全用具分为绝缘安全用具、检修安全用具、一般防护安全用具等几种。

1. 绝缘安全用具　具体分为两种：

(1) 基本绝缘安全用具：绝缘强度足以抵抗电气设备运行电压的安全用具称为基本绝缘安全用具。

高压设备的基本绝缘安全用具有绝缘棒、绝缘夹钳和高压验电笔等。低压设备的基本绝缘安全用具有绝缘手套、装有绝缘柄的工具和低压验电笔(验电器)等。

(2) 辅助用绝缘安全用具：本身的绝缘强度不足以抵抗电气设备运行电压的，称为辅助绝缘安全用具。低压电工作业如绝缘鞋、绝缘靴、绝缘台。

2. 检修安全工具　是在停电检修作业中用以保证人身安全的用具。它包括临时接地线、标示牌、临时遮栏、登高安全工具、电工安全带等。

3. 一般防护用具　包括护目镜、帆布手套、安全帽等。

二、低压验电器

低压验电笔是低压电工作业人员判断被检修的设备或线路是否带电的重要的测试用具。

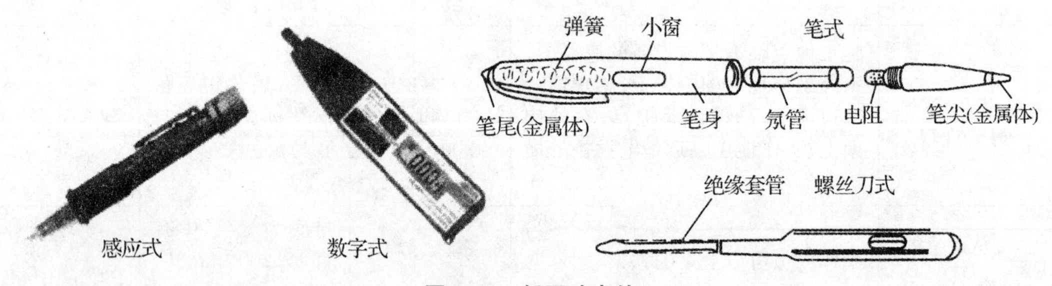

图 5－2　低压验电笔

1. 低压验电器分为感应式、数字式验电笔(图 5－2)。

2. 低压验电器的用途

(1) 可以用来检查、判断低压电气设备或线路是否带电。

(2) 验电器可以区分火线(相线)和零线(中性线、地线)。

(3) 可以区分交流和直流。

(4) 能判断电压的高低。

3. 低压验电器使用时，必须在有电的设备上测试其好坏。

三、绝缘操作杆

1. 绝缘操作杆又称令克棒，由工作部分、绝缘部分、手握部分组成(图 5－3)。

图 5－3　绝缘操作杆(令克棒)

绝缘棒可用于操作高压拉开或闭合高压隔离开关和跌落式熔断器、装拆携带式接地线以及测量和试验等。

2. 使用注意事项

(1) 绝缘棒应按规定进行定期绝缘试验,使用必须在有效期之内。

(2) 绝缘棒的型号、规格(电压等级)必须符合规定,不宜过长。绝不可以任意取用。

(3) 操作前绝缘棒表面应用干布擦净,使其棒表面干燥、清洁,要注意防止碰撞以免损坏表面的绝缘层。

(4) 操作时应戴绝缘手套、穿绝缘鞋或绝缘靴。

(5) 操作时手握部分不得超过隔离环。

(6) 下雨、下雪或潮湿的天气,在室外使用绝缘棒时棒上应有防雨的伞形罩,伞形罩下部分保持干燥。

四、携带式临时接地线

在停电的线路和设备上作业,悬挂临时接地线是为了防止突然来电所采取的三相短路并接地的安全措施。在低压三相四线、零线上也必须装设临时接地线(图 5－4)。

1. 装设接地线应由两人进行操作。

2. 成套接地线应用有透明护套的多股软铜线组成,其截面不得小于 25 mm^2,同时应满足装设地点短路电流的要求。

3. 装设接地线应先接接地端,后接导体端,接地线应接触良好,连接应可靠。拆接地线的顺序与此相反。装、拆接地线均应使用绝缘棒并佩戴绝缘手套。人体不得碰触接地线或未接地的导线,以防止触电。禁止用缠绕的方法挂接地线。

实验证明,接地线对保证人身安全十分重要。现场工作人员常称携带型接地线为“保命线”。

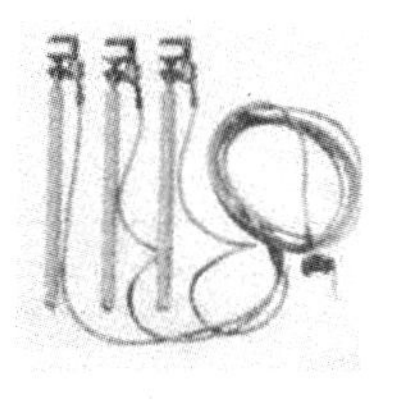

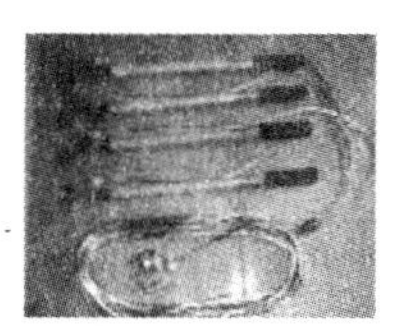

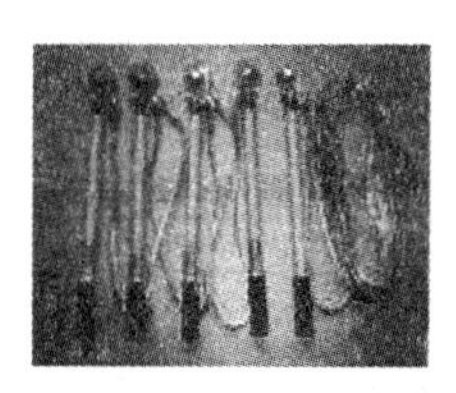

图 5－4　携带式临时接地线

五、绝缘手套

1. 绝缘手套　戴绝缘手套可以防止接触电压或感应电压的伤害,它是一种低压基本的绝缘安全用具。使用绝缘手套可以在低压设备上进行带电作业(图 5-5)。

图 5-5　绝缘手套

2. 绝缘手套的使用

(1) 首先要根据作业场所电压的高低,正确选用符合电压等级的绝缘手套。

(2) 绝缘手套每次使用前必须进行认真的检查,是否在试验有效期之内,是否清洁、干燥、有无磨损、划痕、老化、有无孔洞、是否漏气。

(3) 使用前必须进行试验,发现漏气不能使用。使用时应将袖口套入手套筒口内防止发生意外。

(4) 绝缘手套每半年试验一次。使用后要妥善保管,不能与金属的器件放在一起,不得与油脂接触,保存时应适当撒些滑石粉。

六、绝缘鞋(靴)

1. 绝缘鞋(靴)是电工必备的个人安全防护用品,可防止跨步电压的伤害,与绝缘手套配合可防止接触电压的伤害(图 5-6)。

图 5-6　绝缘鞋、靴

2. 绝缘鞋(靴)的使用

(1) 首先要根据作业场所电压的高低,正确选用符合电压等级的绝缘鞋。

(2) 无论是穿低压或高压绝缘鞋(靴),都不准用手接触带电导体。

(3) 绝缘鞋(靴)不可有破损。

(4) 穿绝缘靴应将裤脚套入靴筒内,绝缘靴雨天不可作为套鞋使用。

(5) 绝缘鞋(靴)每半年试验一次。使用后要妥善保管。

七、绝缘垫及绝缘台

绝缘垫及绝缘台由橡胶和木板(木条)制成。一般铺在配电所的地面上,以便倒闸操作时增强操作人员对地绝缘,防止跨步电压对操作人员的伤害。

(1) 对使用中的绝缘垫,应保持经常性的清洁、干燥、没有油污、灰尘,还要防止破损。

(2) 对使用中的绝缘垫,应每两年进行一次交流耐压和泄漏试验。

八、绝缘夹钳

1. 绝缘夹钳是在带电的情况下，用来安装和拆卸熔断器或执行其他类似工作的工具，在35 kV及以下的电力系统中绝缘夹钳为基本的安全用具之一。

2. 绝缘夹钳由工作部分、绝缘部分和手握部分组成(图5-7)。

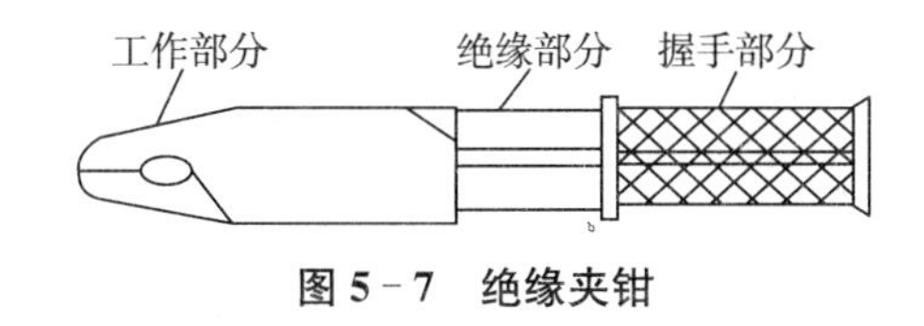

图5-7 绝缘夹钳

3. 使用注意事项

(1) 绝缘夹钳必须具备有足够的机械强度和合格的绝缘性能。

(2) 绝缘夹钳应保持清洁、干燥。按规定进行定期试验，试验周期为一年。

(3) 操作前必须切断电源。操作时应戴护目镜、戴绝缘手套，穿绝缘鞋(绝缘靴)或站在绝缘垫上。

具体各类绝缘安全用具试验项目和同期要求见表5-6。

表5-6 绝缘安全工器具试验项目、周期和要求

<table>
<tr><th>序号</th><th>器具</th><th>项目</th><th>周期</th><th colspan="4">要求</th><th>说明</th></tr>
<tr><td rowspan="10">1</td><td rowspan="10">携带型短路接地线</td><td>A. 成组直流电阻试验</td><td>不超过5年</td><td colspan="4">在各接线鼻之间测量直流电阻，对于25、35、50、70、95、120 mm^2的各种截面，平均每米的电阻值应分别小于0.79、0.56、0.40、0.28、0.21、0.16 mΩ</td><td>同一批次抽测，不少于两条，接线鼻与软导线压接的应做该试验</td></tr>
<tr><td rowspan="9">B. 操作棒的工频耐压试验</td><td rowspan="9">5年</td><td rowspan="2">额定电压(kV)</td><td rowspan="2">试验长度(m)</td><td colspan="2">工频耐压(kV)</td><td rowspan="9">试验电压加在护环与紧固头之间</td></tr>
<tr><td>1 min</td><td>5 min</td></tr>
<tr><td>10</td><td>—</td><td>45</td><td>—</td></tr>
<tr><td>35</td><td>—</td><td>95</td><td>—</td></tr>
<tr><td>63</td><td>—</td><td>175</td><td>—</td></tr>
<tr><td>110</td><td>—</td><td>220</td><td>—</td></tr>
<tr><td>220</td><td>—</td><td>440</td><td>—</td></tr>
<tr><td>330</td><td>—</td><td>—</td><td>380</td></tr>
<tr><td>500</td><td>—</td><td>—</td><td>580</td></tr>
<tr><td>2</td><td>个人保安线</td><td>成组直流电阻试验</td><td>不超过5年</td><td colspan="4">在各接线鼻之间测量直流电阻，对于10、16、25 mm^2各种截面，平均每米的电阻值应小于1.98、1.24、0.79 mΩ</td><td>同一批次抽测，不少于两条</td></tr>
</table>

续表

序号	器具	项目	周期	要求				说明
3	绝缘杆	工频耐压试验	1年	额定电压(kV)	试验长度(m)	工频耐压(kV)		
						1 min	5 min	
				10	0.7	45	—	
				35	0.9	95	—	
				63	1.0	175	—	
				110	1.3	220	—	
				220	2.1	440	—	
				330	3.2	—	380	
				500	4.1	—	580	
4	绝缘罩	工频耐压试验	1年	额定电压(kV)	工频耐压(kV)	时间(min)		
				6～10	30	1		
				35	80	1		
5	绝缘隔板	A. 表面工频耐压试验	1年	额定电压(kV)	工频耐压(kV)	持续时间(min)		电极间距离300 mm
				6～35	60	1		
5	绝缘隔板	B. 工频耐压试验	1年	额定电压(kV)	工频耐压(kV)	持续时间(min)		
				6～10	30	1		
				35	80	1		
6	绝缘胶垫	工频耐压试验	1年	电压等级	工频耐压(kV)	持续时间(min)		使用于带电设备区域
				高压	15	1		
				低压	3.5	1		
7	绝缘靴	工频耐压试验	半年	工频耐压(kV)	持续时间(min)	泄漏电流(mA)		
				15	1	≤7.5		
8	绝缘手套	工频耐压试验	半年	电压等级	工频耐压(kV)	持续时间(min)	泄漏电流(mA)	
				高压	8	1	≤9	
				低压	2.5	1	≤2.5	
9	导电鞋	直流电阻试验	穿用不超过200 h	电阻值小于100 kΩ				符合《防静电鞋导电鞋安全技术要求》

续表

序号	器具	项目	周期	要求				说明
10	绝缘夹钳	工频耐压试验	1年	额定电压(kV)	试验长度(m)	工频耐压(kV)	持续时间(min)	
				10	0.7	45	1	
				35	0.9	95	1	

注：绝缘安全工器具的试验方法参照《电力安全工器具预防性试验规程(试行)》的相关内容。

九、电工常用工具

电烙铁、钢丝钳、电工刀、螺丝刀、剥皮钳、尖嘴钳等是电工常用的基本工具。

1. 电烙铁　电烙铁是电工常用的锡焊接工具，电子元件制作中，元器件的连接处需要锡焊接，一般选用25～40 W电烙铁。新烙铁使用前，应用细砂纸将烙铁头打光亮，通电烧热，蘸上松香后用烙铁头刃面接触焊锡丝，使烙铁头上均匀地镀上一层锡再进行焊接(图5-8)。

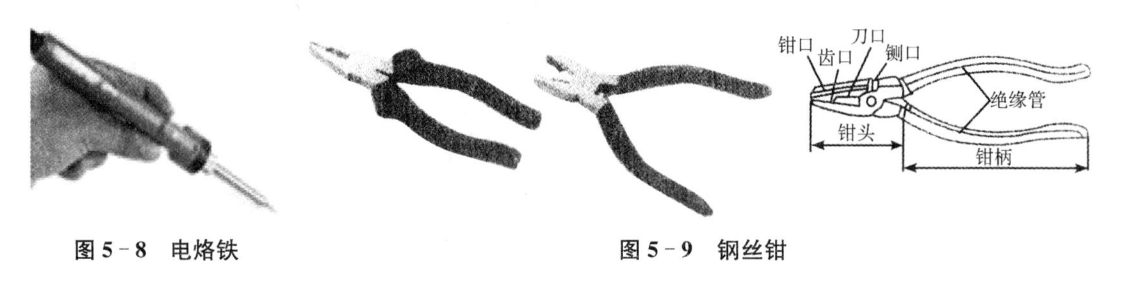

图5-8　电烙铁　　　　图5-9　钢丝钳

2. 钢丝钳　电工钢丝钳一般钳柄有绝缘管以保证安全。绝缘护套耐压500 V，它是一种夹、捏和剪切工具。使用钢丝钳时，钳头的刃口应朝向自己(图5-9)。

3. 电工刀　电工刀的刀柄无绝缘保护，不能在带电导线或器材上剖削，以免触电。应采用平削，不宜采用立削(以免割伤导线)；一般由里向外削线，刀口一般朝外。使用后，电工刀要擦拭干净，并将刀身折进保管。一号电工刀较二号电工刀，刀柄长度要长(图5-10)。

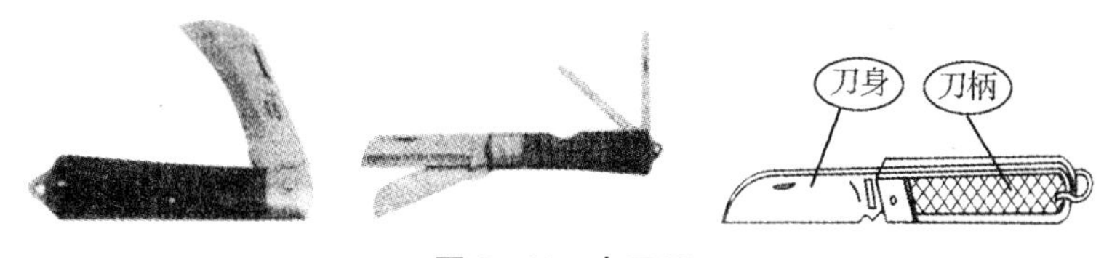

图5-10　电工刀

4. 旋具(螺丝刀)　是旋紧或旋松螺钉的工具。常用的有木柄或塑料柄的。尺寸以(手柄加旋杆)旋具全长毫米(英吋)为计大小。电工不可使用穿心旋具，由于它的铁杆直通柄顶，容易发生触电事故(图5-11)。

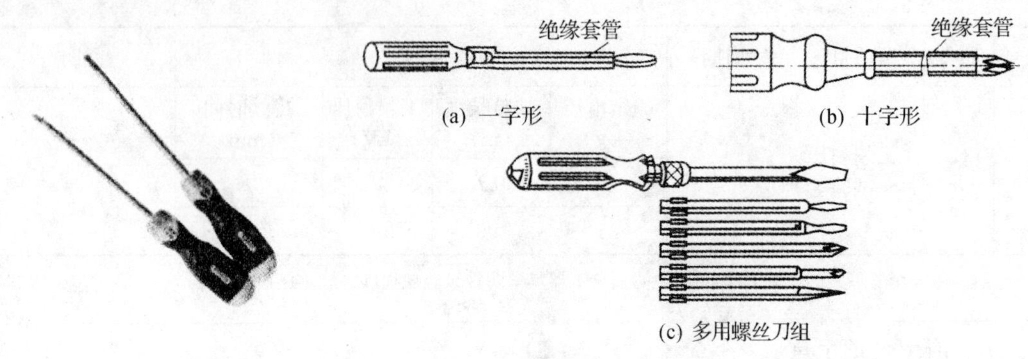

图 5-11　螺丝刀

5. 剥皮钳、尖嘴钳等一般以尺寸全长(钳头加钳柄)来计大小。剥线钳是用来剥削小导线线头表面绝缘层的专用工具(图 5-12、图 5-13)。

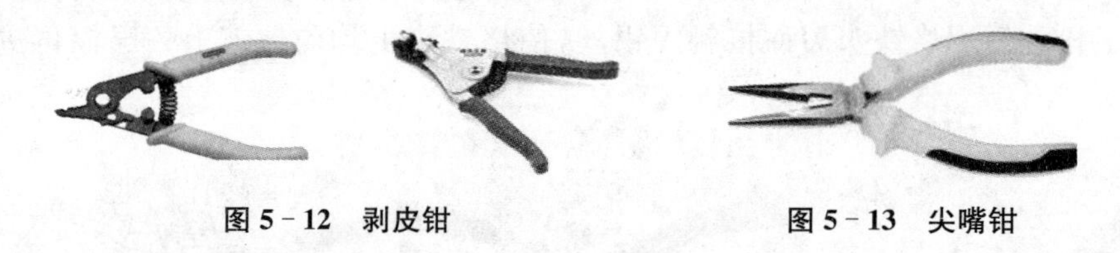

图 5-12　剥皮钳　　**图 5-13　尖嘴钳**

6. 登高工具　登高工具是指电工在登高作业时所需要的工具。常用的有高凳、直梯和人字梯等。

(1) 梯子:梯子只能用木制和竹制的。梯阶的距离不应大于 40 cm,并应在距梯顶 1 m 处设限高标志。梯子使用前要检查有无损伤断裂,脚部要有防滑材料。梯子与地面的夹角以 60°为宜,梯子不可绑接使用。人在梯子上时,不可移动梯子(图 5-14)。

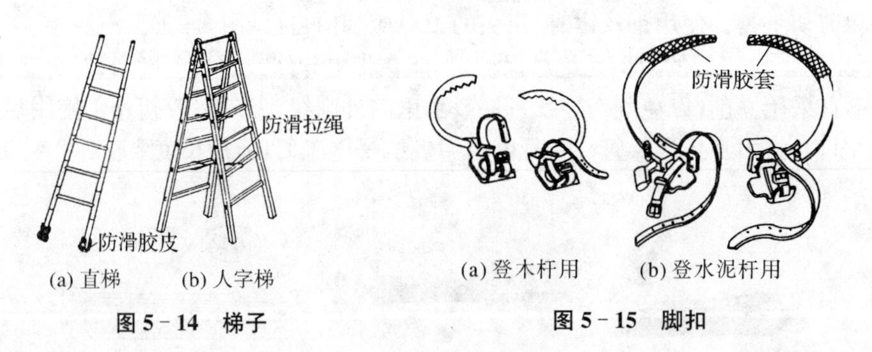

图 5-14　梯子　　**图 5-15　脚扣**

(2) 脚扣:脚扣是攀登电杆的工具之一,脚扣分为登木杆用脚扣和登水泥杆用脚扣。登木杆用脚扣的扣环上有突出的铁齿。登水泥杆用脚扣环上装有橡胶套或橡胶垫防滑。脚扣有大小号之分,可供粗细不同的电杆使用(图 5-15)。

① 脚扣使用之前必须仔细检查脚扣各部分,皮带是否霉变、是否牢固可靠,金属部分有无变形等。雨天和冰雪天禁止攀登水泥杆。

② 使用脚扣进行登杆作业时,登杆前,应对脚扣进行人体载荷冲击试验 ,上下杆的每一步必须使脚完全套入脚扣环,并可靠地扣住电杆才能移动身体,否则就会造成事故。

(3) 登高板:登高板又称踩板,用来攀登电杆。登高板由脚板、白棕绳(尼龙)、铁钩组成(图5-16)。

① 踩板使用前,应检查踩板有无裂纹或腐朽、白棕绳有无断股损伤。

② 踩板挂钩时必须正勾,钩口向外、向上,不能反勾,以免造成脱钩坠落等事故。

③ 踩板使用完毕不准在地上拖、拉,应整理好后挎在肩部。

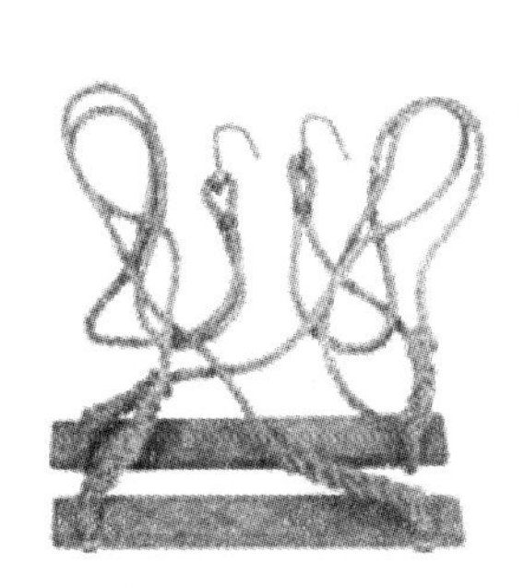

图5-16　登高板

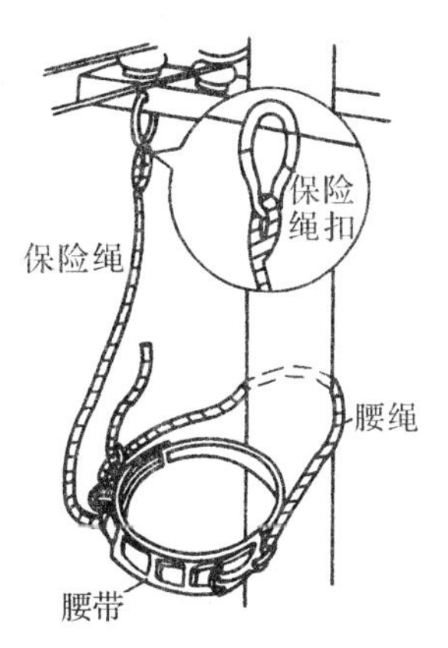

图5-17　安全腰带

(4) 安全腰带:安全腰带是登杆作业必备的安全用具,无论采用登高板还是脚扣都要与安全腰带配合使用(图5-17)。

安全腰带由腰带、腰绳和保险绳组成。腰带用来系挂腰绳、保险绳,使用时应系结在臀部的上部而不是系结腰间,作为与电杆的一个支撑点,使全身的重量不全落在脚上,否则在操作时容易扭伤腰部。

保险绳用来防止意外时,不至于造成坠落伤害事故。保险绳要高挂低用。

十、安全帽

安全帽是对人体头部受外力伤害起防护作用的安全用具。在变配电构架、架空线路等电气设备安装检修现场,以及在可能有上空落物的工作场所都必须戴上安全帽。

安全帽使用前应检查是否在使用周期内,检查有无裂纹,还应检查帽壳、帽衬、帽箍、顶衬、下颌带等附件是否完好无损。安全帽必须带正,使用安全帽应将下颌带系好,防止前倾、后仰或其他原因造成滑落。

第六章　触电的危害与救护

电气事故对人体的伤害即触电事故,它是各类电气事故中最常见的事故。本章主要介绍电流对人体的伤害、触电事故的类型和方式、触电事故的规律、触电急救等基本内容。

第一节　电流对人体的伤害

一、电流对人体的生理作用

1. 热伤害　电烧伤是电流的热效应造成的伤害,分为电流灼伤和电弧烧伤。其中,电流灼伤是人体与带电体接触,电流通过人体由电能转换成热能造成的伤害。电流灼伤一般发生在低压设备或低压线路上。

2. 化学伤害　电流作用于人体后,改变了人体组织内部的电解质的成分和浓度,可使人体功能失常。

3. 生理性伤害　当流过人体的电流在 10～30 mA 时,就可能有强烈的颤抖、痉挛、呼吸困难、心跳不规律等症状,如果时间加长,可能引起昏迷、血压升高,甚至出现心室纤维性颤动导致死亡。

二、人体电阻

人体阻抗与皮肤清洁、干燥、完整、接触面积大小、紧密程度、高低电压有关。

我国规定工频电压 50 V 的限值是根据人体允许电流 30 mA 和人体电阻 1 700 Ω 的条件确定的。一般情况人体电阻可按 1 000～2 000 Ω 考虑。

三、影响触电危害程度的因素

1. 通过人体的电流大小与伤害程度的关系　触电时,电流通过人体是造成伤害的直接因素。

(1) 感知电流:这是引起有触电感觉的最小电流。当然它对于不同年龄、不同性别、不同健康状况的人可能有较大的差别。就以健康的成年人而言,感知电流的平均值男性为 1.1 mA,女性为 0.7 mA。

(2) 摆脱电流:这是触电后可自主地摆脱电源的最大电流,当然它对于不同年龄、不同性别、不同健康状况的人可能有较大的差别。就以健康的成年人而言,摆脱电流平均值男性为 16 mA,女性为 10.5 mA 。当流过人体电流男性为 9 mA,女性为 6 mA 时 99.5%的人都有摆脱能力。因此,可以认为摆脱电流为 10 mA。

(3) 室颤电流:能引起心脏不断颤动的最小电流为 50 mA。出现心脏室颤时就可能有生命危险。但室颤电流的大小与通过人体触电的持续时间有很大的关系。电流通过人体持续时间越长,对人体的伤害程度越大。

(4) 人体允许电流：一般情况下人体允许电流男性为 9 mA，女性为 6 mA。在系统和设备装有防触电的速断保护装置的情况下，人体允许电流可按 30 mA 考虑，当电流超过 30 mA就有生命危险。

2. 触电的危险程度与下列情况有关：

(1) 电流大小：触电的危险程度除与电流频率、通过人体的部位以及健康状况有关外，完全取决于通过人体的电流大小，电流越大伤害越严重。

(2) 触电的持续时间：电流作用的时间越长，伤害越严重。

(3) 电流的途径：触电时电流通过人体的途径与伤害程度有关，从左手到胸及从左手到右脚是最危险的电流途径。

(4) 电流的种类：直流电流、高频电流、冲击电流对人体都有伤害，其伤害程度一般较工频电流轻，25～300 Hz 的交流电流对人体伤害最严重。

(5) 人体的健康状况：人体的健康状况如有心脏病、呼吸道和神经系统疾病的人，以及酗酒、疲劳过度的人，遭受电击时的危险性比正常人严重。

第二节　触电事故的种类和方式

触电的危险是电流通过人体造成对人体内部组织的伤害(如心脏不断颤动)，还有电流的热效应、化学效应、机械效应等对人造成的伤害。

触电事故是由电流形式的能量造成的事故，其构成方式和伤害方式有很多不同之处。总体上可划分为两类触电事故、三种触电方式。

一、触电事故的种类

1. 电击　电击是电流对人体内部组织的伤害，是最危险的一种伤害，绝大多数(大约85%以上)的触电死亡事故都是由电击造成的。

电击的主要特征有：

(1) 伤害人体内部器官，呼吸功能、神经中枢和心脏，造成心脏不断颤动导致心跳停止。

(2) 在人体的外表没有显著的痕迹。

(3) 致命电流较小。

2. 电伤　电伤是由电流的热效应、化学效应、机械效应等对人体造成的伤害。电流的热效应造成的伤害，分为电流灼伤和电弧烧伤。电流触电伤亡事故中，纯电伤性质的及带有电伤性质的约占 75%(电烧伤约占 40%)。尽管大约 85%以上的触电死亡事故是电击造成的，但其中大约 70%含有电伤成分。对专业电工自身的安全而言，预防电伤具有更加重要的意义。

(1) 电流灼伤：是人体与带电体接触，电流通过人体由电能转换成热能造成的伤害。电流灼伤一般发生在低压设备或低压线路上。

(2) 电弧烧伤：是由弧光放电造成的伤害，分为直接电弧烧伤和间接电弧烧伤。前者是带电体与人体之间发生电弧，有电流流过人体的烧伤；后者是电弧发生在人体附近对人体的烧伤，包含熔化了的炽热金属溅出造成的烫伤。直接电弧烧伤是与电击同时发生的。

电弧温度高达 8 000℃以上，可造成大面积、大深度的烧伤，甚至烧焦、烧掉四肢及其他部位。大电流通过人体,也可能烘干、烧焦机体组织。高压电弧的烧伤较低压电弧严重,直流电弧的烧伤较工频交流电弧严重。

发生直接电弧烧伤时,电流进、出口烧伤最为严重,人体内也会受到烧伤。与电击不同的是,电弧烧伤都会在人体表面留下明显痕迹,而且致命电流较大。电弧中的紫外线还能引起电光性眼炎。

二、触电方式

1. 单相触电　当人体直接碰触带电设备其中的一相时,电流通过人体流入大地,这种触电现象称为单相触电。对于高压带电体,人体虽未直接接触,但由于超过了安全距离,高电压对人体放电,造成单相接地而引起的触电,也属于单相触电。

$$I_R = U_{相}/(R_R + R_0)$$

式中,R_0比较小可以不计,因此:

$$I_R = U_{相}/R_R$$

2. 两相触电　指人体两个不同部位同时触碰到同一电源的两相带电体,电流经人体从一相流入另一相的触电方式,两相电压引起的人体触电,称为两相电压触电。两相触电比单相触电更危险。

3. 跨步电压触电　当电气设备发生接地故障,接地电流通过接地体向大地流散,在地面上形成电位分布时,若人在接地短路点周围行走,其两脚之间的电位差,就是跨步电压。由跨步电压引起的人体触电,称为跨步电压触电。

下列情况和部位可能发生跨步电压电击:

(1) 带电导体特别是高压导体故障接地处。

(2) 带电装置流过故障电流时。

(3) 防雷装置遭雷击时。

(4) 高大建筑、设备或树木遭雷击时。

安全规程要求人们在户外不要走近断线点 8 m 以内的地段,在户内不要走近断线点 4 m以内的地段,否则会发生跨步电压触电事故。

4. 其他触电方式

(1) 雷击:遭受直接雷或感应雷电击。

(2) 接触电压触电:指电气设备因绝缘老化而使外壳带电,人在接触电气设备外壳时,电流经人体流入大地的触电。

(3) 感应电压触电:以下几种情况可能引起较高的感应电压,作业时应特别注意。

① 靠近高压带电设备,未进行接地的金属门窗及遮拦。

② 多层架空线路、未停电线路,已停电、但未接地线路上感应出电压。

③ 单相设备的金属外壳、有单相变压器的仪器、仪表的金属外壳。

④ 在高电压等级线路上方的孤立导体、在强磁场中的孤立导体。

(4) 静电触电:静电会造成电击。

(5) 剩余电荷触电:作业时应特别注意防止剩余电荷触电。在对下列设备进行检修或测试前先要进行放电,确保安全。比如电力电容器、电力电缆、容量较大的电动机、发电机、变压器。特别是刚退出运行的电容器组，要在原有的自动放电装置上，经过不少于3 min的自动放电，然后再补充人工放电，以放掉残余电荷。

第三节 触电事故的原因和规律

一、造成触电事故的原因

1. 违反安全操作规程或安全技术规程

在低压系统中发生的触电情况有：

(1) 接线错误；设备有缺陷或故障并且维修管理不善；停电后不经过验电进行操作。

(2) 不按规章要求穿戴防护用品；不按规程要求敷设线路(包括临时线)。

2. 缺乏电气安全知识或常识而发生触电事故

低压系统中发生触电的原因有：

(1) 缺乏电气安全知识；接临时接地线不按规范去做。

(2) 不切断电源就移动电气设备；带电修理或检测、冒险通电试运行电气设备。

(3) 通电使用不能确知是否安全可靠的电动工具；同时剪断两根及两根以上带电导线；地下施工；野蛮作业。

3. 造成触电意外因素

(1) 触及断落的带电导线；车辆超高、触及架空带电线路。

(2) 人工抬、扛过高、过长的金属物体碰到带电导体。

(3) 触及意外带电的零线。

二、触电事故的规律

1. 触电事故季节性明显(特别是6～9月份，事故最为集中)。

2. 低压设备触电事故多，根据触电事故的规律，一般是低压触电事故高于高压触电事故。但专业电工中，从事高压电工作业人员，高压触电事故高于低压触电事故。一般是单相触电事故多于两相触电事故。

3. 携带式设备和移动式设备触电事故多。

4. 电气连接部位触电事故多。

5. 非专业电工和外用工触电事故多。

6. 民营的工矿企业触电事故多。

7. 错误操作和违章作业造成的触电事故多。

8. 不同地域、不同年龄段的人员触电事故不同；不同行业触电事故不同。

9. 农村触电事故多于城市的主要原因是：

(1) 线路的安全性差。

(2) 电气设备保护接零(地)不符合要求。

(3) 缺乏电气知识，安全意识不足。

(4) 导线绝缘老化不及时更换、缺乏检测手段、不按规定做试验、检查。

(5) 安全用电制度未建立或制度不健全。

第四节 触电急救

发现有人触电应立即使触电者脱离电源、迅速进行诊断、按正确的方法进行心肺复苏(口对口人工呼吸和胸外按压法)并立即与急救中心、“120”、医院联系。

一、触电急救

1. 触电急救应分秒必争,一经明确呼吸心跳停止的,应立即、就地、迅速、正确地采用心肺复苏法进行抢救,并坚持不断地进行,同时及早与医疗急救中心(医疗部门)联系,争取医务人员接替救治。在医务人员未接替救治前,不应放弃现场抢救,更不能只根据没有呼吸或脉搏的表现,擅自判定伤员死亡,放弃抢救。只有医生有权做出伤员死亡的诊断。医务人员接替时,应提醒医务人员在触电者转移到医院的过程中不得间断抢救。

2. 迅速脱离电源

触电急救首先要使触电者迅速脱离电源,越快越好。因为电流作用的时间越长,伤害越重。

脱离电源就是要把触电者接触的那一部分带电设备的所有断路器(开关)、隔离开关(刀闸)或其他断路设备断开,或设法将触电者与带电设备脱离开。

(1) 低压触电脱离电源的方法

① 如果触电地点附近有电源开关或电源插座,可立即拉开开关或拔出插头,断开电源。但应注意到拉线开关或墙壁开关等只控制一根线的开关,有可能因安装问题只能切断中性线而没有断开电源的相线。

② 如果触电地点附近没有电源开关或电源插座(头),可用电工的绝缘工具如绝缘手套、有绝缘柄的钢丝钳等断开电源。或将触电者移开。

③ 用替代的绝缘工具如干燥木棍、木板、竹杆、塑料管、干燥木柄的斧头等切断电线或将触电者移开。

④ 当电线搭落在触电者身上或压在身下时,可用干燥的衣服、手套、绳索、皮带等绝缘物作为工具,拉、拖、拽开触电者或挑开电线,使触电者脱离电源。如果触电者的衣服是干燥的,又没有紧缠在身上,可以用一只手抓住他的衣服,拉离电源。但因触电者的身体是带电的,其鞋的绝缘也可能遭到破坏,救护人不得接触触电者的皮肤,也不能碰触电者的脚、鞋。

(2) 帮助低压触电者脱离电源时的注意事项

① 救护人员要保护自身的安全,并做好自身防触电的措施。

② 救护人员要保护其他人员的安全,做好防止其他人员触电的措施。

③ 救护人员要保护触电者的安全,要有防坠落和二次伤害的安全措施。

④ 如事故发生在夜间,应设置临时照明灯,以便于抢救,避免意外事故,但不能因此延误切断电源和进行急救的时间。

(3) 高压触电脱离电源的方法

① 立即通知有关供电单位或用户停电。

② 戴上绝缘手套,穿上绝缘靴,用相应电压等级的绝缘工具按顺序拉开电源开关或熔断器。

③ 抛掷裸金属线使线路短路接地，迫使保护装置动作，断开电源（理论上可以，但是实际操作起来危险性较大，建议不要采用）。

二、心肺复苏法的新标准

本文主要介绍国际心肺复苏法的最新标准《2010AHA CPR&ECC 指南》。

1.《2010AHA CPR&ECC 指南》最新标准

（1）建立了简化的通用成人基础生命支持流程。

（2）对根据无反应的症状立即识别并启动急救系统，以及在患者无反应且没有呼吸或不能正常呼吸（即仅仅是喘息）的情况下开始进行心肺复苏的建议做出了改进。

（3）从流程中去除了“看、听、试（感觉）”步骤。

（4）继续强调高质量的心肺复苏，按压后保证胸骨完全回弹，胸外按压时最大限度地减少中断。

（5）更改了单人施救者的建议程序：即先开始胸外按压，然后进行人工呼吸（C—A—B，而不是 A—B—C）。单人施救者应首先从进行 30 次按压开始进行心肺复苏，而不是进行两次通气后开始按压。这是为了避免延误首次按压。

2. 心肺复苏法

成人基本生命支持简化流程：

C 胸外按压 → A 开放气道 → B 人工呼吸

C——人工循环（找准压点、胸外按压）。

A——气道开放（通畅气道）。

B——人工呼吸。

D——有条件可采取自动体外除颤。

具体操作步骤：

（1）胸外按压：首先要找准压点，压点的准确位置在伤员胸部右侧找到肋骨和胸骨接合处的中点（交接处中点），两手掌根重叠，手指翘起，不得伤及伤员胸部，以髋关节为支撑点垂直将正常人胸骨压深，成人胸骨下陷的深度至少 5 cm，儿童、瘦弱者深度酌减。按压频率≥100次/分（图 6－1～图 6－3，以及本书附录 2）。

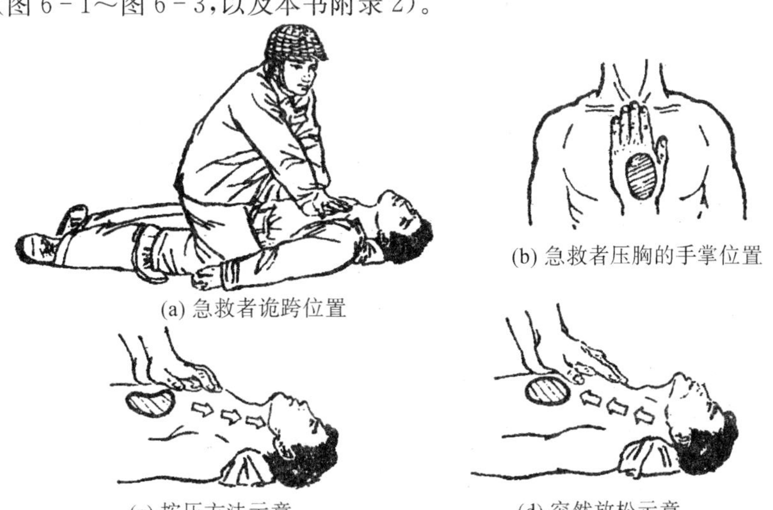

(a) 急救者诡跨位置　(b) 急救者压胸的手掌位置　(c) 按压方法示意　(d) 突然放松示意

图 6－1　胸外心脏按压法

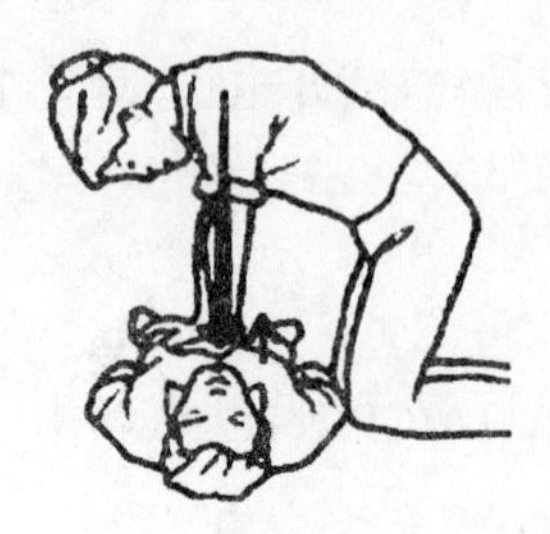

图 6 - 2　压深至少 5 cm(≥5 cm)

图 6 - 3　胸外心脏按压法实例

(2) 口对口(鼻)呼吸:将触电者仰卧平躺在干燥、通风、透气的地方,宽解衣物(冬季注意保暖),然后将触电者头偏向一侧,清除口中异物(假牙、血块、呕吐物等)。将伤者仰头抬颏,通畅其气道的同时,一只手捏住伤者鼻翼,另一只手微托伤者颈后保证气道通畅,急救人员应深吸一口气,然后用嘴紧贴伤者的嘴(鼻)大口吹气,注意防止漏气。停时应立刻松开伤者的鼻子让其自由呼气,并将自己头偏向一侧,为下次吹气做准备(对儿童、瘦弱者应注意吹气量)。有效 30 次按压及 2 次人工吹气(30 : 2)为一个循环周期,反复五个循环周期,观察伤员生命体征(图 6 - 4～图 6 - 5)。

(a) 触电者平卧姿势

(b) 单人操作法

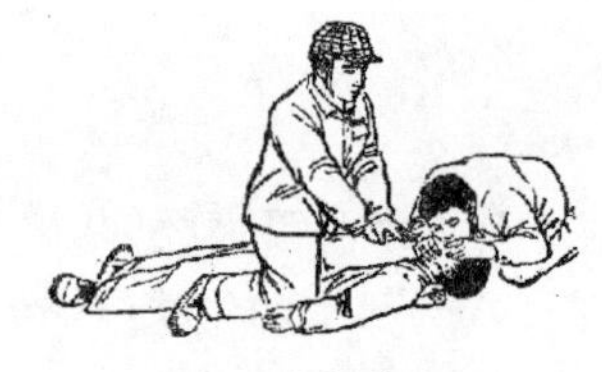

(c) 双人操作法

图 6 - 4　对心跳和呼吸均停止者的急救

(a) 急救者吹气方法

(b) 触电者呼气姿态

图 6 - 5　口对口(鼻)呼吸具体做法

注意事项:

(1) 如果旁观者没有经过心肺复苏法培训,可以提供只有胸外按压的 CPR。即“用力按,快速按”,在胸部中心按压,直至受害者被专业抢救者接管(特别对不能或不愿予人工通气者,至少会实施胸外按压)。

(2) 训练有素的救援人员,应该为被救者提供胸外按压和人工呼吸,按压和呼吸比例按照 30 : 2 进行。在到达抢救室前,抢救者应持续实施 CPR。

(3) 心肺复苏同时进行时,单人抢救按 30 : 2(胸外按压 30 次、吹 2 次气),双人抢救按 30 : 2(胸外挤压 30 次、吹 2 次气)。

(4) CPR 早期最关键要素是胸外按压和电除颤。按原有的 ABC 顺序,现场急救者开放气道、嘴对嘴呼吸、放置防护隔膜或其他通气设备会导致胸外按压延误。

（5）抢救每隔数分钟后再判定，每次判定不得超过 5～7 s，不要随意移动伤员，的确有需要移动时，抢救中断时间不超过 30 s。心肺复苏在医务人员未来接替救治前不能中途停止。

（6）心肺复苏抢救时，夏季要防止伤员中暑、冬季要注意伤员的保暖，有外伤者必需即时处理。

3. 触电急救过程中的安全注意要点

（1）首先迅速脱离电源的过程中，要保护自身的安全，不要造成再次触电。

（2）应注意脱离电源后的保护，不要造成二次伤害。

（3）脱离电源后要根据情况立即进行抢救，抢救过程不能有停顿。

（4）发生在夜间触电要解决照明的问题，以利抢救。

（5）如送医院应尽快送到，在途中不能中断抢救，并向医护人员讲明触电情况。

◎ 发生触电伤亡事故的抢救在 4～7 min 之内最有效，是关键时刻。

◎ 总之，抢救时要迅速、就地、正确、坚持。

第七章　直接接触电击防护措施

为了做好安全用电,必须采用先进的技术措施和管理措施,防止直接接触带电体,绝缘、遮栏、电气间隙、安全距离、漏电保护器、安全电压都是防止直接接触电击的防护措施。

第一节　绝　缘

绝缘是采用绝缘物将带电体封闭起来。各种设备和线路都包含有导电部分和绝缘部分。良好的绝缘是保证设备和线路正常运行的必要条件;也是防止触电事故的重要措施。所以,设备和线路的绝缘必须与采用的电压相符,并与周围环境和运行条件相适应。否则绝缘材料可能因遭到破坏而失去绝缘隔离作用。

一、绝缘材料

电工绝缘材料的电阻率一般在 $10^7\Omega\cdot m$ 以上。瓷、玻璃、云母、橡胶、木材、胶木、塑料、布、纸、矿物油等都是常用的绝缘材料。绝缘材料按其正常运行条件下容许的最高工作温度分为若干级,称为耐热等级。绝缘材料通常分为气体绝缘、液体绝缘和固体绝缘三大类。

电气设备必须有良好的绝缘。为此必须做到如下几点要求:

(1) 绝缘结构应能将泄漏电流限制在不影响安全的极限值之内。

(2) 绝缘材料应有足够的绝缘性能。

(3) 绝缘结构应有一定的安全系数,以承受各种原因所造成的过电压。

(4) 绝缘体必须有足够的耐热性,支承、覆盖或包裹带电部分(特别是在运行时能出现电弧和按规定使用时出现特殊高温的受热件)的绝缘体,不得由于受热而破坏其安全性。

(5) 支承带电部分的绝缘件,要有足够的耐受潮湿、污秽或类似影响而不致使其安全性降低的能力。

(6) 在有溶剂存在的情况下,绝缘物应有抗溶剂的能力。

(7) 在腐蚀环境中绝缘材料应有耐腐蚀性。

(8) 绝缘材料应有足够的机械强度。

绝缘材料的绝缘性能是以绝缘电阻、击穿强度、泄漏电流、介质损耗指标来衡量的,是通过绝缘试验来判定的。绝缘试验是防止人身触电和保证电气设备正常运行的重要措施之一。

二、绝缘破坏

击穿现象是指绝缘物在强电场的作用下被破坏,丧失了绝缘性能,这种击穿叫做电击穿,击穿时的电压叫做击穿电压,击穿时的电场强度叫做材料的击穿电场强度或击穿强度。

气体绝缘击穿后都能自行恢复绝缘性能;液体绝缘击穿后基本上能恢复或一定程度上

能恢复绝缘性能；固体绝缘击穿后不能恢复绝缘性能。

固体绝缘还有热击穿和电化学击穿。热击穿是指绝缘物在外加电压作用下，由于流过泄漏电流引起温度过分升高所导致的击穿。电化学击穿是指由于游离、化学反应等因素的综合作用所导致的击穿。热击穿和电化学击穿电压都比较低，但电压作用时间都比较长。

绝缘物除因击穿被破坏外，腐蚀性气体、蒸汽、潮气、粉尘、机械损伤也都会降低其绝缘性能或导致破坏。

在正常工作的情况下，绝缘物也会因逐渐“老化”而失去绝缘性能。

三、绝缘电阻

电介质在直流电压作用下，内部通过稳定的泄漏电流，此时的电压值与电流的比值称为绝缘电阻。

绝缘电阻是最基本的绝缘性能指标。足够的绝缘电阻能把电气设备的泄漏电流限制在很小的范围内，防止由漏电引起的触电事故。

不同的线路或设备对绝缘电阻有不同的要求。一般来说，高压比低压要求高，新设备比老设备要求高，移动的比固定的要求高等。下面列出几种主要线路和设备应当达到的绝缘电阻值。

(1) 新装和大修后的低压线路和设备：要求绝缘电阻不低于 0.5 MΩ，实际上设备的绝缘电阻值应随温升的变化而变化，运行中的线路和设备，要求可降低为每伏工作电压 1 000 Ω。在潮湿的环境中，要求可降低为每伏工作电压 500 Ω。

(2) 携带式电气设备：绝缘电阻不低于 2 MΩ。

(3) 配电盘二次线路：绝缘电阻不应低于 1 MΩ，在潮湿环境中可降低为 0.5 MΩ。

(4) 高压线路和设备：绝缘电阻一般不应低于 1 000 MΩ。

(5) 架空线路：每个悬式绝缘子的绝缘电阻不应低于 300 MΩ。

(6) 运行中电缆线路：绝缘电阻可参考表 7-1 的要求。其中，干燥季节应取较大的数值，潮湿季节可取较小的数值。

表 7-1　电缆线路的绝缘电阻

额定电压(kV)	3	6～10	25～35
绝缘电阻(MΩ)	300～750	400～1 000	600～1 500

电力变压器投入运行前，绝缘电阻不应低于出厂时的 70%，运行中可适当降低。

对于电力变压器、电力电容器、交流电动机等高压设备，除要求测量其绝缘电阻外，为了判断绝缘的受潮情况，还要求测量吸收比 R_{60s}/R_{15s}。吸收比是从开始测量起 60 s 的绝缘电阻 R_{60s} 对 15 s 的绝缘电阻 R_{15s} 的比值。绝缘受潮以后，绝缘电阻降低，而且极化过程加快，由极化过程决定的吸收电流衰减变快，亦即测量得到的绝缘电阻上升变快；因此，绝缘受潮以后，R_{15s} 比较接近 R_{60s}。而对于干燥的材料，R_{60s} 比 R_{15s} 大得多。一般没有受潮的绝缘，吸收比应大于 1.3。受潮或有局部缺陷的绝缘，吸收比接近于 1。

第二节　屏护与间距

一、屏护(遮栏)

在供电、用电、维修工作中,由于配电线路和电气设备的带电部分不便包以绝缘或全部绝缘有困难,不足以保证安全,则需采用遮栏、护罩、箱闸等屏护措施,以防止人体触及或接近带电体而发生事故。这种把带电体同外界隔绝开来的措施称为屏护。

屏护装置在实际工作中应用很广泛,如低压电器中的胶木瓷底闸刀开关的胶盖。对某些电气设备和裸露的线路,如人体可能触及或接近的天车滑触线或电线也需要加设屏护装置。对高压设备,人体接近至一定距离时,可能会发生严重的触电事故。因此,不论高压设备是否绝缘,均应采取屏护措施。

屏护装置有永久性屏护装置,如配电装置的遮栏、开关的罩盖等;有临时性屏护装置,如检修工作中使用的临时遮栏和临时设备的屏护装置;有固定屏护装置,如电线的护网;也有移动屏护装置,如跟随天车移动的天车滑触线的屏护装置。屏护装置不能与带电体接触。屏护装置的尺寸及与带电体的最小间距要求详见表 7-2。

表 7-2　屏护装置尺寸及与带电体最小间距

项　目		遮　栏	栅　栏
尺寸	高度(m)	1.7	1.5
	下缘距地距离(m)	0.1	0.1
与高压带电体间距(m)	10 kV	0.35	0.35
	20～35 kV	0.6	0.6
与低压带电体间距(m)		0.15	0.15

注:① 栅栏条间距不应超过 0.2 m。② 室内栅栏高度不可小于 1.2 m。

屏护装置所用材料应当有足够的强度和良好的耐热性能。凡用金属材料制成的屏护装置,为了避免发生意外带电造成的触电事故,必须将屏护装置接地。

为了更好地发挥屏护装置的安全作用,屏护装置应与以下安全措施配合使用:

(1) 屏护的带电部分应涂上规定的颜色,并有明显标志,标明规定的符号。

(2) 遮栏、栅栏等屏护装置上,应根据被屏护的对象挂上“高压,生命危险”、“止步,高压危险”、“切勿攀登,高压危险”等警告标示牌。

(3) 配合采用信号装置和联锁装置。前者一般是用灯光或仪表指示有电;后者采用专门装置,当人体越过屏护装置可能接近带电体时,被屏护的装置自动断电。

① 屏护装置有永久性屏护装置,如配电装置的遮栏、开关的罩盖等,也有临时性屏护装置,如检修工作中使用的临时屏护装置和临时设备的屏护装置。有固定屏护装置,如母线的护网;也有移动屏护装置,如跟随天车移动的天车滑触线的屏护装置。

② 屏护装置不直接与带电体接触,对所用材料的电气性能没有严格要求。

③ 在实际工作中，可根据具体情况，采用板状屏护装置或网眼屏护装置，网眼屏护装置的网眼不应大于 20 mm×20 mm ～40 mm×40 mm。

④ 配电室通道上方裸带电体距地面的高度不应低于 2.5 m；当低于 2.5 m 时，应设置不低于现行国家标准的遮拦或外护物，底部距地面的高度不应低于 2.2 m。

⑤ 变配电设备应有完善的屏护装置。安装在室外地上的变压器及车间或公共场所的变配电装置，均需装设遮栏或栅栏作为屏护。遮栏高度不应低于 1.7 m，下部边缘离地不应超过 0.1 m 。对于低压设备，网眼遮栏与裸导体距离不宜小于 0.15 m。10 kV 设备不宜小于 0.35 m，20～35 kV 设备不宜小于 0.6 m。

⑥ 户内栅栏高度不应低于 1.2 m，户外不低于 1.5 m。对于低压设备，栅栏与裸导体距离不宜小于 0.8 m，栏条间距离不应超过 0.2 m。

⑦ 户外变电装置围墙高度一般不应低于 2.5 m。

二、间距

为了防止人体、车辆、工具、器具触及或接近带电体造成事故，防止过电压放电和防止各种短路事故，以及为了操作方便，在带电体与地面之间、带电体与其他设备之间、带电体与带电体之间均应保持一定的安全距离。这种安全距离简称间距。间距的大小决定于电压的高低、设备的类型、安装的方式等因素。

1. 低压配电线路间距

(1) 绝缘导线：在正常环境的屋内、外场所，采用瓷（塑料）夹、蝴蝶瓷瓶、针式绝缘子布线时，绝缘导线至地面的距离不得小于表 7－3 所列数值；绝缘导线间的最小距离不得小于表 7－4 所列数值。

表 7－3　绝缘导线与地面的最小距离

布线方式		最小距离(m)
导线水平敷设时	屋内	2.5
	屋外	2.7
导线垂直敷设时	屋内	1.8
	屋外	2.7

表 7－4　屋内、屋外布线绝缘导线之间的最小距离

固定点间距	导线最小距离(mm)	
	屋内布线	屋外布线
1.5 m 以下	35	100
1.5～3 m	50	100
3～6 m	70	100
6 m 以上	100	150

在屋外布线的绝缘导线至建筑物的间距，不应小于表 7－5 所列数值。

表 7-5　绝缘导线与地面的最小距离

布线方式		最小距离(mm)
水平敷设时的垂直间距	在阳台、平台上和跨越建筑物顶	2 500
	在窗户上	300
	在窗户下	800
垂直敷设时至阳台、窗户的水平间距		600
导线至墙壁和构架的间距(挑梁下除外)		35

在车间内采用金属管布线与热水管、蒸汽管同侧敷设时,应敷设在热水管、蒸汽管下面,若有困难时,可敷设在上面,相互间的净距一般不小于下列数值:

① 管路敷设在热水管下面时为 0.2 m,如在上面为 0.3 m。

② 当管路敷设在蒸汽管下面时为 0.5 m,如在上面为 1 m。

当不能符合上述要求时,应采取隔热措施。对有保温措施的蒸汽和热水管,上下净距均可减至 0.2 m。电线管与其他管道(不包括可燃气体及易燃、可燃液体管道)的平行净距不应小于 0.1 m。当与水管同侧敷设时,宜敷设在水管上方。

(2) 裸导体:裸导体布线一般在厂房内。无遮护的裸导体至地面的距离不应小于 3.5 m;采用网孔遮栏时,不应小于 2.5 m。遮栏与裸导体的间距,应符合表 7-6 所规定的数值。

7-6　裸导体的线间及裸导体至建筑物最小净距离

固定点间距	最小净距离(mm)	固定点间距	最小净距离(mm)
2 m 及以下	50	4～6 m	150
2～4 m	100	6 m 以上	200

裸导体与需经常维修的管道(不包括可燃气体及易燃、可燃液体管道)同侧敷设时,裸导体应敷设在管道上面,净距不应小于 1 m,与生产设备净距不应小于 1.5 m。不符合上述要求的,应加遮栏。

起重机上方的裸导体至起重机铺板的净距离不应小于 2.2 m。否则,在起重机上方或裸导体下方应装置遮栏。除滑触线本身的辅助导线外,裸导体不宜与起重机滑触线敷设在同一支架上。

裸导体的线间及裸导体至建筑物表面的净距离(不包括固定点),也不应小于表 7-6 所列数值。

(3) 电缆:电缆在屋内敷设时,应尽量明敷。电缆穿墙或穿楼板时,应穿管,管内径不应小于电缆外径的 1.5 倍。

无铠装的电缆在室内明敷时,水平敷设至地面的距离不应小于 2.5 m;垂直敷设不应小于 1.8 m。电缆支架间或固定点间的距离不应大于表 7-7 所列数值。

表 7-7　电缆支架间或固定点间的最大间距

电缆类型 / 敷设方式	塑料护套、铝包、钢带铠装		钢丝铠装电缆
	电力电缆	控制电缆	
水平敷设(m)	1.0	0.8	3.0
垂直敷设(m)	1.5	1	6.0

电缆在屋外直接埋地敷设的深度不应小于 0.7 m。

(4) 用电设备间距:车间常用的电气设备,如低压配电盘、开关、电能表、插座等离地面的距离见表 7-8。

表 7-8　低压配电盘、开关、电能表、插座离地面的最小距离

用电设备	安装方式	
	明　装	暗　装
低压配电盘底口距地面(m)	1.2	1.4
电能表板底距地面(m)	1.8	—
插座距地面(m)	1.3～1.5	0.2～0.3
拉线开关距地面(m)	3	—

室内吊灯与地面的垂直距离应符合下列数值,若有困难需要降低时应采取安全措施或采用安全电压。

① 正常干燥场所室内照明与地面距离,不应小于 2.2 m。

② 危险场所和潮湿场所的室内照明与地面距离不应小于 2.5 m;吊灯与地面距离不小于 3 m。

③ 室外照明与地面距离不得小于 3 m;墙上照明不应小于 2.5 m。

(5) 为了防止在检修工作中,人体及其所携带工具触及或接近带电体,与带电体之间的最小间距不应小于 0.3 m。在线路上工作时,人体及其所携带工具与邻近线路带电导线的最小距离,10 kV 及以下不应小于 1.0 m。

低压接户线的线间距离不应小于表 7-9 所列数值。低压接户线的对地距离不应小于 2.5 m,高压接户线的对地距离不应小于 4 m。在高压操作中,无遮拦作业时人体或其所携带工具与带电体之间的距离应不小于 0.7 m。

表 7-9　低压接户的线间距离

架设方式	挡距(m)	线间距离(cm)
自电杆上引下	25 及以下	15
	25 以上	20
沿墙敷设	6 及以下	10
	6 以上	15

维护通道及其他通道最小距离见表 7-10;导线与地面的最小距离见表 7-11。

表 7-10　维护通道及其他通道最小距离

布置方式	通道类型		
	维护通道	操作通道	通往防爆间隔的通道
一面有开关设备	0.8 m	1.5 m	1.2 m
两面都有开关设备	1.0 m	2.0 m	1.2 m

表 7-11　导线与地面的最小距离

线路经过地区	线路电压	
	6～10 kV	<1 kV
居民区(m)	6.5	6
非居民区(m)	5.5	5
交通困难地区(m)	4.5	4

落地式配电箱的底部应抬高，高出地面的高度室内不应低于 50 mm，室外不应低于 200 mm；其底座周围应采取封闭措施，并应能防止鼠、蛇类小动物进入箱内。

成排布置的配电屏，其长度超过 6 m 时，屏后的通道应设两个出口，并宜布置在通道的两端，当两出口之间的距离超过 15 m 时，应增加出口。

第三节　漏电保护器

漏电保护器是漏电电流动作保护器的简称，新标准称为剩余电流保护器(RCD)。它是在规定条件下，当漏电电流达到或超过给定值时能自动断开电路的开关电器或组合电器。

由于漏电保护器动作灵敏，切断电源时间短，因此只要能合理选用和正确安装、使用漏电保护器，对于保护人身安全、防止设备损坏和预防火灾产生就会有明显的作用。

漏电保护器主要用于低压(1 000 V 以下的低压系统)，对有致命危险的人身触电提供间接接触保护，防止由电气设备或线路绝缘损坏产生接地电流引起的火灾事故。漏电动作电流不超过 30 mA 的漏电保护器在其他保护措施失效时，也可作为直接接触的补充保护，但不能作为唯一的直接接触保护。

现在生产的漏电保护器为电流动作型。在电气设备正常运行时，各相线路上电流的相量和为零。当设备或线路发生接地故障或人触及外壳带电设备时，即由高灵敏零序电流互感器检出漏电电流，将漏电电流与基准值相比较，当超过基准值时，漏电保护器动作，切断电源，从而起到了漏电保护作用。漏电保护器的外形结构见图 7-1。

漏电保护器按其脱扣器类型可分为电磁式和电子式两种。电磁式是由互感器检测的信号直接推动高灵敏度的释放式漏电脱扣器，使漏电保护器动作。电子式则是互感器检测到的电流信号，通过电子线路比较放大后触发可控硅或导通晶体管开关电路，接通漏电脱扣器的线圈而使漏电保护器动作。电磁式不需要辅助电源，其漏电脱扣器结构较复杂，加工制造的精度要求高。电子式灵敏度高，制造技术比电磁式简单，需要辅助电源。

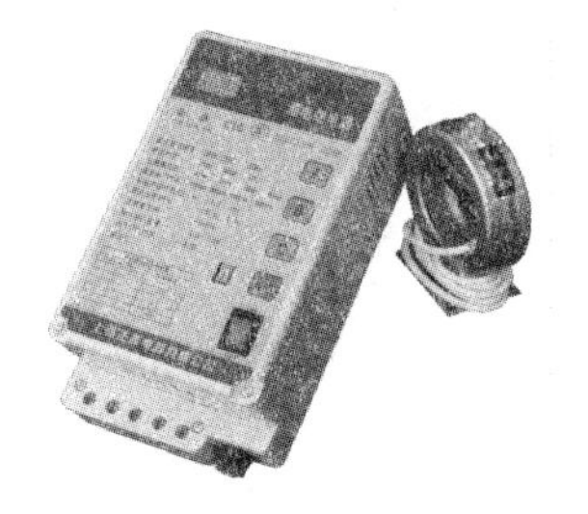

图 7-1　漏电保护器的外形结构

一、漏电保护器的分类

漏电保护器按保护功能和结构特征，大体上可分为四类。

1. 漏电(保护)开关　漏电(保护)开关是由零序电流互感器、漏电脱扣器、主开关组装在绝缘外壳中，具有漏电保护以及手动通断电路的功能，它一般不具有过负载和短路保护功能，此类开关主要应用于住宅。

2. 漏电断路器　漏电断路器是在断路器的基础上加装漏电保护部件而构成，所以在保护上具有漏电、过负载及短路保护功能。某些漏电断路器就是在断路器外拼装漏电保护附件而组成。

3. 漏电继电器　漏电继电器由零序电流互感器和继电器组成。它只具备检测和判断功能。

4. 漏电保护插座　漏电保护插座是由漏电开关或漏电断路器与插座组合而成，使插座回路连接的设备具有漏电保护功能。

二、漏电保护器的结构及工作原理

电磁式电流型漏电保护器由主开关、测试回路、电磁式漏电脱扣器和零序电流互感器组成，其工作原理如图 7-2 所示。

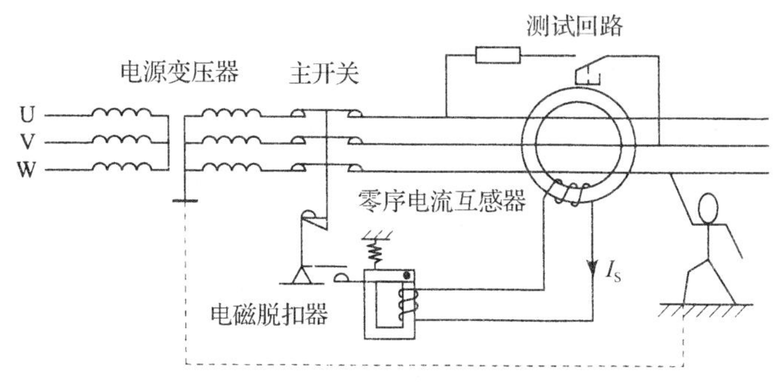

图 7-2　电磁式电流型漏电保护器工作原理

当正常工作时，不论三相负载是否平衡，通过零序电流互感器的主电路三相电流相量之和等于零，故其二次绕组中无感应电动势产生，漏电保护器工作于闭合状态。如果发生漏电或触电事故，三相电流之和便不再等于零，而等于某一电流值 I_S，I_S会通过人体、大地、变压器中性点形成回路，这样零序电流互感器二次侧产生与 I_S 对应的感应电动势，加到脱扣器上,当 I_S 达到一定值时,脱扣器动作,推动主开关的锁扣,分断主电路。

三、剩余电流保护装置的结构

剩余电流保护装置的主要元器件的结构包括:① 检测元件(剩余电流互感器)、② 判别元件(剩余电流脱机器)、③ 执行元件(机械开关电器或报警装置)、④ 试验装置、⑤ 电子信号放大器(电子式)等部分。

1. 检测元件(剩余电流互感器)　剩余电流互感器是一个检测元件,其主要功能是把一次回路检测到的剩余电流 I,变换成二次回路的输出电压 E_2,E_2施加到剩余电流脱扣器的脱扣线圈上,推动脱扣器动作,或通过信号放大装置,将信号放大以后施加到脱扣线圈上,使脱扣器动作。

2. 脱扣器　剩余电流保护装置的脱扣器是一个判别元件,用它来判别剩余电流是否达到预定值,从而确定剩余电流保护装置是否应该动作。

3. 信号放大装置　剩余电流互感器二次回路的输出功率很小,一般仅达到 μV·A 的等级。在剩余电流互感器和脱扣器之间增加一个信号放大装置,不仅可以降低对脱扣器的灵敏度要求,而且可以减少对剩余电流互感器输出信号要求,减轻互感器的负担,从而可以大大地缩小互感器的重量和体积。信号放大装置一般采用电子式放大器。

4. 执行元件　根据剩余电流保护装置的功能不同,执行元件也不同。对剩余电流断路器,其执行元件是一个可开断主电路的机构开关电器。对剩余电流继电器,其执行元件一般是一对或几对控制触头,输出机械开闭信号。

剩余电流断路器有整体式和组合式,整体式装置其检测、判别和执行元件在一个壳体内,或由剩余电流元件模块与断路器接装而成。组合式剩余电流断路器常采用剩余电流继电器与交流接触器或断路器组装而成,剩余电流继电器的输出触头控制线圈或断路器分励脱扣器,从而控制主电路的接通和分断。

剩余电流继电器的输出触头执行元件,通过控制可视报警或声音报警装置和电路,可以组成剩余电流报警装置。

5. 漏电保护方式　漏电保护器(RCD)保护方式通常有下列四种:

(1) 全网总保护。它是指在低压电路电源处装设保护器,总保护有下面三种方式:

① 保护器安装在电源中性点接地线上。

② 保护器安装在总电源线上。

③ 保护器安装在各条引出干线上。

通常,对供电范围较大或有重要用户的低压电网,采用保护器安装在各条引出干线上的总保护方式。

(2) 对于移动式电力设备、临时用电设备和用电的家庭,应安装末级保护。

(3) 较大低压电网的多级保护。随着用电量的不断增长,较大低压电网单采用总保护或末级保护方式,已不能满足对低压电网供电可靠性和安全用电的需要,因此,较大电网实行多级保护是电气化事业发展的必然要求,图 7-3 为三级保护方式的配置图。

上述三种保护方式,漏电保护器动作后均自动切断供电电源。

(4) 对于保护器动作切断电源会造成事故或重大经济损失的用户,其低压电网的漏电保护可由用户申请,经供电企业批准而采取漏电报警方式。此类单位应有固定值班人员,及时处理报警故障，并应加强绝缘监测，减少接地故障。

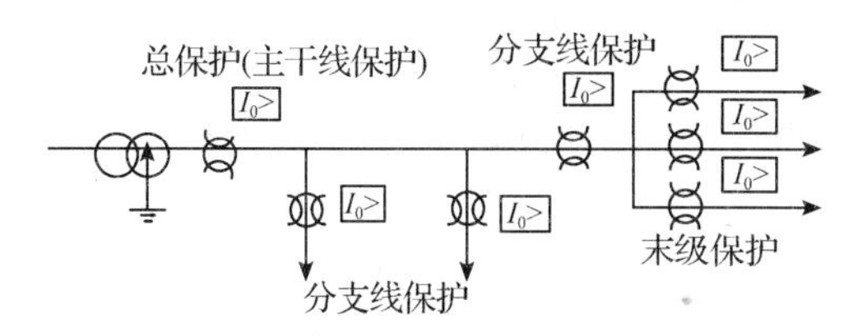

图 7-3　三级保护方式配置图

6. 漏电保护器的作用

(1) 漏电保护器可以用于防止由漏电引起的单相电击事故。

(2) 漏电保护器可以用于防止由漏电引起的火灾和设备烧毁事故。

(3) 漏电保护器可以用于检测和切断各种一相接地故障。

(4) 有的漏电保护器可以用于过载、过压、欠压、缺相保护。

(5) 漏电保护继电器是指具有对漏电流检测和判断的功能，而不具有切断和接通主回路功能的漏电保护器。

7. 漏电保护器的选用、安装使用及运行维护

(1) 漏电保护器选用

① 漏电保护器设置的场所：手握式及移动式用电设备；建筑施工工地的用电设备；用于环境特别恶劣或潮湿场所（如锅炉房、食堂、地下室及浴室）的电气设备；住宅建筑每户的进线开关或插座专用回路；由 TT 系统供电的用电设备；与人体直接接触的医用电气设备（但急救和手术用电设备等除外）。

② 漏电保护器的动作电流数值选择：手握式用电设备为 15 mA；环境恶劣或潮湿场所用电设备为 6 ～10 mA；医疗电气设备为 6 mA；建筑施工工地的用电设备为 15～30 mA；家用电器回路为 30 mA；成套开关柜、分配电盘等为 100 mA 以上；防止电气火灾为 300 mA。

③ 根据安装地点的实际情况，可选用的类型有：

· 漏电开关（漏电断路器）：将零序电流互感器、漏电脱扣器和低压断路器组装在一个绝缘外壳中，故障时可直接切断供电电源。因此末级保护方式中，多采用漏电开关。

· 漏电继电器：可与交流接触器、断路器构成漏电保护装置，主要用作总保护。

· 漏电插座：把漏电开关和插座组合在一起的漏电保护装置，特别适用于移动设备和家用电器。

④ 根据使用目的由被保护回路的泄漏电流等因素确定。一般 RCD 的功能是提供间接接触保护。若作直接接触保护，则要求 $I_{\triangle N} \leqslant 30$ mA，且其动作时间 $z \leqslant 0.1$ s，因此根据使用目的不同，在选择 RCD 动作特性时要有所区别。

此外，在选用时，还必应考虑到被保护回路正常的泄漏电流，如果 RCD 的 I_{AN} 小于正常的泄漏电流，或者正常泄漏电流大于 $50\% I_{\triangle N}$，则供电回路将无法正常进行，即使能投入运行也会因误动作而破坏供电的可靠性。

(2) 漏电保护器安装使用

① 安装前必须检查漏电保护器的额定电压、额定电流、短路通断能力、漏电动作电流、漏电不动作电流以及漏电动作时间等是否符合要求。

② 漏电保护器安装接线时，要根据配电系统保护接地类型，按表 7－12 漏电保护器使用接线方法示意进行接线。接线时需分清相线和零线(中性线)。安装中性线时，应严格区分中性线和保护线。

③ 对带短路保护的漏电保护器，在分断短路电流时，位于电源侧的排气孔往往有电弧喷出，故应在安装时保证电弧喷出方向有足够的飞弧距离。

④ 漏电保护器的安装应尽量远离其他铁磁体和电流很大的载流导体。

⑤ 对施工现场开关箱里使用的漏电保护器须采用防溅型。

⑥ 漏电保护器后面的工作零线不能重复接地。

⑦ 采用分级漏电保护系统和分支线漏电保护的线路，每一分支线路必须有自己的工作零线；上下级漏电保护器的额定漏电动作电流与漏电时间均应做到相互配合，额定漏电动作电流级差通常为 1.2～2.5 倍；时间级差为 0.1～0.2 s。

表 7－12　漏电保护器使用接线方法示意

系统		接线
三相 220/380 V 接零保护系统	专用变压器供电 TN－S 系统	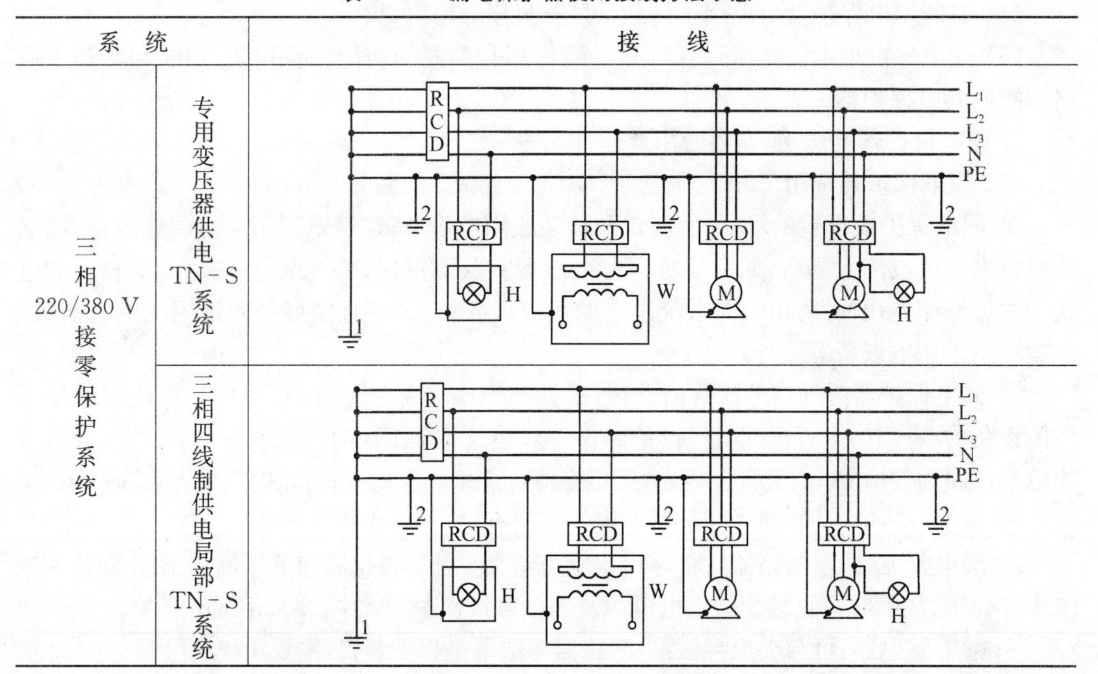
	三相四线制供电局部 TN－S 系统	

注：1—工作接地；2—重复接地；RCD—漏电保护器；L_1、L_2、L_3—相线；N—工作零线；PE—保护零线、保护线；H—照明装置；W—电焊机；M—电动机。

⑧ 工作零线不能就近接线，单相负荷不能在漏电保护器两端跨接。

⑨ 照明以及其他单相用电负荷要均匀分布到三相电源线上，偏差大时要及时调整，力求使各相漏电电流大致相等。

⑩ 漏电保护器安装后应进行试验，用试验按钮试验 3 次，均应正确动作；带负荷分合交流接触器或开关 3 次，不应误动作；每相分别用 3 kΩ 试验电阻接地试跳，应可靠动作。

(3) 漏电保护器运行维护：由于漏电保护器是涉及人身安全的重要电气产品，因此在日常工作中要按照国家有关漏电保护器运行的规定，做好运行维护工作，发现问题要及时处理。

① 漏电保护器投入运行后，应每年对保护系统进行一次普查，普查的重点项目有：测试

漏电动作电流值是否符合规定；测量电网和设备的绝缘电阻；测量中性点漏电电流，消除电网中的各种漏电隐患；检查变压器和电机接地装置有无松动和接触不良。

② 电工每月至少对漏电保护器用试跳器试验一次。每当雷击或其他原因使保护动作后，应作一次试验。雷雨季节需增加试验次数。停用的保护器使用前应试验一次。

③ 保护器动作后，若经检查未发现事故点，允许试送电一次。如果再次动作，应查明原因，找出故障，不得连续强送电。

④ 安装漏电保护器不得拆除或放弃原有的安全防护措施，漏电保护只能作为电气安全防护系统中的附加保护措施。装了漏电开关后，设备的金属外壳按规定仍需要进行保护接地或保护接零。

⑤ 漏电保护器故障后要及时更换，并由专业人员修理。严禁私自撤除漏电保护器或强迫送电。

⑥ 漏电保护器在保护范围内发生人身触电伤亡事故，应检查漏电保护器动作情况，分析未能起到保护作用的原因，在未调查前要保护好现场，不得改动漏电保护器。

第四节　安全电压

安全电压就是把可能加在人身上的电压限制在某一特定的范围之内，使得在这种电压下，通过人体的电流不超过允许的范围。这一电压就叫做安全电压，也叫做安全特低电压。应当指出，任何情况下都不要把安全电压理解为绝对没有危险的电压。具有安全电压的设备属于Ⅲ类设备。

一、安全电压

1. 限值　限值为任何运行情况下，任何两导体间不可能出现的最高电压值。我国标准规定工频电压有效值的限值为 50 V，直流电压的限值为 120 V。

一般情况下，人体允许电流可按摆脱电流考虑；在装有防止电击的速断保护装置的场合，人体允许电流可按 30 mA 考虑。我国规定工频电压 50 V 的限值是根据人体允许电流 30 mA 和人体电阻 1 700 Ω 的条件确定的。我国标准还推荐：当接触面积大于 1 cm^2、接触时间超过 1 s 时，干燥环境中工频电压有效值的限值为 33 V、直流电压限值为 70 V；潮湿环境中工频电压有效值的限值为 16 V、直流电压限值为 35 V。

2. 额定值　我国规定工频有效值的额定值有 42 V、36 V、24 V、12 V 和 6 V 。特别危险环境中使用的手持电动工具应采用 42 V 安全电压；在有电击危险的环境中，使用的手持照明灯和局部照明灯应采用 36 V 或 24 V 安全电压；金属容器内、特别潮湿处等特别危险环境中使用的手持照明灯应采用 12 V 安全电压；水下作业等场所应采用 6 V 安全电压。当电气设备采用 24 V 以上安全电压时，必须采取直接接触电击的防护措施。

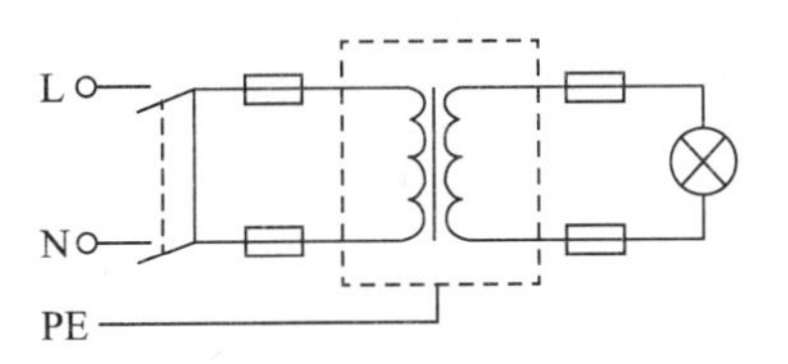

图 7－4　安全隔离变压器

3. 安全电压电源　通常采用安全隔离变压器作为安全电压的电源（图 7－4），除隔离变压器外，具有同等隔离能力的发电机、蓄电池、电子装置等均可做成安全电压电源。

(1) 电源侧应有短路保护,其熔丝的额定电流不应大于变压器的额定电流。

(2) 安全电压的电源通常采用双线圈安全隔离变压器,一次侧、二次侧都必须装熔断器进行保护,外壳、铁芯均应接地或接零。严禁使用自耦变压器。

(3) 插座:安全电压插销座不应带有接零(地)插头或插孔,不得与其他电压的插销座插错。

(4) 电器隔离

① 安全隔离变压器必须具有加强绝缘的结构。

② 安全隔离变压器必须具有耐热、防潮、防水及抗震结构,不得用赛璐珞等易燃材料作结构材料;手柄、操作杆、按钮等不应带电。

③ 除另有规定外,输出绕组不应与壳体相连;输入绕组不应与输出绕组相连;绕组结构能防止出现上述连接的可能性。

④ 电源开关应用两极开关。

⑤ 二次侧都必须保持独立。

⑥ 必须限制二次侧线路过长。

二、特低电压(Extra Low Voltage,ELV)

国际电工委员会出版的《安全特低电压》(SELV)中规定:特低电压的安全防护包括电压值、提供这个电压的电源和采用这个电压的系统三个方面。直接接触和间接接触防护的措施可采用SELV系统和PELV系统作为防护措施。系统的标称电压不应超过交流方均根值50 V。

国家标准GB/T3805－2008《特低电压》中规定:正常环境条件下,正常工作时工频电压有效值的限值为33 V、直流电压限值为70 V;单故障时工频电压有效值的限值为55 V、直流(无纹波)电压限值为140 V。其他环境场所另有规定。

PELV:保护特低电压(Protective Extra Low Voltage)只作为保护接地系统特低电压的防护。如一般危险场所。

SELV:安全特低电压(Safety Extra Low Voltage)只可作为不保护接地系统的安全特低电压用的防护。如游泳池、娱乐场所。

FELV:功能特低电压(Functional Extra Low Voltage)由使用功能(非电击防护)的原因而采用的特低电压。如电源外置的笔记本电脑等必须满足其辅助要求。

1. SELV系统和PELV系统的电源,应符合下列要求之一:

(1) 由符合现行国家标准《隔离变压器和安全隔离变压器技术要求》(GB13028)的安全隔离变压器供电。

(2) 具备与第(1)点规定的安全隔离变压器有同等安全程度的电源。

(3) 电化学电源或与高于交流方均根值50 V电压的回路无关的其他电源。

(4) 符合相应标准,而且即使内部发生故障,也保证能使出线端子的电压不超过交流方均根值50 V的电子器件构成的电源。当发生直接接触和间接接触时,电子器件能保证出线端子的电压立即降低至小于等于交流方均根值50 V时,出线端子的电压可高于交流方均根值50 V的电压。

(5) SELV 系统和 PELV 系统的安全隔离变压器或电动发电机等移动式安全电源，应达到Ⅱ类设备或与Ⅱ类设备等效绝缘的防护要求。

(6) SELV 系统和 PELV 系统回路的带电部分相互之间及与其他回路之间，应进行电气分隔，且不应低于安全隔离变压器的输入和输出回路之间的隔离要求。

2. 每个 SELV 系统和 PELV 系统的回路导体，应与其他回路导体分开布置。

3. SELV 系统的回路带电部分严禁与地、其他回路的带电部分或保护导体相连接。

4. SELV、系统的插头和插座，应符合下列规定：

(1) 插头不应插入其他电压系统的插座。

(2) 其他电压系统的插头应不能插入插座。

(3) 插座应无保护导体的插孔。

第八章　间接接触电击防护措施

将电气设备裸露的导电部分接保护导体(保护接地、保护接零等),采用漏电保护器及安全特低电压都是防止间接接触电击的安全措施。保护接地、保护接零是防止间接接触电击的基本措施。掌握保护接地、保护接零的原理、应用和安全条件十分重要。

第一节　IT 系统

一、IT 系统

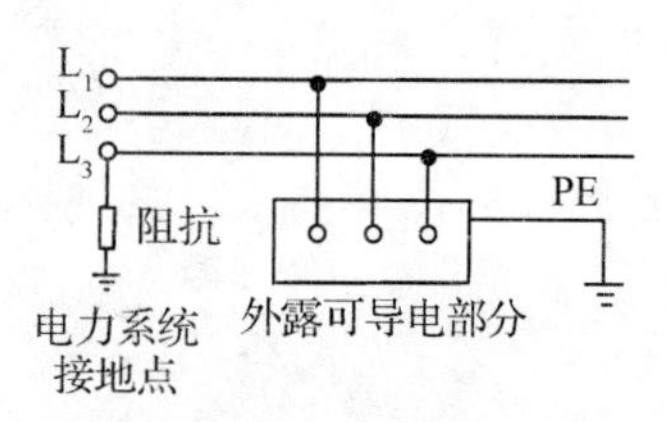

图 8-1　IT 系统

IT 系统就是电源系统的带电部分不接地或通过阻抗接地,电气设备的外露导电部分接地的系统。第一个大写英文"I"表示配电网不接地或经高阻抗接地,第二个大写英文"T"表示电气设备金属外壳接地。显然,IT 系统就是保护接地系统(图 8-1)。

即使在低压不接地的电网中,也必须采取防止间接接触电击的措施。这种情况下最常用的措施是保护接地,把在故障情况下可能出现危险的对地电压导电部分同大地紧密地连接起来的接地。

保护接地的作用是,当设备金属外壳意外带电时,将其对地电压限制在规定的范围内,消除或减小电击的危险。保护接地还能等化导体间的电位,防止导体间产生危险的电位差;保护接地还能消除感应电压的危险(详见第四节接地与接零)。

在 IT 系统中安装的绝缘监测电器,应能连续监测电气装置的绝缘。绝缘监测电器应只有使用钥匙或工具才能改变其整定值。

二、保护接地电阻允许值

1. 限制电气设备的保护接地电阻不超过 4 Ω,即能将其故障时对地电压限制在安全范围以内;低压配电网容量在 100 kVA 以下,由于配电网分布范围很小,单相故障接地电流更小,限制电气设备的保护接地电阻不超过 10 Ω 亦可满足安全要求。

2. 在高阻抗地区接地,可以采用外引接地法、接地体延长法、深埋法、换土法、土壤化学处理以及网络接地法可以降低接地电阻。

3. 不接地配电网系统应设置绝缘监测器,能发出声、光双重信号绝缘监视装置。应能连续监测电气装置的绝缘。

4. IT 系统的外露可导电部分可采用共同的接地极接地,亦可个别或成组地采用单独的接地极接地。IT 系统不宜配出中性导体。

第二节　TT 系统

TT 系统是指电源系统有一点直接接地，设备外露导电部分的接地与电源系统的接地在电气上无关的系统。

TT 系统前后两个字母“T”分别表示配电网中性点和电气设备金属外壳接地。典型的 TT 系统见图 8－2。

1. 在这种系统中，电力系统直接接地，用电设备的外露可导电采用各自的 PE 线接地。由于各自的 PE 线互不相关，因此电磁适应性较好，但是该系统的故障电流取决于电力系统的接地电阻和 PE 的电阻，而故障电流往往很小，不足以使数千瓦的用电设备的保护装置断开电源。为了保护人身安全，必须采用漏电保护器配合作为线路和用电设备的保护装置，否则只适用于小负荷的系统。

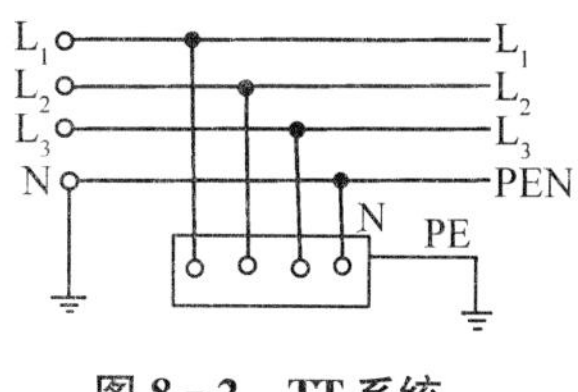

图 8－2　TT 系统

2. TT 系统中，配电线路内有同一间接接触防护电器保护的外露可导电部分，应用保护导体连接至共用或各自的接地极上。TT 系统是配电网中性点直接接地，用电设备的金属外壳也采取接地措施的系统。

第三节　TN 系统

TN 系统是电源系统有一点（通常是中性点）接地，负载的外露可导电部分（如金属的外壳等）通过保护线连接到此接地点的低压配电系统。依据中性线 N 和 PE 线不同组合的方式可分为 TN-C 系统、TN-S 系统、TN-C-S 系统（图 8－3）。

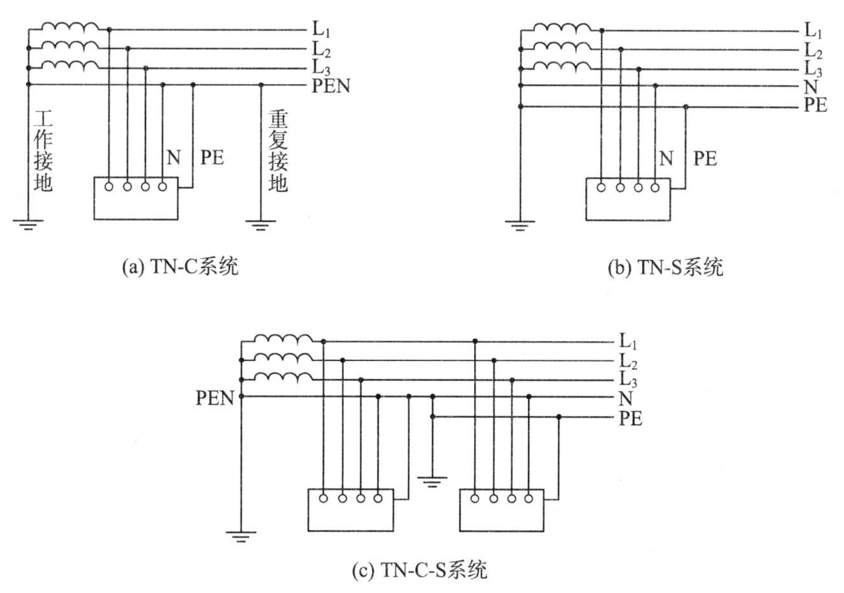

图 8－3　TN 系统接线图

一、TN 系统的接地形式

1. 用字母表示

T——表示独立于电力系统可接地点而直接接地。

N——表示与电力系统可接地点直接进行电气连接。

C——表示中性导体和保护导体结构上是合一的。

S——表示中性导体和保护导体结构上是分开的。

2. 中性点和中性线　发电机、变压器、电动机三相绕组连接的公共点称为中性点,如果三相绕组平衡,则由中性点到各相外部接线端子间的电压绝对值必然相等,如中性点接地的则该点又称作零点;从中性点引出的导线称中性线(从零点引出的导线称零线)。

(1) 符号 N——表示中性点、中性线、工作零线。

(2) 符号 PEN——表示保护中性线、具有中性线和保护线两种功能的接地线。

(3) 符号 PE——表示保护线。

3. TN-C 系统　表示中性导体和保护导体结构上是合一的,也就是工作零线和保护零线完全合一的系统,又称三相四线制。用于无爆炸危险和安全条件较好的场所。

在 TN-C 系统中,中性线(N)和保护线(PE 线)上严禁装设熔断器和单相闸刀。严禁断开 PEN 线,不得装设将 PEN 线断开的任何电器,当需要在 PEN 线上装设电器时,只能相应断开相线回路。

4. TN-S 系统　表示中性导体和保护导体结构上是分开的,也就是工作零线和保护零线完全分开的系统,又称三相五线制。用于爆炸危险较大或安全条件要求较高的场所。

TN-S 系统中,N 线上不宜装设将 N 线断开的电器,当需要断开 N 线时,应装设相线和 N 线一起切断的保护电器。

5. TN-C-S 系统　表示中性导体和保护导体结构上是前部分共用,后部分分开,也就是工作零线和保护零线前部分共用、后部分分开的系统。前部分三相四线制后部分三相五线制。用于厂区有变配电所、低电压进线的车间以及民用楼房及写字楼。严禁分开后再合并。

在有爆炸危险的场所,应采用三相五线制和单相三线制线路,即采用保护零线与工作零线分开的 TN-S 系统,工作零线上不应有短路保护。

6. 工作接地　目前,我国地面上低压配电网绝大多数都采用中性点直接接地的三相四线配电网。在这种配电网中,TN 系统是应用最多的配电及防护方式。在 TN-C 和 TN-C-S 系统中,为了电路或设备达到运行要求的接地,如变压器的中性点接地,该接地称工作接地或配电系统接地(详见第四节接地与接零)。

工作接地与变压器外壳接地、避雷器接地是共用的,又称三位一体接地。工作接地电阻应小于等于 4 Ω,高阻抗地区可放宽到 10 Ω。

7. 保护接零　详见第四节接地与接零。

第四节　接地与接零

一、接地

1. 保护接地　保护接地的作用是当设备金属外壳意外带电时，将其对地电压限制在规定的范围内，消除或减小电击的危险。将所有的电气设备不带电的部分，如金属外壳、金属构架和操作机构及互感器铁芯、外壳、二次绕组的负极，妥善而紧密地进行接地称为保护接地。

(1) 应当接地保护的具体部位有：

① 电动机、变压器、开关设备、照明器具、移动电气设备的金属外壳。

② 配电装置金属构架、操作机构、金属遮拦、金属门、配电的金属管、电气设备的金属传动装置。

③ OI、I 类的电动工具或民用电器的金属外壳。

④ 电缆金属外皮、接线盒及金属支架。

⑤ 架空线路的金属杆塔。

⑥ 电压互感器和电流互感器铁芯、外壳、二次线圈(不带电的)负极。

2. 工作接地　为保证系统的稳定性及电气设备能可靠地运行，将电力系统中的变压器低压侧中性点接地，称为工作接地。工作接地电阻小于等于 4 Ω。高阻抗地区可放宽到 10 Ω。

二、保护接零

1. 将变压器和发电机直接接地的中性线连接起来的导线称零线。

2. 在中性点直接接地的 380/220 V 三相四线制电力网中，将电动机等电气设备的金属外壳与零线用导线连接起来，称为保护接零。

3. 保护接零的作用是，当单相短路时，使电路中的保护装置(如熔断器、漏电保护器等)迅速动作，将电源切断，确保人身安全。

4. 对零线的主要要求

(1) 零线截面的要求：保护接零所用的导线，其截面不应小于相线截面的 1/2。

(2) 零线的连接要求：零线(或零线的连接线)的连接应牢固可靠，接触良好。

(3) 采用裸导线作为零线时，应涂以棕色漆作为色标。

(4) 各设备的保护零线不允许串联。

(5) 在有腐蚀性物质的环境中，为防止零线腐蚀，在零线表面上应涂以防腐材料。

三、重复接地

在低压电网中，零线除在电源(发电机或变压器)的中性点进行工作接地以外，还应在零线的其他地方(一处或多处)再一次的接地，这种接地称为重复接地。

1. 重复接地的作用

(1) 减轻零线断路时的触电危险。

(2) 缩短保护装置的动作时间。

(3) 降低漏电设备的对地电压。

(4) 改善架空线路的防雷性能。

2. 应重复接地的场合和对重复接地的要求

(1) 中性点直接接地,低压线路、架空线路的终端、分支线长度超过 200 m 的分支处以及沿线每隔 1 km 处,零线应重复接地。

(2) 高、低压线路同杆架设时,两端杆上的低压线路的零线应重复接地。

(3) 无专用零芯线或用金属外皮作为零线的低压电缆,应重复接地。

(4) 大型车间内部宜实行环形重复接地。

(5) 电缆和架空线路在引入车间或建筑物处,若距接地点超过 50 m,应将零线重复接地。

(6) 采用金属管配线时,应将金属管与零线连接后再重复接地。

(7) 采用塑料管配线时,在管外应敷设截面不小于 10 mm^2 的钢线,与零线连接后,再重复接地。

(8) 每一重复接地的接地电阻,一般均不得超过 10 Ω。100 kVA 以下者,每一重复接地的接地电阻,一般均不得超过 30 Ω。每一重复接地不得少于三处。

3. 应特别注意

(1) 接地和接零不允许同时混用。

(2) 由一台发电机或变压器供电的低压电气设备,不许接地和接零混用,即不允许有的设备接地,有的设备接零。

四、接地装置

接地体和接地线总称为接地装置。

1. 接地体　为了其他用途而装设的,并与大地可靠接触的金属桩(柱)、钢筋混凝土基础和金属管道等用来作为接地体,称为自然接地体;为了接地需要而专门装设的金属体,称为人工接地体。

2. 接地装置的组成形式

(1) 单极接地装置。

(2) 多极接地装置。

(3) 接地网络。

五、接地装置的安装

1. 自然接地体　可利用的自然接地体有:

(1) 辐射在地下不会引起燃烧、爆炸的地下金属管道。

(2) 与大地有可靠连接的建筑物、构筑物的金属结构。

(3) 有金属外皮的电力电缆。

(4) 自流井金属插管。

(5) 水工构筑物和类似构筑物的金属桩。

2. 自然接地线　可利用的自然接地线有：

(1) 建设物的金属结构，如金属梁、金属柱等。

(2) 生产用的金属结构，如吊车轨道和配电装置的构架等。

(3) 配线的钢管。

(4) 电力电缆的铅外皮。

(5) 不会引起燃烧、爆炸的所有金属管道。

(6) 严禁利用各种可燃可爆的气、液体管道和地下裸铝导体等作为自然接地体(线)。

特别强调不是所有的电流种类都可以采用自然接地体和自然接地线。直流就不可以采用自然接地体和自然接地线，因为直流只能向一个方向流动，有腐蚀性。

3. 人工接地体　人工接地体可分为垂直接地体和水平接地体两种。

(1) 垂直接地体：垂直接地体可以采用直径 25 mm 的圆钢，也可采用不小于 4 mm×40 mm×40 mm 的角钢或 1 英寸以上的钢管等型钢，严禁使用螺纹钢、铸铁件作为垂直接地体。防腐处理可以镀锌、镀铜，严禁涂油漆、涂沥青(图 8-4)。

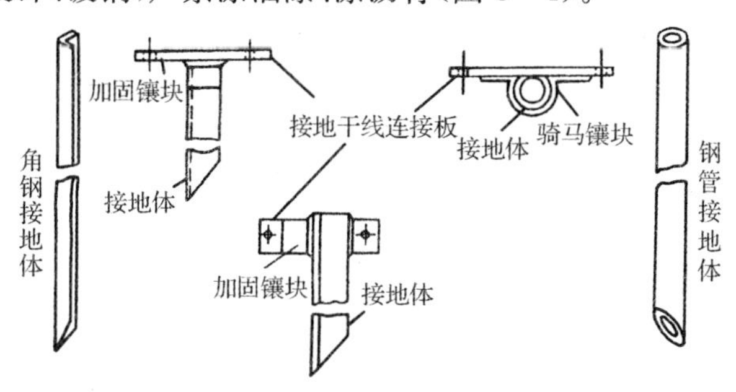

(a) 角钢顶端连接板　(b) 角钢垂直面装连接板　(c) 钢管垂直面装连接板

图 8-4　垂直接地体

埋设垂直接地体时，首先要挖一条不小于 50 cm 的深沟，由沟底部将垂直接地体打入。垂直接地体的长度一般为 2.5～3.0 m(不宜小于 2 m)。

(2) 水平接地体：一般采用扁钢或圆钢制成。扁钢接地体的厚度不应小于 4 mm，圆钢接地体的直径不应小于 8 mm。

4. 人工接地线　为接地需要专门安装的金属导线，称为人工接地线。接地线又可分为接地干线、接地支线。接地线地上部分应用螺栓连接。对接地电阻的要求，一般根据下面几个因素来决定：

(1) 需接地的设备容量。

(2) 需接地的设备所处地位。

(3) 需接地的设备工作性质。

(4) 需接地的设备数量或价值。

(5) 几台设备共用的接地装置。

5. 接地电阻

(1) 具体来说，1 kV 以下电力系统变压器低压侧中性点工作接地电阻值应小于等于 4 Ω；保护接地电阻应在 4～10 Ω 以内；重复接地电阻不应大于 10 Ω。

(2) 避雷针(或避雷线)单独接地的接地电阻值应小于 10 Ω(特殊情况下要求小于 4 Ω)。

6. 接地体的安装地点应满足以下要求：

(1) 接地体应埋在距建筑物或人行道 2 m 以外的地点。

(2) 接地体不得靠近烟道等热源设施。

(3) 接地体不应埋在有强烈腐蚀作用的土壤中或垃圾堆和灰渣堆中。

(4) 接地体所在的位置应不妨碍有关设备的安装或检修。

(5) 接地体与防雷接地装置之间,应保持足够的距离(按有关规定至少为 3 m)。

(6) 配电变压器低压侧中性点的接地线应采用截面积不小于 35 mm^2的裸铜导线,但变压器容量为 100 kVA 及以下时,可采用截面为 25 mm^2的裸铜导线。

(7) 接地干线可按相应电源相线截面积的 1/2 选用,而接地支线则可按相线截面积的 1/3 选用。对设备的接地必须并联。

(8) 保护线(保护接零或保护接地)颜色应按标准采用黄/绿双色线。移动电气设备的接地支线必须采用铜芯绝缘软线,并应以黄/绿双色的绝缘线作为接地线,不得采用单股铜芯导线,也不得采用铝芯绝缘导线,更不得采用裸导线。

(9) 圆钢搭焊长度不得小于圆钢直径的 6 倍,并应两边施焊,扁钢搭焊长度不得小于扁钢宽度的 2 倍,并应三边施焊。

(10) 接地线用扁钢搭焊,扁钢弯成圆弧形或直角形,或借助圆弧形或直角形包板与钢管焊接。焊接部位必须进行防腐处理。

六、检查和维护保养

1. 接地装置的接地电阻必须定期进行检测。(参照接地电阻测量仪)
2. 接地装置的每一个连接点,应每隔半年至一年检查一次。
3. 接地线的每个支持点,应定期检查,发现松动或脱落,应重新固定好。
4. 应定期检查接地体和连接接地体的接地干线是否出现严重锈蚀现象。
5. 严禁用相线碰地线的方法检查接地线是否接地良好。
6. 对于移动电气设备的接地线,在电气设备每次使用前都必须进行检查。
7. 在设备增容后,应按规定相应地更换接地线。

七、常见故障和排除

1. 连接点松散或脱落　发现连接点松散或脱落应及时拧紧,重新修好。
2. 遗漏接地或接错位置　一旦发现遗漏接地或接错位置,应及时补接或纠正。
3. 接地线局部电阻增大　对接地线连接部分清除氧化物,重新连接、拧紧、焊接。
4. 接地体的接地电阻增大　重新连接、拧紧、焊接和加装接地体。
5. 接地线有机械损伤、断股或化学腐蚀现象　更换面积较大的材料,采取镀锌、镀铜或在土壤中加入中和剂的方法。
6. 接地体露出地面　将接地体深埋、填土、覆盖。

第九章　特 殊 防 护

第一节　电气防火与防爆

一、电气火灾与爆炸的原因

1. 电气设备过热

电气设备过热主要是由电流产生的热量造成的。导体的电阻虽然很小,但其电阻总是客观存在的。因此,电流通过导体时要消耗一定的电能。这部分电能转化为热能,使导体温度升高,并加热其周围的其他材料。

对于电动机和变压器等带有铁磁材料的电气设备,除电流通过导体产生的热量外,还有在铁磁材料中产生的热量,这部分热量是由于铁磁材料的涡流损耗和磁滞损耗造成的。因此,这类电气设备的铁芯也是一个热源。

当电气设备的绝缘质量降低时,通过绝缘材料的泄漏电流增加,可能导致绝缘材料温度升高。

由上可知,电气设备运行时总是要发热的,但是,设计规范、施工正确以及运行正常的电气设备,其最高温度和其与周围环境温度之差(即最高温升)都不会超过某一允许范围。例如:裸导线和塑料绝缘线的最高温度一般不得超过 70℃;橡胶绝缘线的最高温度一般不得超过65℃;变压器的上层油温不得超过 85℃;电力电容器外壳温度不得超过 65℃;电动机定子绕组的最高温度,对应于所采用的 A 级、E 级和 B 级绝缘材料分别为 95℃、105℃和 110℃;定子铁芯分别是 100℃、115℃、120℃等。这就是说,电气设备正常的发热是允许的,但当电气设备的正常运行遭到破坏时,发热量增加,温度升高,在一定条件下,可能引起火灾。引起火灾的条件有:可燃物(具备一定数量的可燃物)、助燃物(有足够数量的氧化剂)、着火源(危险的温度)(具备一定数量的点火源),这三个条件要同时具备。

引起电气设备过热的不正常运行,大体包括以下几种情况:

(1) 短路

① 发生短路时,线路中的电流增加为正常时的几倍甚至几十倍,而产生的热量又和电流的平方成正比,使得温度急剧上升,大大超过允许范围。如果温度达到可燃物的自燃点,即引起燃烧,从而导致火灾。

② 当电气设备的绝缘老化变质,或受到高温、潮湿、腐蚀的作用而失去绝缘能力时,即可能引起短路。

③ 绝缘导线直接缠绕、勾挂在铁钉或铁丝上时,由于磨损和铁锈腐蚀,很容易使绝缘破坏而形成短路。

④ 由于设备安装不当或工作疏忽,可能使电气设备的绝缘受到机械损伤而形成短路。

⑤ 由于雷击等过电压的作用，电气设备的绝缘可能遭到击穿而形成短路。

⑥ 在安装和检修工作中，由于接线和操作的错误，也可能造成短路事故。

(2) 过载：过载是指线路中的电流大于线路的计算电流或允许载流量。过载会引起电气设备发热，造成过载的原因大体上有以下两种情况：

① 设计时选用线路或设备不合理，以致在额定负载下产生过热。

② 使用不合理，线路或设备的负载超过额定值。导线截面选择过小，当电流较大时也会因发热而引发火灾，或者连续使用时间过长，超过线路或设备的设计能力，由此造成过热。

(3) 接触不良：接触部分是电路中的薄弱环节，是发生过热的一个重点部位。

① 不可拆卸的接头连接不牢、焊接不良或接头处混有杂质，都会增加接触电阻而导致接头过热。

② 可拆卸的接头连接不紧密或由于震动而松动，也会导致接头发热。

③ 活动触头，如闸刀开关的触头、接触器的触头、插式熔断器(插保险)的触头、插销的触头、灯泡与灯座的接触处等活动触头，如果没有足够的接触压力或接触表面粗糙不平，会导致触头过热。

④ 对于铜铝接头，由于铜和铝导电性能不同，接头处易因电解作用而腐蚀，从而导致接头过热。

(4) 铁芯发热：变压器、电动机等设备的铁芯，如果铁芯绝缘损坏或承受长时间过电压，涡流损耗和磁滞损耗将增加，而使设备过热。

(5) 散热不良：各种电气设备在设计和安装时都应考虑配备一定的散热或通风措施，如果这些措施受到限制和破坏，就会造成设备过热。

此外，电炉等直接利用电流的热量进行工作的电气设备，工作温度都比较高，如安置或使用不当，均可能引起火灾。

2. 电火花和电弧

(1) 电火花是电极间的击穿放电，电弧是大量的电火花汇集而成的。

一般电火花的温度都很高，特别是电弧，温度可高达 6 000℃，因此，电火花和电弧不仅能引起可燃物燃烧，还能使金属熔化、飞溅，构成危险的火源。在有爆炸危险的场所，电火花和电弧更是引起火灾和爆炸的一个十分危险的因素。

(2) 在生产和生活中，电火花是经常见到的。电火花大体包括工作火花和事故火花两类。

① 工作火花：是指电气设备正常工作时或正常操作过程中产生的火花。如直流电机电刷与整流子滑动接触处的火花，交流电机电刷与滑环滑动接触处的微小火花，开关或接触器分合时的火花，以及插销拔出或插入时的火花等。

② 事故火花：是线路或设备发生故障时出现的火花。如发生短路或接地时出现的火花、绝缘损坏时出现的闪光、导线连接松脱时的火花、保险丝熔断时的火花、过电压放电火花、静电火花、感应电火花，以及修理工作中错误操作引起的火花等。

此外，电动机转子和定子发生摩擦(扫膛)或风扇与其他部件相碰也都会产生火花，这是由碰撞引起的机械性的火花。

还应当指出，灯泡破碎时，炽热的灯丝也有类似于火花的危险作用。

(3) 电气设备本身，除多油断路器可能爆炸，电力变压器、电力电容器、充油套管等充油设备可能爆裂外，一般不会出现爆炸事故。但以下情况可能引起空间爆炸：

① 周围空间有爆炸性混合物(粉尘等),在危险温度或电火花作用下引起空间爆炸。

② 充油设备的绝缘油在电弧作用下分解和汽化,喷出大量油雾和可燃气体,引起空间爆炸。

③ 发电机氢冷装置漏气、酸性蓄电池排出氢气等,形成爆炸性混合物,引起空间爆炸。

二、电气防火和防爆措施

电气火灾与爆炸的原因很多。除设备缺陷、安装不当等设计和施工方面的原因外,电流产生的热量和火花或电弧是直接原因。电气防火、防爆措施是综合性的措施,对于防止电气火灾和爆炸也是有效的。

1. 消除或减少爆炸混合物　消除或减少爆炸性混合物包括采取封闭式作业,防止爆炸性混合物泄漏;清理现场积尘、防止爆炸性混合物积累;设计正压室,防止爆炸性混合物侵入有引燃源的区域;采取开放式作业或通风措施,稀释爆炸性混合物;在危险空间充填惰性气体或不活泼气体,防止形成爆炸性混合物;安装报警装置,当混合物中危险物品的浓度达到其爆炸下限的10%时报警。在易燃易爆的场所,电气设备应安装防爆型的电器。

2. 隔离和间距　危险性人的设备应分室安装,并在隔墙上采取封堵措施。电动机隔墙传动、照明灯隔玻璃窗照明等都属于隔离措施。10 kV及10 kV以下的变、配电室不得设置在爆炸危险环境的正上方或正下方。室内充油设备油量60 kg以下者允许安装在两侧有隔板的间隔内;油量为60～600 kg者必须安装在单独的防爆隔墙的间隔内;油量600 kg以上者必须安装在单独的防爆间隔内。变、配电室与爆炸危险环境或火灾危险环境毗连时,隔墙应用非燃性材料制成;孔洞、沟道应用阻燃性材料严密堵塞;门、窗应开向无爆炸或火灾危险的场所。

电气装置,特别是高压、充油的电气装置,应与爆炸危险区域保持规定的安全距离。变、配电站不应设在容易沉积可燃粉尘或可燃纤维的地方。

3. 消除引燃源　主要包括以下措施:

(1) 按爆炸危险环境的特征和危险物的级别、组别选用电气设备和设计电气线路。

(2) 保持电气设备和电气线路安全运行。安全运行包括电流、电压、温升和温度不超过允许范围,绝缘良好、连接和接触良好、整体完好无损、清洁、标志清晰等。

爆炸危险环境电气设备的最高表面温度不得超过表9-1和表9-2所列数值。

表9-1　气体、蒸汽危险环境电气设备最高表面温度

组别	T1	T2	T3	T4	T5	T6
最高表面温度(℃)	450	300	200	135	100	85

表9-2　粉尘、纤维危险环境电气设备最高表面温度

组　别	电气设备或零部件温度极限值			
	无过负荷可能的设备		有过负荷可能的设备	
	极限温度(℃)	极限温度(℃)	极限温度(℃)	极限温度(℃)
T11	215	175	190	150
T12	160	120	140	100
T13	110	70	100	60

在爆炸危险环境应尽量少用携带式设备和移动式设备;一般情况下不应进行电气测量工作。

在易燃、易爆、有静电发生的场所作业,工作人员不可以发放和使用化纤的防护用品。

4. 爆炸危险环境接地　爆炸危险环境接地应注意如下几点:

(1) 应将所有不带电金属物件做等电位联结。从防止电击考虑不需接地(接零)者,在爆炸危险环境仍应接地(接零)。例如,在非爆炸危险环境,干燥条件下交流 127 V 以下的电气设备允许不采取接地或接零措施,而在爆炸危险环境,这些设备仍应接地或接零。

(2) 低压由接地系统配电,应采用 TN-S 系统,不得采用 TN-C 系统。即在爆炸危险环境应将保护零线与工作零线分开。保护导线的最小截面,铜导体不得小于 4 mm^2,钢导体不得小于 6 mm^2。

(3) 低压由不接地系统配电,应采用 TT 系统,并装有一相接地时或严重漏电时能自动切断电源的保护装置或能发出声、光双重信号的报警装置。

三、防爆场所及防爆电气

1. 首先,按下列释放源的级别划分区域:

(1) 存在连续级释放源的区域可划为 0 区。

(2) 存在第一级释放源的区域可划为 1 区。

(3) 存在第二级释放源的区域可划为 2 区。

2. 其次,应根据通风条件调整区域划分:

(1) 当通风良好时,应降低爆炸危险区域等级;当通风不良好时应提高爆炸危险区域等级。

(2) 局部机械通风在降低爆炸性气体混合物浓度方面比自然通风和一般机械通风更为有效时,可采用局部机械通风降低爆炸危险区域等级。

(3) 在障碍物、凹坑和死角处,应局部提高爆炸危险区域等级。

(4) 利用堤或墙等障碍物,限制比空气重的爆炸性气体混合物的扩散,可缩小爆炸危险区域的范围。

3. 在爆炸性粉尘环境采用非防爆型电气设备进行隔墙机械传动时,应符合下列要求:

(1) 安装电气设备的房间,应采用非燃烧体的实体墙与爆炸性粉尘环境隔开。

(2) 应采用通过隔墙由填料密封或同等效果密封措施的传动轴传动。

(3) 安装电气设备房间的出口,应通向非爆炸和无火灾危险的环境;当安装电气设备的房间必须与爆炸性粉尘环境相通时,应对爆炸性粉尘环境保持相对的正压。

(4) 爆炸性粉尘环境内,有可能过负荷的电气设备,应装设可靠的过负荷保护。

(5) 爆炸性粉尘环境内的事故排风用电动机,应在生产发生事故情况下便于操作的地方设置事故启动按钮等控制设备。

(6) 在爆炸性粉尘环境内,应少装插座和局部照明灯具。如必须采用时,插座宜布置在爆炸性粉尘不易积聚的地点,局部照明灯宜布置在事故时气流不易冲击的位置。

4. 爆炸性粉尘环境电气线路的设计和安装应符合下列要求:

(1) 电气线路应在爆炸危险性较小的环境敷设。

(2) 敷设电气线路的沟道、电缆或钢管,在穿过不同区域之间的墙或楼板处的孔洞,应采用阻燃性材料严密堵塞。

(3) 敷设电气线路时宜避开可能受到机械损伤、震动、腐蚀以及可能受热的地方，如不能避开时，应采取预防措施。

(4) 爆炸性粉尘环境 10 区内高压配线应采用铜芯电缆；爆炸性粉尘环境 11 区内高压配线除用电设备和线路有剧烈振动者外，可采用铝芯电缆。

爆炸性粉尘环境 10 区内的全部线路和爆炸性粉尘环境 11 区内有剧烈震动、电压为 1 000 V 以下用电设备的线路，均应采用铜芯绝缘导线或电缆。

(5) 爆炸性粉尘环境 10 区内绝缘导线和电缆的选择应符合下列要求：

① 绝缘导线、电缆和导体允许载流量不应小于熔断器熔体额定电流的 1.25 倍和自动开关长延时过电流脱扣器整定电流的 1.25 倍(本条②项规定的情况除外)。

② 引向电压为 1 000 V 以下鼠笼型感应电动机支线的长期允许载流量，不应小于电动机额定电流的 1.25 倍。

③ 电压为 1 000 V 以下的导线和电缆，应按短路电流进行热稳定校验。

(6) 在爆炸性粉尘环境内，低压电力、照明线路用的绝缘导线和电缆的额定电压，必须不低于网络的额定电压，且不应低于 500 V。工作中性线绝缘的额定电压应与相线的额定电压相等，并应在同一护套或管子内敷设。

(7) 在爆炸性粉尘环境 10 区内，单相网络中的相线及中性线均应装设短路保护，并使用双极开关同时切断相线和中性线。

(8) 爆炸性粉尘环境 10 区、11 区内电缆线路不应有中间接头。

(9) 选用电缆时应考虑环境腐蚀、鼠类和白蚁危害以及周围环境温度、用电设备进线盒方式等因素。架空桥架敷设时，宜采用阻燃电缆。

(10) 对 3～10 kV 电缆线路应装设零序电流保护；保护装置在爆炸性粉尘环境 10 区内宜动作于跳闸，在爆炸性粉尘环境 11 区内宜作用于信号。

5. 电气设备防爆的类型及标志　防爆电气设备的类型很多，性能各异。根据电气设备产生火花、电弧和危险温度的特点，为防止其点燃爆炸性混合物而采取的措施不同分为下列 8 种形式：

(1) 隔爆型(标志 d)：是一种具有隔爆外壳的电气设备，其外壳能承受内部爆炸性气体混合物的爆炸压力并阻止内部的爆炸向外壳周围爆炸性混合物传播。适用于爆炸危险场所的任何地点。

(2) 增安型(标志 e)：在正常运行条件下不会产生电弧、火花，也不会产生足以点燃爆炸性混合物的高温。在结构上采取种种措施来提高安全程度，以避免在正常和认可的过载条件下产生电弧、火花和高温。

(3) 本质安全型(标志 ia 、ib)：在正常工作或规定的故障状态下产生的电火花和热效应均不能点燃规定的爆炸性混合物。这种电气设备按使用场所和安全程度分为 ia 和 ib 两个等级。

ia 等级设备在正常工作、一个故障和两个故障时均不能点燃爆炸性气体混合物。

ib 等级设备在正常工作和一个故障时不能点燃爆炸性气体混合物。

(4) 正压型(标志 p)：它具有正压外壳，可以保持内部保护气体，即新鲜空气或惰性气体的压力高于周围爆炸性环境的压力，阻止外部混合物进入外壳。

(5) 充油型(标志 o):它是将电气设备全部或部分部件浸在油内,使设备不能点燃油面以上的或外壳外的爆炸性混合物。如高压油开关即属此类。

(6) 充砂型(标志 q):在外壳内充填砂粒材料,使其在一定使用条件下壳内产生的电弧、传播的火焰、外壳壁或砂粒材料表面的过热均不能点燃周围爆炸性混合物。

(7) 无火花型(标志 n):正常运行条件下,不会点燃周围爆炸性混合物,且一般不会发生有点燃作用的故障。这类设备的正常运行不应产生电弧或火花。电气设备的热表面或灼热点也不应超过相应温度组别的最高温度。

(8) 特殊型(标志 s):指结构上不属于上述任何一类,而要采取其他特殊防爆措施的电气设备。如填充石英砂型的设备即属此列。

四、电气火灾的扑救

1. 触电危险和断电　在扑灭电气火灾的过程中,电气设备或电气线路发生火灾,如果没有及时切断电源,抢救人员身体或所持器械可能接触带电部分而造成触电事故。为防止触电,应设法切断电源,注意防止充油设备爆炸。因此,发现起火后,首先要设法切断电源(当然晚间切断电源不能影响人员的疏散)。

切断电源应注意以下几点:

(1) 火灾发生后,由于受潮和烟熏,开关设备绝缘能力降低,因此,拉闸时最好用绝缘工具操作。

(2) 高压应先操作断路器而不应该先操作隔离开关切断电源。低压应先操作低压断路器而不应该先操作刀开关切断电源,以免产生电弧引起短路事故。

(3) 切断电源的地点要选择适当,防止切断电源后影响灭火工作。

(4) 剪断电线时,不同相的电线应在不同的部位剪断,以免造成短路。剪断空中的电线时,剪断位置应选择在电源方向的支持物附近,以防止电线剪后断落下来,造成接地短路和触电事故。

2. 带电灭火安全要求　有时为了争取灭火时间,防止火灾扩大,来不及断电;或因灭火、生产等需要,不能断电,则需要带电灭火。带电灭火须注意以下几点:

(1) 应按现场特点选择适当的灭火器。二氧化碳灭火器、干粉灭火器的灭火剂都是不导电的,可用于带电灭火。泡沫灭火器的灭火剂(水溶液)有一定的导电性,不宜用于带电灭火。

(2) 用水枪灭火时宜采用喷雾水枪,这种水枪流过水柱的泄漏电流小,带电灭火比较安全。用普通直流水枪灭火时,为防止通过水柱的泄漏电流通过人体,可以将水枪喷嘴接地;也可以让灭火人员穿戴绝缘手套、绝缘靴或穿戴均压服操作。

(3) 人体与带电体之间保持必要的安全距离。用水灭火时,水枪喷嘴至带电体的距离:电压为 10 kV 及其以下者不应小于 3 m,电压为 220 kV 及其以上者不应小于 5 m。用二氧化碳等不导电灭火剂的灭火器灭火时,机体、喷嘴至带电体的最小距离;电压为 10 kV 者不应小于 0.4 m,电压为 35 kV 者不应小于 0.6 m 等。

(4) 对架空线路等空中设备进行灭火时,人体位置与带电体之间的仰角不应超过 45°。

3. 充油电气设备的灭火　充油电气设备的油,其闪点多在 130～140℃,有较大的危险性。如果只是设备外部起火,可用二氧化碳、干粉灭火器带电灭火。如火势较大,应切断电源，并可用水灭火。如油箱破坏，喷油燃烧，火势很大时，除切断电源外，有事故储油坑的应设法将油放进储油坑，坑内和地面上的油火可用泡沫扑灭。

发电机和电动机等旋转电机起火时，为防止轴和轴承变形，可令其慢慢转动，用喷雾水灭火，并使其均匀冷却；也可用二氧化碳或蒸汽灭火，但不宜用干粉、砂子或泥土灭火，以免损伤电气设备的绝缘。

4. 现场正确使用　正确选择灭火器材的同时，也要会正确使用。使用手提式灭火机的要点是：一拔、二压、三对准。要站在火源的上风，对准火焰中心（或根部）（图 9－1）。

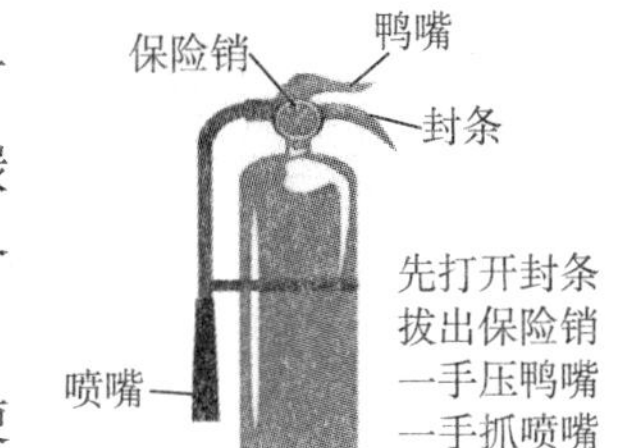

图 9－1　手提式灭火器

第二节　雷电危害及防护

一、雷电

雷电是自然界中的一种放电现象。闪电和雷声的组合我们称为雷电。雷电的特点是：电压高、电流大、频率高、时间短（图 9－2）。

图 9－2　直击雷

雷击是电力系统的主要自然灾害之一。雷电的危害是多方面的，雷电放电过程中，可能呈现出静电效应、电磁感应、热效应及机械效应。雷击可能造成电气设备损坏，电力系统停电，建筑物着火，同时也可能造成严重的人身事故。

1. 雷电的种类　根据雷电产生和危害的特点不同，大体可分为：

（1）直击雷：雷电对地面或地面上凸起物的直接放电称为直击雷，也叫雷击。

（2）球形雷：球形雷是一种显红色或白色亮光的球体，直径多在 20 cm，最大直径可达数米，它以每秒数米的速度在空气中飘行或沿地面滚动，持续时间为 3～5 s，能通过门、窗、烟囱进入室内。这种球形雷有时会无声消失，有时碰到人、动物或其他物体会剧烈爆炸，造成雷击伤害。

（3）雷电侵入波：当雷电作用于架空线或金属管道上，产生的冲击电压沿线路或管道向两个方向迅速传播的称雷电侵入波。

（4）感应雷击：感应雷击是指地面物体发生雷击时，由于静电感应和电磁感应引起的雷击（图 9－3）。

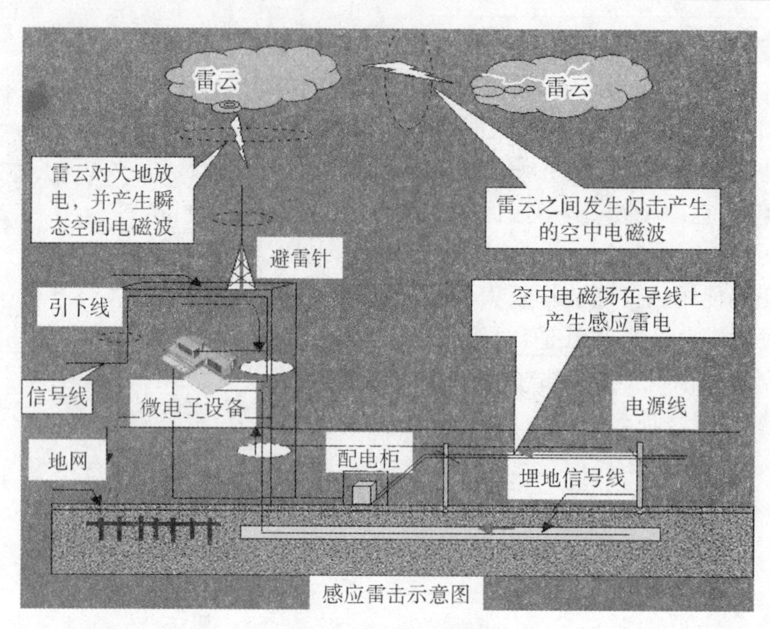

图 9-3　感应雷击

2. 雷电的危害

(1) 雷电的静电效应危害。

(2) 雷电的电磁效应危害。

(3) 雷电的热效应危害。

(4) 雷电的机械效应危害。

(5) 雷电的反击危害，雷电的反击对设备和人身都构成危险。

(6) 雷电的高电位危害。

二、雷电防护

1. 完整的防雷装置是由接闪器、引下线、接地装置三部分构成(图 9-4)。

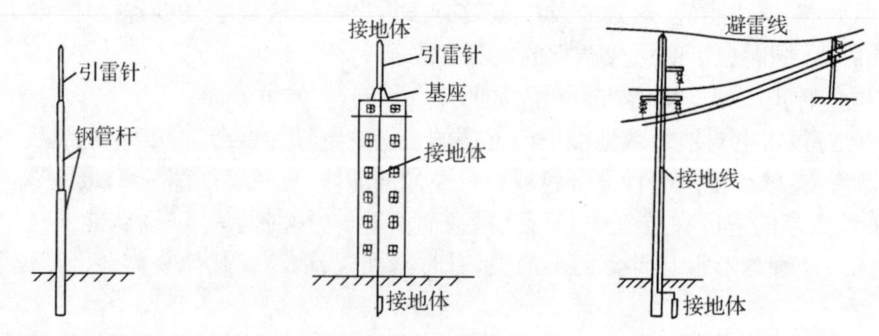

(a) 落地全金属体避雷针　(b) 引雷针装在建筑物顶部　(c) 落地混凝土电杆避雷针

图 9-4　防雷装置

(1) 接闪器：接闪器是用来直接受雷击的金属体，常见的接闪器有避雷针、避雷线、避雷网、避雷带。

避雷针及其引下线与其他导体在空气中的最小距离一般不宜小于 1.5 m。

独立避雷针的接地装置在地下与其他接地装置的距离不宜小于 3 m。

(2) 引下线:每座建筑物至少要有两根接地引下线。

(3) 接地装置:防雷装置应沿建筑物外墙敷设,一般经最短的途径明敷接地。如有特殊要求可以暗敷。

防雷接地装置与一般电气设备的保护装置,在地下的水平距离不应小于 3 m。为了降低跨步电压,防雷接地装置距建筑物入口和人行道不应小于 3 m。

避雷装置的接地电阻民用建筑小于 10 Ω。其他不同分类的建筑物:有小于 20～30 Ω、小于 10～30 Ω、小于 5～10 Ω、独立的避雷针应小于 4～10 Ω(防雷接地装置参照第八章第四节所讲的接地,但是接地装置必须单独实施,不得与电气设备的接地装置共用)。

2. 架空线路的防雷措施

(1) 装设避雷线:装设避雷线是一种很有效的防雷措施[见图 9-4(c)]。但由于造价高,只在 10 kV 及以上的架空线路上才沿全线装设避雷线。在 35 kV 及以下的架空线路上一般只在进出变电所的一段线路上装设。

(2) 提高线路本身的绝缘水平:在架空线路上,采用木横担、瓷横担或高一级的绝缘子,以提高线路的防雷性能。

(3) 用三角形顶线作保护线:由于 3～10 kV 线路通常是中性点不接地的,因此,如在三角形排列的顶线绝缘子上装以保护间隙,如图 9-5 所示,在雷击时,顶线承受雷击,间隙被击穿,对地泄放雷电流,从而保护了下面的两根导线,一般也不会引起线路跳闸。

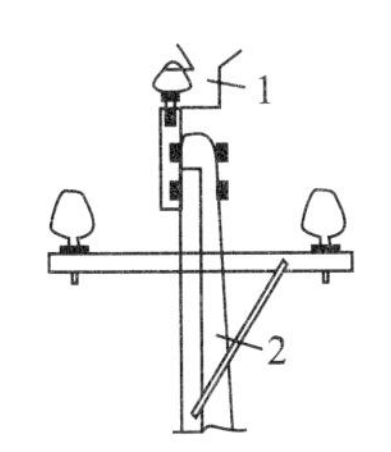

1. 保护间隙 2. 接地线

图 9-5 顶线绝缘子上装以保护间隙

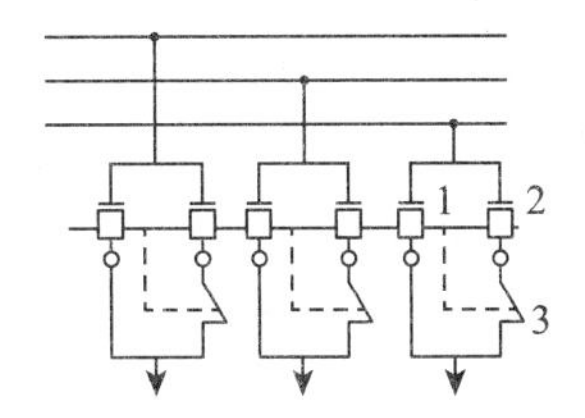

1. 常用熔体 2. 备用熔体 3. 重合熔点

图 9-6 一次自动重合闸装置

(4) 装设自动重合闸装置或自重合熔断器:线路上因雷击放电而产生的短路是由电弧引起的,线路断路器跳闸后,电弧就熄灭了。如果采用一次自动重合闸装置,使开关经 0.5 s 或 0.1 s 至几秒自动合闸,电弧一般不会复燃,从而能恢复供电。也可在线路上装设自重合熔断器(如图 9-6 所示)。当雷击线路使常用熔体熔断而自动跌开时(其结构、原理与跌落式熔断器相同),重合曲柄借助这一跌落的重力而转动,使重合触点闭合,备用熔体投入运行,恢复线路供电。供电中断时间大致只有0.5 s,对一般用户影响不大。

(5) 装设避雷器和保护间隙:用来保护线路上个别绝缘最薄弱的部分,包括个别特别高的杆塔、带拉线的杆塔、木杆线路中的个别金属杆塔或个别铁横担电杆,以及线路的交叉跨越处等。

3. 变、配电所的防雷措施

(1) 装设避雷针:用来保护整个变、配电所建(构)筑物,使其免遭直接雷击。避雷针可单独立杆,也可利用户外配电装置的架构或投光灯的杆塔,但变压器的门型构架不能用来装设避雷针,以免雷击产生的过电压对变压器放电。避雷针与配电装置的空间距离不得小于 5 m。

(2) 高压侧装设阀型避雷器或保护间隙:主要用来保护主变压器,以免高电位沿高压线路侵入变电所,损坏变电所这一最主要的设备。为此要求避雷器或保护间隙应尽量靠近变压器安装,其接地线应与变压器低压中性点及金属外壳连在一起接地(如图 9-7、9-8 所示)。35～10 kV 配电装置对高电位侵入的防护接线示意图 9-4 所示,在每路进线终端和母线上,都装有阀型避雷器。如果进线是一段电缆的架空线路则阀型或排气式避雷器应装在架空线路终端的电缆终端头。

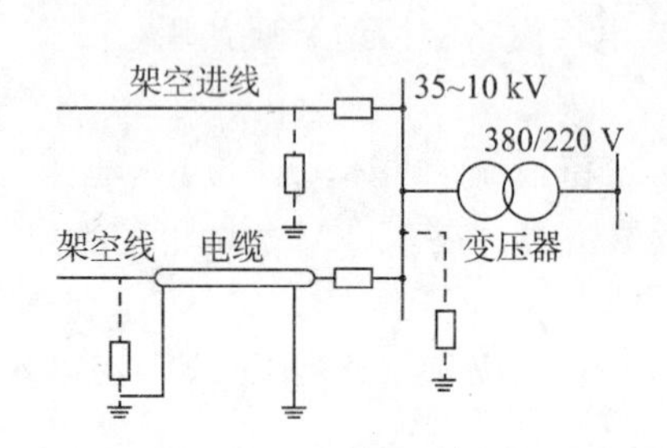

图 9-7　配电装置防止高电位侵入的接线示意图

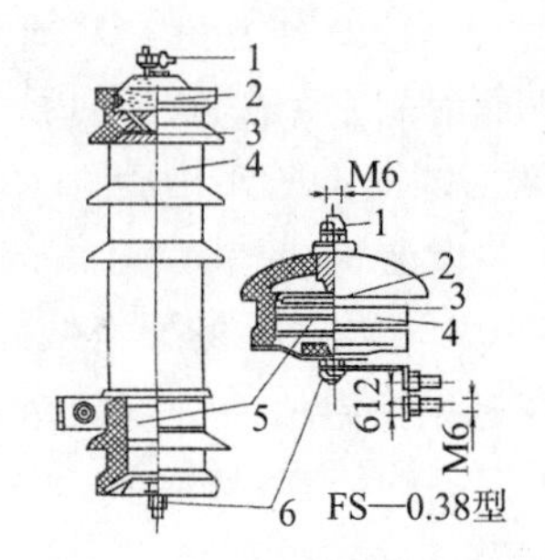

1—上接线端　2—火花间隙　3—云母垫圈
4—瓷套管　5—阀电阻片
6—下接线端

图 9-8　高低压阀型避雷器

(3) 低压侧装设阀型避雷器或保护间隙:主要在多雷区使用,以防止雷电波由低压侧侵入而击穿变压器的绝缘。当变压器低压侧中性点不接地时,其中性点也应加装避雷器或保护间隙。

4. 建筑物的防雷分类　建筑物按其对防雷的要求,可分为三类:

(1) 第一类建筑物:在建筑物中制造、使用或储存大量爆炸物资者;在正常情况下能形成爆炸性混合物,因电火花会发生爆炸,引起巨大破坏和人身伤亡者。

(2) 第二类建筑物:在正常情况下能形成爆炸性混合物,因电火花会发生爆炸,但不致引起巨大破坏和人身伤亡者;只在发生生产事故时,才能形成爆炸性混合物,因电火花会发生爆炸,引起巨大破坏和人身伤亡。储存易燃气体和液体的大型密闭储罐也属于这一类。

(3) 第三类建筑物:避雷针(或避雷带、网)的接地电阻 $R_{jd} \leqslant 30\ \Omega$,如为钢筋混凝土屋面,可利用其钢筋作为防雷装置,钢筋直径不得小于 4 mm。每座建筑物至少有两根接地引下线。三类建筑物两根引下线间距离为 30～40 m,引下线距墙面为 15 mm,引下线支持卡之间距离 1.5～2 m,断接卡距地面 1.5 m。

5. 对直击雷的防护措施　建筑物的雷击部位与屋顶坡度部位有关。设计时应对建筑物屋顶的实际情况加以分析,确定最易遭受雷击的部位,然后在这些部位装设避雷针或避雷带(网),进行重点保护。

6. 对高电位侵入的防护措施　在进户线墙上安装保护间隙,或者将瓷瓶的铁角接地,接地电阻 $R_{jd} \leqslant 20\ \Omega$。允许与防护直击雷的接地装置连接在一起(图 9-9)。

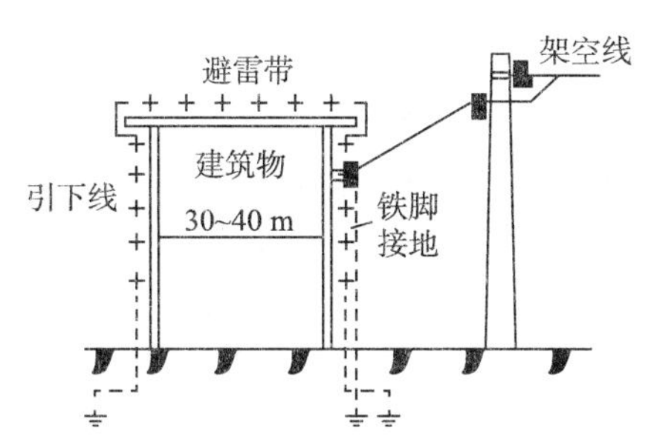

图 9-9　三类建筑物防雷措施示意图

7. 人身防雷措施　雷暴时，雷云直接对人体放电，雷电流流入地下产生的对地电压以及二次放电都可能对人体造成电击。因此，在雷雨天，非工作需要，应尽量不在户外或野外逗留；必须在户外或野外逗留或工作时，最好穿塑料等材质的不浸水的雨衣；如有条件，可进入宽大金属构架或有防雷设施的建筑物、汽车或船只内。

如依靠有建筑物或高大树木屏蔽的街道躲避，应离开墙壁和树干 8 m 以外，双脚并拢防止跨步电压触电。

应尽量离开小山、小丘或隆起的道路，离开海滨、湖滨、河边、池旁，离开铁丝网、金属晒衣绳以及旗杆、烟囱、宝塔、独树、没有防雷保护的小建筑物或其他设施。

雷暴时，在室内应注意防止雷电侵入波的危害，应离开照明线（包括动力线）、电话线、广播线、收音机和电视机电源线、引入室内的收音机和电视机天线及与其相连的各种导体，尽量不要拨打接听电话、手机，以防止这些线路或导体对人体第二次放电。调查资料表明，70%以上室内对人体二次放电的事故发生在距导体 1 m 的范围内。

雷电时应禁止在室外高空检修、试验和室内验电等作业。雷电时严禁进行倒闸操作和更换熔丝工作。

目前，有相当一部分太阳能热水器都没有接地，屋顶的太阳能热水器就成了一个接闪器，打雷时请尽量不要用太阳能热水器洗澡。

三、防雷装置的巡视检查

1. 避雷针的检查

（1）检查接闪器避雷针有无断裂、锈蚀和倾斜现象。

（2）检查接闪器避雷针接地引下线的保护套管是否符合要求。

（3）接地引下线连接是否牢固可靠，接触是否良好。

（4）埋入地下接地线有无烧伤、机械损伤、是否腐蚀等现象。

（5）独立的避雷针架构上的照明及其导线安装是否符合要求。

2. 阀型避雷器的巡视检查

（1）阀型避雷器雷雨季节前是否进行检测试验。

（2）瓷套是否完整，瓷套表面是否严重脏污。水泥结合缝及其上面的油漆是否完好。

（3）连接避雷器的导线及引下接地线是否烧伤或烧断。

（4）阀型避雷器上下端金属件与瓷套结合部位的密封是否良好。

（5）阀型避雷器内部有无异常声响。

（6）避雷动作记录器（放电记录器）的指示值是否改变。

3. 防雷接地装置的巡视检查

(1) 接地引下线和接地装置是否正常。

(2) 焊接点有无脱焊、锈蚀等现象。接地螺母是否牢固可靠。

(3) 防雷接地装置投入运行5年后,每隔1～2年应在每个接地引下线处粗测一下接地电阻。

(4) 防雷接地装置每隔5年应挖开接地装置的地下部分进行一次检查。

第三节 静电危害及防护

静电与流电相比,静电是相对静止的电荷。静电现象是一种常见的带电现象,如雷电、电容器残留电荷、摩擦带电等。多年来人们对于静电现象、静电的利用,以及静电的危害进行了较多的研究。

一、静电的产生

物质是由分子组成的,分子是由原子组成的,原子是由原子核和其外围电子组成的。两种物质紧密接触后再分离时,一种物质把电子传给另一种物质而带正电,另一种物质因得到电子而带负电,这样就产生了静电。

生产工艺过程都比较容易产生静电,如液体、气体在管道内流动、粉碎、研磨、粉尘、摩擦、搅拌等都会产生静电。

1. 高电阻液体在管道中的流动、高电阻液体在管道中流动且流速超过1 m/s时,液体喷出管口时,液体注入容器发生冲击、冲刷或飞溅时。

2. 液化气体、压缩气体在管道中流动或由管口喷出时,如从气瓶放出压缩气体、喷漆等。

3. 固体物质大面积的摩擦。纸张与辊轴摩擦、传动皮带与皮带轮摩擦。橡胶或塑料等固体物质粉碎,研磨过程悬浮的粉尘高速运动,如塑料压制、上光固体物质挤出等。

4. 在混合器中搅拌各种高电阻物质如纺织品的涂胶过程等。

产生静电电荷的多少与生产物料的性质和料量、摩擦力大小和摩擦长度、液体和气体的分离或喷射强度、粉体粒度等因素有关。

二、静电的利用

现实生活中有很多利用静电作用的例子,比如可利用静电喷漆、静电除尘、静电植绒、静电复印等,但这些都是利用由外来能源产生的高压静电场来进行工作的。

三、静电的危害

静电的危害方式有以下三种类型:

1. 爆炸或火灾　爆炸火灾是静电最大的危害。静电电量虽然不大,但因其电压很高而容易发生放电产生静电火花。

在具有可燃液体的作业场所(如油品装运场所等),可能由静电火花引起火灾;在具有爆炸粉尘或爆炸性气体、蒸汽的场所(如面粉、煤粉、铝粉、氢等),可能由静电火花引起爆炸。

静电火花有一定的大小，如果火花能量超过周围介质的最小引爆能量，就会引起爆炸火灾。爆炸性气体或蒸汽的最小引爆能量一般在 1 mJ(毫焦耳)以下，只有很少在 2 mJ 以上。爆炸粉尘的最小引爆能量要大些，一般在 10 mJ 以上。

2. 电击　由于静电造成的电击可能发生在人体接近带静电物质的时候，也可能发生在带静电荷的人体(人体所带静电可高达上万伏)接近接地体的时候。电击程度与储存的能量有关，能量越大电击越严重。带静电体的电容越大或电压越高，则电击程度越严重。

由于生产工艺过程中产生的静电能量很小，所以由此引起的电击不至于直接使人致命。但人体可能因电击坠落摔倒引起二次伤害事故。另外，电击还能引起工作人员精神紧张，影响工作。

3. 妨碍生产　在某些生产过程中，如不清除静电，将会妨碍生产或降低产品质量。例如：静电使粉体吸附于设备上，影响粉体的过滤和输送；在纺织行业，静电使纤维缠结、吸附尘土，降低纺织品质量；在印刷行业，静电使纸线不齐、不能分开，影响印刷速度和印刷质量；静电火花使胶片感光降低，影响胶片质量；静电还可能引起电子元件的误动作等。

四、消除(防)静电危害的措施

1. 接地法　接地是消除静电危害最简单的方法。接地主要用来消除导电体上的静电，不宜用来消除绝缘体上的静电，单纯为了消除导电体上的静电，接地电阻 100 Ω 即可；如果是绝缘体上带有静电，将绝缘体直接接地反而容易发生火花放电，这时宜在绝缘体与大地之间保持 $10^6 \sim 10^9\ \Omega$ 的电阻。

在有火灾和爆炸危险的场所，为了避免静电火花造成事故，应采取下列接地措施：

(1) 凡用来加工、贮存、运输各种易燃液体、气体和粉体的设备、贮存池、贮存缸，以及产品输送设备、封闭的运输装置、排注设备、混合器、过滤器、干燥器、升华器、吸附器等都必须接地。如果袋形过滤器由纺织品类似物品制成，可以用金属丝穿缝并予以接地。

(2) 厂区及车间的氧气、乙炔等管道必须连接成一个连续的整体，并予以接地。其他所有能产生静电的管道和设备，如空气压缩机，通风装置和空气管道，特别是局部排风的空气管道，都必须连接成连续整体并予以接地。如管道由非导电材料制成，应在管外或管内绕以金属丝，并将金属丝接地。非导电管道上的金属接头也必须接地。可能产生静电的管道两端和每隔 200～300 m 均应接地；平行管道相距 10 cm 以内时，每隔 20 m 应用连接线互相连接起来；管道与管道或管道与其他金属物件交叉或接近间距小于 10 cm 时，也应互相连接起来。

(3) 注油漏斗、浮动缸顶、工作站台等辅助设备或工具均应接地。

(4) 汽车油槽车行驶时，由于汽车轮胎与路面有摩擦，汽车底盘上可能产生危险的静电电压。为了能带走静电电荷，油槽车应带金属链条，链条的上端和油槽车底盘相连，另一端与大地接触(图 9－10)。

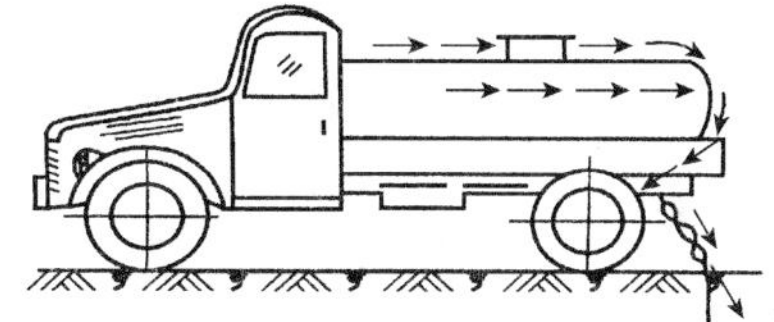

图 9－10　拖地链条将静电荷传入大地

(5) 某些危险性较大的场所,为了使转轴可靠接地,可采用有导电性能的润滑油或采用滑杆、碳刷接地。

(6) 静电接地装置应当连接牢靠,并有足够的机械强度,可以同其他目的接地用一套接地装置。

2. 泄漏法　采取增湿措施并采用抗静电添加剂,采用导电材料(或导电涂料)促使静电电荷从绝缘体上自行消散,这种方法称为泄漏法。

(1) 增湿就是提高空气的湿度:这种消除静电危害的方法应用比较普遍。增湿的主要作用在于降低带电绝缘体的绝缘性,或者说增强其导电性,这就减小了绝缘体通过本身泄放电荷的时间常数,提高了泄放速度,限制了静电电荷的积累。至于允许增湿与否,以及提高湿度的允许范围,需根据生产的具体情况而定。产生静电的场所应保持地面潮湿,从消除静电危害的角度考虑,保持相对湿度在70%以上较为适宜。

(2) 加抗静电添加剂:抗静电添加剂是特制的辅助剂,有的添加剂加入产生静电的绝缘材料以后,以增加材料的吸湿性或离子性,从而把材料的电阻率降低到 $10^6 \sim 10^7\ \Omega \cdot cm$ 以下,以加速静电电荷的泄放;有的添加剂本身具有较好的导电性,依其本身的导电性泄放生产过程中绝缘材料上产生的静电。

(3) 采用导电材料:采用金属工具代替绝缘工具;用绝缘材料制成的容器内层,衬以导电层或金属网络,并予接地;采用导电橡胶代替普通橡胶、采用导电涂料代替普通涂料或地面铺设导电性能较好的地板等,都会加速静电电荷的泄漏。

3. 静电中和法　静电中和法是消除静电危害的重要措施,静电中和法是在静电电荷密集的地方设法产生带电离子,将该处静电电荷中和掉,避免静电的积累。静电中和法可用来消除绝缘体上的静电。静电中和法依其产生相反电荷或带电离子的方式不同,主要有感应中和、外接电源中和、放射性中和、离子风中和。

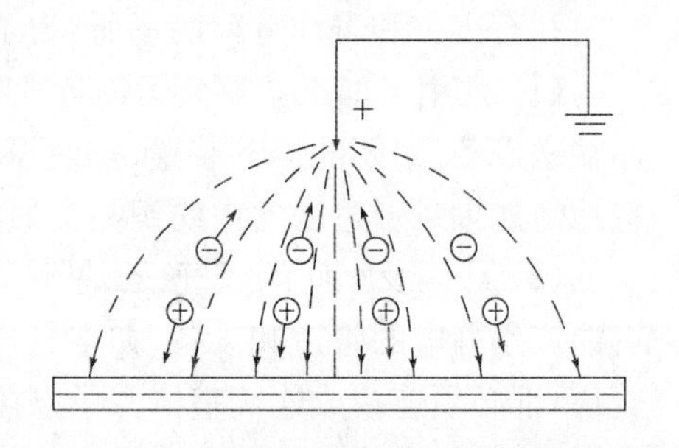

图 9 - 11　感应式静电中和器原理

(1) 感应中和器(图 9 - 11):感应中和器没有外加电源,一般由多组尾端接地的金属针及其支架组成。根据生产工艺过程的特点,中和器的金属针可以成刷形布置,可以沿径向成管形布置,也可以按其他方式布置。

感应中和器工作时,生产物料上的静电在金属针上感应出相反的电荷,在金属针尖端附近形成很强的电场,在这个强电场的作用下,和生产物料混杂在一起的气体或其介质发生电离,产生正离子和负离子。在电场的作用下,正、负离子分别向生产物料和针尖移动,从而把生产物料上的静电电荷中和和泄放掉。感应中和器不需外加电源,设备简易但作用范围小,消除静电不够彻底。

(2) 外接电源中和器:这种中和器由外加电源产生电场,当带有静电的生产物料通过该电场区域时,其电荷发生定向移动而被中和并泄放;另外,外加电源产生的电场还可以阻止电荷的转移,减缓静电的产生;同时,外加高压电场对电介质也有电离作用,可加速静电荷的中和和泄放。

外接电源中和器需用专用设备,但中和效果较好。

（3）放射线中和器：这种中和器是利用放射性同位素的射线使空气电离，进而中和和泄放生产物料上积累的静电电荷。α射线、β射线、x射线都可以用来消除静电。采用这种方法时，要注意防止射线对人体的伤害。

（4）离子风中和法：离子风中和法，这种方法作用范围较大是把经过电离的空气，即所谓离子风送到带有静电的物料中，以消除静电但必须有离子风源设备。

4. 工艺控制法　工艺控制法从材料选择、工艺设计、设备结构等方面采取措施，控制静电的产生，不超过危险程度。

前面说到的增湿就是一种从工艺上消除静电危险的措施。不过，增湿不是控制静电的产生，而是加速静电电荷的泄漏，避免静电电荷积累到危险程度。在工艺上，还可以采用适当措施，限制静电的产生，控制静电电荷的积累。例如：

（1）用齿轮传动代替皮带传动，除去产生静电的根源。

（2）降低液体、气体或粉体的流速，限制静电的产生。烃类油料在管道中的最大流速，可参考表9-3所列的数值。

表9-3　管道中烃类油料的最高流速

管径(cm)	1	2.5	5	10	20	40	60
最大流速(m/s)	8	4.9	3.5	2.5	1.8	1.3	1.0

（3）倾倒和注入液体时，防止飞溅和冲击，最好自容器底部注入，在注油管口，可以加装分流头，降低管口附近油流上的静电，且减小对油面的冲击。

（4）设法使相互接触或摩擦的两种物质的电子逸出功大体相等，以限制电荷静电的产生。

另外，还有些不属于以上四类措施的其他措施，例如为了防止人体带上静电造成危害，工作人员可以穿抗静电工作服和工作鞋、采取通风、除尘等项措施也有利于防止静电的危害。

第十章　低压电器

划分高压、低压交流电的标准,现在多采用 1 000 V 作为划分标准,其规定交流电凡额定电压在 1 000 V 及以上为高压;交流电凡额定电压在 1 000 V 以下为低压。

低压电器通常是指用于频率 50 Hz,额定电压 1 000 V 以下及直流 1 200 V 以下的电器。

第一节　低压电器概述

一、低压电器分类

低压配电电器:包括开关、隔离开关、组合开关、熔断器、断路器等,主要用于低压系统及动力设备中接通或分断。安全可靠是对任何开关电器的基本要求。

低压控制电器:包括按钮、接触器、启动器、熔断器、各种控制继电器等,用于低压电力拖动与自动控制系统。

二、低压电器主要技术指标

1. 额定电压　额定工作电压是指电器长期工作承受的最高电压。额定绝缘电压是电器承受的最大额定工作电压。

2. 额定电流　额定电流是在规定的环境温度下,允许长期通过电器的最大的工作电流,此时电器的绝缘和载流部分长期发热温度不超过规定的允许值。

3. 额定频率　我国国家标准规定的交流电额定频率为 50 Hz。

4. 接通和分断能力　在规定的接通或分断条件下,电气能可靠接通或分断的电流值。

5. 额定工作制分长时间工作制、间断长时间工作制、短时工作制、反短时工作制。

6. 使用类别　根据操作负载的性质和操作频繁程度可分为 A 类和 B 类。

三、开关电器中的电弧

电路的接通和分断是靠开关电器来实现的,开关电器是用触头来分断电路的。开关电器中,要使开关断开电路,就必须使电弧熄灭,目前主要采取的方法有:

1. 将电弧拉长,使电源电压不足以引起电弧燃烧,从而使电弧熄灭,断开电路。

2. 有足够的冷却表面,使电弧与整个冷却表面接触而迅速冷却。

3. 限制电弧火花喷出的距离,防止造成相间飞弧。

低压开关广泛采用狭缝灭弧装置,它一般由采用绝缘及耐热的材料制成的灭弧罩和磁吹装置组成。对额定电流较大的开关电器也采用灭弧罩加磁吹线圈的结构,利用磁场力拉长电弧,增加了灭弧效果,提高了分断能力。

第二节　开关电器

一、低压隔离开关(刀开关)

低压隔离开关的含义是低压电路中，当处于断开位置时能满足隔离要求的开关。选用刀开关应注意其允许通断电流的能力。常用的有 HD 系列三极刀开关和刀熔开关 HR。隔离开关能接通和断开电源，将电路与电源隔离(图 10－1)。

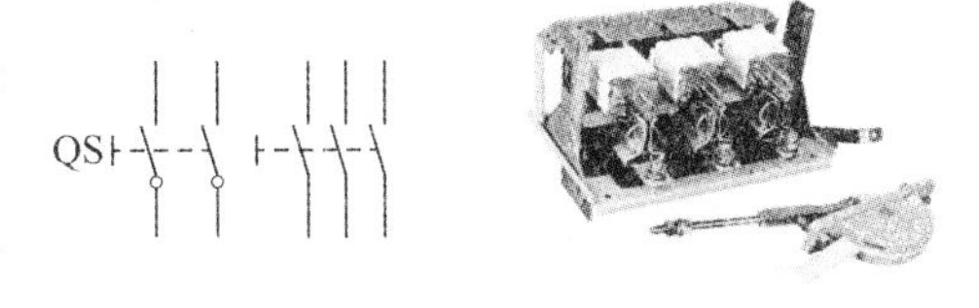

图 10－1　刀开关符号及刀熔开关实物

应注意母线与刀开关接线端子相连时，不应存在较大的扭应力；在安装杠杆操作机构时，应调节好连杆的长度，以保证操作到位且灵活。刀开关应垂直安装在开关板上，并要使静触座位于上方。如静触座位于下方，则当刀开关断开时，一旦支座松动，闸刀易在自重作用下向下掉落而发生误动作，会造成严重事故。

注意事项：

(1) 没有灭弧罩的刀开关，只能切断较小的负荷电流或空载电流。因此，一般应与断路器、熔断器或接触器配合使用，送电时，先合刀开关，后合断路器或接触器；分闸顺序则相反。在合闸时，应保证三相同步合闸，而且接触良好。

(2) 严格按照产品说明书规定的分断能力来分断负载。

(3) 除刀熔开关外，刀开关可与断路器配合使用。

二、组合开关

常用的 HZ10 系列组合开关的外形和结构如图 10－2 所示。安装组合开关时应使手柄保持平行于安装面。由于组合开关的通断能力较低，故不能用来分断故障电流。组合开关用于直接启动电动机，其额定电流可取电动机额定电流的 2～3 倍，可直接启动 5 kW 以下的电动机。

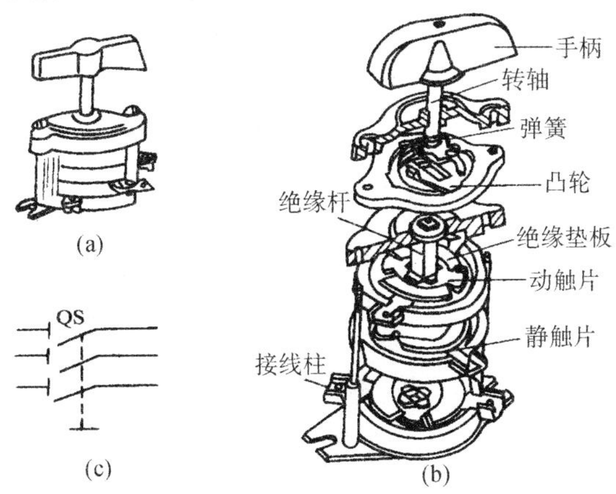

图 10－2　常用的 HZ10 系列组合开关的外形和结构

三、负荷开关的安装使用

开启式负荷开关(胶木盖瓷底刀开关)常用的开启式负荷开关的外形和结构见图 10－3(逐渐淘汰产品)。380 V 动力线路,应选耐压 500 V,开关的额定电流应为负载额定电流的三倍。220 V 照明线路,应选耐压250 V,开关的额定电流应大于负载额定电流。

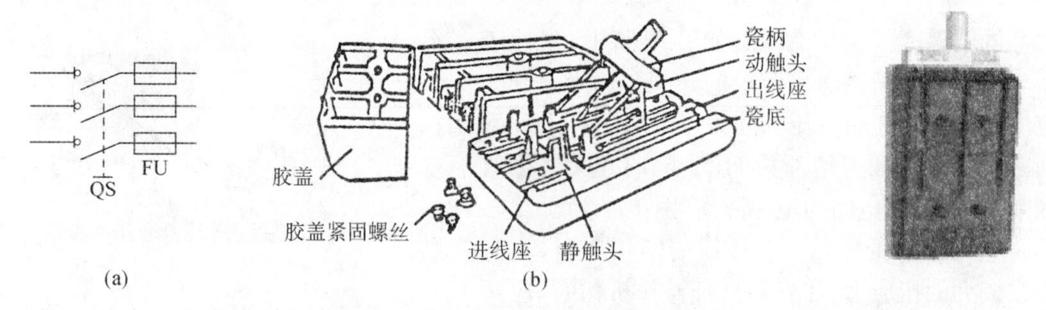

图 10－3　胶木盖瓷底刀开关结构和实物图

(1) 开启式负荷开关安装时底板应垂直于地面,手柄应向上合闸,不准横装或倒装,必须垂直安装在控制屏或开关板上。

(2) 接线时,电源进线和出线不能接反。电源进线应接在开关上桩头进线座。负载应接在下桩头出线座。胶木盖瓷底开关不适合用于直接控制 5.5 kW 以上的交流电动机。

(3) 安装后应检查刀片和夹座是否接触良好。

(4) 更换熔丝必须在闸刀断开的情况下进行,应换上与原用熔丝规格相同的新熔丝。

四、低压断路器

低压断路器又称自动空气开关。具有操作安全、安装方便、分断能力较强等优点,可用来接通和分断负载电路;也可用来直接控制不频繁启动的电动机;操作或转换电路(依靠本身参数的变化或外来信号而自动进行工作)。低压断路器不仅能通断正常负荷的工作电流,在故障情况下切除故障电流,保护线路和电气设备是对电路实现多种保护的自动开关电器。自动空气开关具有过载、短路和欠压保护。低压断路器广泛用于低压供配电系统和控制系统。

低压断路器具有优良的工作性能,分、合动作迅速,动作值可随意选择,整定和保护功能多样化等,是因为它有一套完善的结构和理想的工作原理。它有完善的触头系统、灭弧系统、传动系统、自动控制系统,以及紧凑牢固的整体结构(图 10－4)。

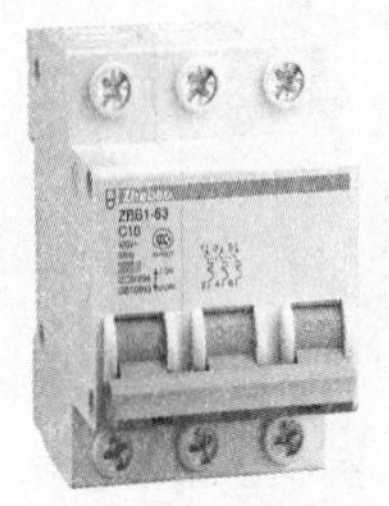

BB1-63小型断路器

ZBM1L-100/4300B断路器

图 10－4　低压断路器

无论是框架式，还是塑料壳式低压断路器，在其研制和发展的过程中，它们的触头结构得到不断地改进，由单一拍合结构，发展到主、副触头相结合的插入结构形式，适应了大小不同电流级次的需要，大大地提高了开关的载流能力和分断容量。他们有磁吹式、弧道横吹、纵吹式等灭弧能力，有比较强的灭弧结构，分断电路时能有效地将电弧熄灭。

1. 智能化断路器

(1) 传统的断路器保护功能是利用电磁效应原理，通过机械系统动作来实现的。智能化断路器的特征是采用了以微处理器或单片机为核心的智能控制器(智能脱扣器)。

图 10－5 ZBW1－2000 智能框架断路器

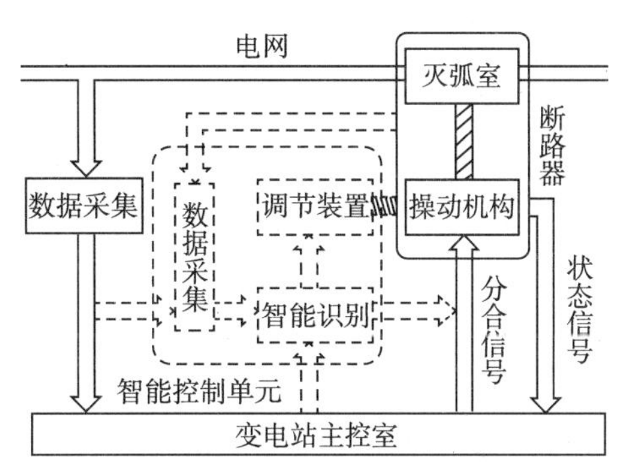

图 10－6 智能型万能式断路器工作原理

(2) 智能化断路器不仅具备普通断路器的各种保护功能，同时还具备实时显示电路中的各种电气参数(电压、电流、功率、功率因素等)，对电路进行在线监视、自动调节、测量试验、自诊断、通信等功能；能够对各种保护功能动作参数进行显示，设定和修改；保护电路动作时的故障参数能够存储在非易失存储器中，以便查询和分析(图 10－5、图 10－6)。

(3) 国内主要生产的产品有 DW45 型框架智能型万能式断路器。青岛施耐德产品 DSW1 系列智能型万能式断路器、大全集团 KFW2－1600 系列智能型万能式断路器、正泰 NAI 系列智能型万能式断路器等，智能型塑料壳断路器国内产品主要有 CMIZ、CMIE、KFM2E、S(D)、TM30 等系列。这些断路器具有结构先进、体积小、短路分断能力高、零飞弧等特点。

2. 低压断路器的选用

(1) 断路器的额定电压≥线路额定电压。

(2) 断路器的额定电流与过电流脱扣器的额定电流≥线路计算负载电流。断路器在选用时要求线路末端单相对地短路电流要大于或等于 1.2 倍断路器的瞬时脱扣器整定电流。

(3) 断路器的额定短路通断能力≥线路中最大短路电流，且应注意进出线端的短路通断能力是否相等。

(4) 断路器欠压脱扣器额定电压等于线路额定电压。

(5) 选择型配电断路器，需考虑短延时短路通断能力和延时梯级的配合。

(6) 选择电动机保护用断路器，需考虑电动机的启动电流，并使其在电动机启动时间内不动作。

(7) 直流快速断路器，需考虑过电流脱扣器的动作方向(极性)、短路电流上升率 di/dt。

3. 安装前检查

(1) 检查断路器在运输过程中有无损坏、紧固件有否松动、可动部分是否灵活等。如有缺陷应进行相应的处理或更换。

(2) 检查核实断路器工作电压、电流、脱扣器电流整定值等参数是否符合要求。断路器的脱扣器整定值等各项参数,出厂前已整定好,原则上不准再动。

(3) 绝缘电阻检查,安装前先用 500 V 兆欧表检查断路器相与相、相与地之间的绝缘电阻,在周围空气温度为(20±5)℃和相对湿度为 50%~70%时应不小于 10 MΩ,否则断路器应烘干。

(4) 清除灰尘和污垢,擦净极面防锈油。

4. 安装

(1) 装设在操作维护方便、不易受机械损伤、不靠近可燃物的地方,并应采取避免其运行时意外损坏对周围人员造成伤害的措施。

(2) 应设在被保护线路与电源线路的连接处。但为了操作与维护方便,可设置在离开连接点的地方,并应符合下列规定:

① 线路长度不超过 3 m。

② 采取将短路危险减至最小的措施。

③ 不靠近可燃物。

(3) 当从高处的干线向下引接分支线路的保护电器,装设在距连接点的线路长度大于 3 m的地方时,应满足下列要求:

① 保护电器前的那一段线路发生故障时,前级离其最近的保护器能按规定可靠动作。

② 其分支引线应敷设在不燃或难燃材料的管、槽内。

(4) 断路器各部分接触应紧密,安装牢靠,无卡阻、损坏现象,尤其是触头系统、灭弧系统应完好。

(5) 断路器底板应垂直于水平位置,固定后断路器应安装平整,不应有附加机械应力。

(6) 电源进线应接在断路器的上母线上,而接往负载的出线则应接在下母线上。

(7) 为防止发生飞弧,安装时应考虑断路器的飞弧距离,并注意在灭弧室上方接近飞孤距离处不跨接母线。如果是塑壳式断路器,进线端的裸母线宜包上 200 mm 长的绝缘带,有时还要求在进线端的各相间加装隔弧板。

(8) 凡设有接地螺钉的断路器,均应可靠接地。

五、漏电保护断路器(见第七章漏电保护)。

第三节　保护类电器及控制类电器

一、熔断器

熔断器主要用作电路的短路保护,其保护特性又称为安·秒特性。当通过熔断器的电流大于规定值时,就以其自身产生的热量使熔体熔化而自动分断电路。熔体是熔断器的核心部件，一般由铅、铅锡合金、锌、铝、铜等金属材料制成(图 10－7)。

1. 常用低压熔断器

(1) 半封闭式熔断器——RC 系列(RCIA 瓷插式熔断器)。

(2) 螺旋管式熔断器——RL 系列。

(3) 无填料封闭管式熔断器——RM 系列。

(4) 有填料封闭管式熔断器——RT 系列。

(5) 有填料封闭管式快速熔断器——RS 系列。

(6) 半导体器件保护熔断器。

(7) 自复式熔断器。

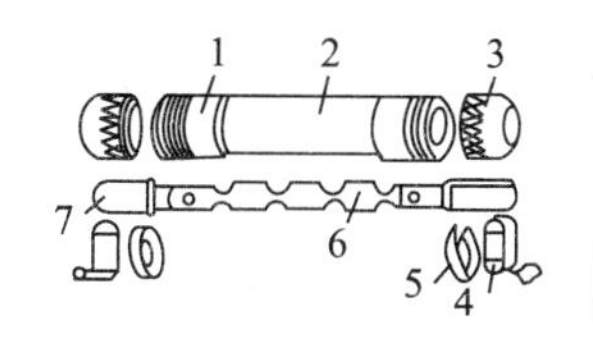

RM系列 RT系列

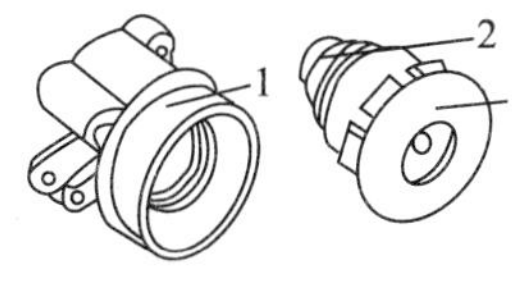

RL系列

图 10－7　熔断器

2. 熔断器的选用

(1) 根据被保护负载的性质和短路电流的大小，选择具有相应分断能力的熔断器。

(2) 根据网络电压选用相应电压等级的熔断器。

(3) 根据安装场所选用适应的熔断器，易燃、易爆炸或有毒气的地方选用封闭式熔断器。

(4) 根据操作人员技术水平选用熔断器的结构形式。对熟练人员，可选开启式；对非熟练人员，须选用安全型封闭式。

(5) 熔断器内所装熔丝称熔体。熔体的额定电流不可大于熔断器的额定电流，只能小于或等于熔管的额定电流。

(6) 一般照明线路熔体的额定电流不应超过负荷电流的 1.5 倍。

(7) 动力线路的额定电流不应超过负荷电流的 2.5 倍。

3. 熔断器的安全使用

(1) 安装位置及相互间距应便于更换熔件。

(2) 应垂直安装，并应能防止电弧飞溅在临近带电体上。

(3) 安装螺旋式熔断器时，必须注意将电源线接到瓷底座的下接线端，以保证安全。

(4) 安装时应保证熔体和触刀以及触刀和刀座接触良好，以免因熔体温度升高发生误动作。

(5) 有熔断指示的熔管，其指示器方向应装在便于观察侧。

(6) 更换熔体时应切断电源，并换上相同额定电流的熔体，熔体的额定电流不可大于熔断器的额定电流。

(7) 熔体熔断，先排除故障后再更换熔体。

(8) 半导体器件构成的电路应采用快速熔断器。

二、接触器

根据被控制负载电流类型来选择，交流负载应使用交流接触器，直流负载应使用直流接触器。交流接触器主要用于电压 1 140 V、电流 630 A 以下的交流电路(图 10－8)。

1. 交流接触器是一种广泛使用的开关电器，在正常条件下可以用来实现远距离控制和频繁接通、断开主电路。交流接触器主要由触头、电磁系统和灭弧装置三大部分组成。

2. 一般选择接触器触点的额定电压大于或等于负载回路的额定电压。接触器主触点的额定电流应大于或等于负载的额定电流(额定电流是在额定工作条件下所决定的电流值)。交流接触器通断能力与其结构、灭弧方式有关，主要看是否能有效地熄灭电弧。

3. 一般应使接触器线圈电压与控制回路的电压等级相同。接触器辅助触点的额定电流、数量和种类应能满足控制线路的要求。

CJ20 交流接触器

CJ－40 交流接触器

图 10－8　交流接触器

4. 安装使用

(1) 接触器安装时，一般应安装在垂直面上，其倾斜度不得超过 5°。

(2) 安装有散热孔的接触器时，应将散热孔放于向下位置，以利于散热和降低线圈的温度。

(3) 安装与接线时，切勿把零件失落在接触器内，以免引起卡阻而烧毁线圈；同时应将螺钉拧紧，以防震动松脱。用手分合接触器的活动部分，要求动作灵活、无卡阻现象。

(4) 检查与调整触点的工作参数，如开距、超程、初压力和终压力等，并要求各级触点接触良好、分合同步。接触器一定要带灭弧室使用，以免发生短路事故。

(5) 触点表面应经常保持清洁，不允许涂油。当触点表面因电弧作用形成金属小珠时，应及时铲除，但银及银基合金触点表面产生的氧化膜其接触电阻很小，不必挫修，否则将缩短触点的寿命。定期检查接触器的各部件，要求可动部分无卡阻、紧固件无松脱。如有损坏，应及时检修。

(6) 接触器使用中常见的故障：铁芯或线圈过热、铁芯噪声过大、触头烧坏或熔焊在一起、灭弧罩松动、缺失、损坏、有滋火声。

(7) 交流接触器检查，负荷电流应不大于接触器的额定电流；接触器与导线的连接无过热现象、周围环境应无不利运行的情况；灭弧罩无松动、缺失、损坏、无滋火声、辅助触头无烧蚀或打火现象；线圈无异味、铁芯吸合良好；短路环无开裂或脱出、铁芯无过大噪声。

三、热继电器

热继电器是依靠电流通过发热元件时所产生的热量，使双金属片受热弯曲而推动机构动作的一种电器。它主要用于电动机的过载保护、断相保护、电流不平衡运行的保护及其他电气设备发热状态的控制。热继电器的形式有许多种，其中以双金属片式用得最多(图 10-9)。

图 10-9　热继电器

1. 热继电器与其他电器安装在一起时，应将它安装在其他电器的下方，以免其动作特性受到其他电器发热的影响。

2. 热继电器的整定电流是电动机额定电流的 0.95～1.05 倍。但当电动机拖动的是冲击性负载、电动机启动时间较长或电动机拖动的设备不允许停电时，热继电器的整定电流可按电动机额定电流的 1.1～1.5 倍整定。

四、其他低压电器

1. 按钮　是一种以短时接通或分断小电流电路的电器，它不直接去控制主电路的通断，而在控制电路中发出“指令”去控制接触器、继电器等，再由它们去控制主电路。按钮根据使用场合，可选的种类有开启式、防水式、防腐式、保护式等(图 10-10)。

(1) 按钮安装在面板上时，应布置整齐、排列合理，如根据电动机启动的先后次序，从上到下或从左到右排列。

图 10-10　按钮

(2) 按钮安装时应牢固，接线时用红色按钮作停止用，绿色或黑色表示启动或通电。

2. 位置开关　位置开关又称行程开关和限位开关。行程开关的作用与按钮相同，只是其触头的动作不是靠手动来操作的，而是利用生产机械某些运动部件上的挡铁，碰撞其滚轮，使触头动作来实现接通和分断电路，使之达到一定的控制要求。位置开关有滚轮式(旋转式)和按钮式(直动式)。

3. 继电器　继电器是一种根据外界输入信号(电信号和非电信号)来控制接通或断开的一种自动电器。

(1) 时间继电器：时间继电器是一种利用电磁原理或机械动作原理来延时触头闭合或分断的自动控制电器。常用的有电磁式、电动式、空气阻尼式和晶体管式等。时间继电器用文字符号 KT 表示(图 10-11)。

图 10－11　时间继电器

电子式继电器的特点是体积小、重量轻,延时范围可达 0.1～3 600 s,其应用广泛。

线圈电压应根据控制线路的电压选择吸引线圈的电压。Y－△启动控制线路的减压启动时间一般在 10 s,对延时要求不是很高。

(2) 中间继电器:中间继电器一般用来控制各种电磁线圈,使信号扩大或将信号同时传给几个控制元件。

中间继电器的安装方法和接触器相似,但由于中间继电器触头容量较小,一般不能接到主电路中。

中间继电器主要根据控制线路的电压等级、所需触点的数量和种类、容量等要求选择。

(3) 电流继电器:电流继电器是根据电路中电流的大小动作或释放,用于电路中过电流和欠电流保护。使用时将吸引线圈直接(或通过电流互感器)串联在被控制的电路中。

过电流继电器的整定值一般为电动机额定电流的 1.7～2 倍,频繁启动场合可取 2.25～2.5 倍。

(4) 电压继电器:电压继电器是根据电路中电压的大小控制电路的接通或断开。用于电路中过电压和欠电压保护。使用时将吸引线圈直接(或通过电流互感器)并联在被控制的电路中。

欠电压继电器应根据电源电压、控制线路所需触点的种类和数量选择。

(5) 速度继电器:速度继电器又称反接制动继电器,它的作用主要是与接触器配合,实现对电动机的制动(图 10－12)。

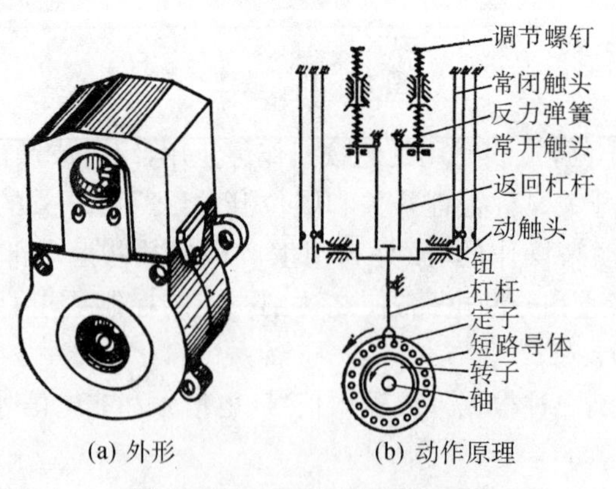

(a) 外形　　(b) 动作原理

图 10－12　JFZO 速度继电器

速度继电器的工作原理是:速度继电器轴与电动机轴相连,电机转速度继电器转子转。速度继电器定子绕组切割旋转磁场(由转子转动在定子与转子之间的气隙产生的)进而产生力矩。定子受到的磁场力的方向与电动机旋转方向相同,从而定子向轴的转动方向偏摆,通过定子拨杆拨动触点,使触点动作。

速度继电器安装接线时,正、反向的触头不能接错,否则不能起到反接制动时接通和断开反向电源的作用。

4. JL 系列电机保护器的优点

(1) 无须外接电源、安全可靠、使用寿命长。

(2) 保护范围广、动作准确、保护可靠性高。

(3) 节能(比正被淘汰的热继电器节能 98%)。

(4) 安装尺寸与 JR 系列热继电器完全相同,能与其直接替换,安装方便。

第四节　电力电容器

电力电容器包括并联电容器、串联电容器、耦合电容器、均压电容器等多种电容器。并联电容器是一种静止的无功补偿设备。本节指的是并联电容器。并联电容器的直接作用是并联在交流线路中提高线路的功率因数。移相电容器也称并联电容器。安装移相电容器有减少电压损失、改善电能质量、降低电能损耗,还能提高电设备的利用率。

目前在低压系统中自愈式电容器已逐步取代了老式油浸式电容器。自愈式电容器具有优良的自愈性能、介质损耗小、温升低、寿命长、体积、小重量轻等优点。

一、电力电容器的安装与接线

1. 电容器安装　电容器所在环境温度不应超过±40℃、周围空气相对湿度不应大于80%、海拔高度不超过 1 000 m;周围不应有腐蚀性气体或蒸汽、不应有大量灰尘或纤维;所安装环境应无易燃、易爆危险或强烈震动。

电容器室应为耐火建筑,耐火等级不应低于二级。

总油量 300 kg 以上的高压电容器应安装在单独的防爆室内;总油量在 300 kg 以下的高压电容器和低压电容器,应视其油量的多少安装在有防爆墙的间隔内或有隔板的间隔内。

电容器应避免阳光直射,受阳光直射的窗玻璃应涂以白色。电容器室应有良好的通风(图 10 - 13)。

图 10 - 13　电容器

电容器分层安装是指一般不超过三层;层与层之间不得有隔板,以免阻碍通风;相邻电容器之间的距离不得小于 50 mm;上、下层之间的净距离不应小于 20 cm;下层电容器底面对地高度不宜小于 30 cm。电容器铭牌应面向通道。电容器外壳和钢架均应采取接 PE 线的有效措施。电容器应有合格的放电装置(通常采用灯泡放电)。低压电容器可以用灯泡或电动机绕组作为放电负荷。放电电阻阻值不宜太高。电容器组脱离电源后立即经放电装置放电,应使电容器组的残留电压在电容器断电 30 s 内,降至 65 V 以下,再次合闸必须在电容器组断电 3 min 后进行。经常接入的放电电阻,为避免放电电阻运行中过热损坏,规定 1 kvar的电容器其放电电阻的功率不应小于 1 W。为了保证电容器放电装置可靠地自动放电,放电装置应直接接在电容器组中,放电回路中不得装单独的开关或熔断器。

2. 电容器接线 并联三相电容器内部为三角形连接。

单相电容器应根据其额定电压和线路的额定电压确定接线方式,电容器额定电压与线路线电压相符时采用三角形接线,电容器额定电压与线路相电压相符时采用星形接线。为了取得良好的补偿效果,应将电容器分成若干组分别接向电容器母线。每组电容器应能分别控制、保护和放电。电容器基本接线方式见图 10－14;电容器放电接线见图 10－15。

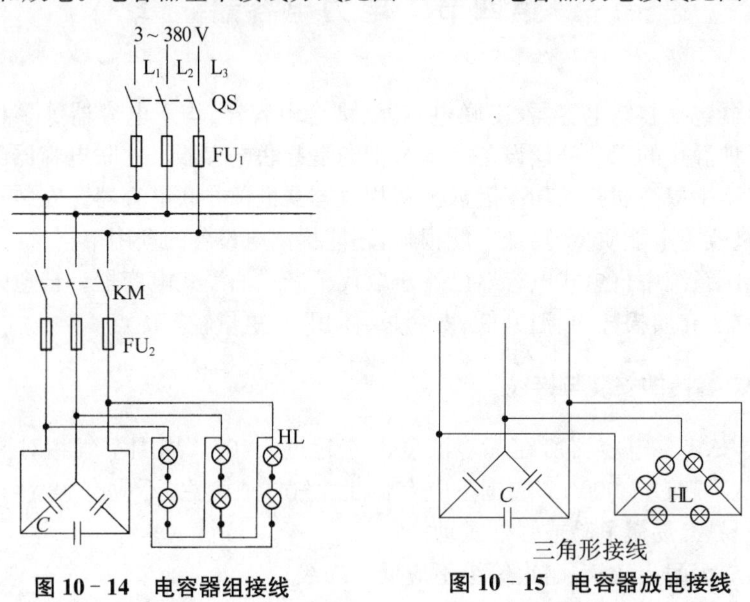

图 10－14 电容器组接线　　图 10－15 电容器放电接线

3. 电容器补偿方式

(1) 集中补偿:这种方式是将电容器装在单位变、配电所内,电容器的容量按变、配电所总负荷选择,电容器利用率最高。

(2) 分散补偿:电容器安装在车间,将电容器接在车间的配电母线上。是一种经济合理的补偿方式,电容器利用率比较高。

(3) 个别补偿:又称就地或末端补偿,将电容器安装在用电设备附近,按照其本身无功率的需求量,装设电容器组与用电设备并联,同时投入运行或同时断开,补偿效率最高。

二、并联电容器运行与维护

电力电容器是充油设备,安装、运行或操作不当可能着火,也可能发生爆炸。电容器的残留电荷还可能对人身安全构成直接威胁,因此电容器的安全运行有很重要的意义。

1. 电容器运行 电容器运行中,电流不应长时间超过电容器额定电流的 1.3 倍;电压不应长时间超过电容额定电压的 1.1 倍。电容器使用环境温度不超出表 10－1 提供的限值。电容器外壳温度不得超过生产厂家的规定值(一般为 60℃)。

电容器各接点保持良好，不得有松动或过热迹象；套管应清洁，并不得有放电痕迹；外壳不应有明显变形、不应有漏油痕迹。电容器的开关设备、保护电器和放电装置应保持完好。

表 10 - 1　电容器使用环境温度

温度类别	环境温度(℃)				
	上限	下限	时平均最高	日平均最高	年平均最高
Ⅰ	+40	−40	+40	+30	+20
Ⅱ	+40	−40	+45	+35	+25
Ⅲ	+40	−40	+50	+40	+30

2. 电容器的保护

(1) 并联电容器在容量不大时(100 kvar 以下)采用交流接触器、刀开关或刀熔开关控制。当容量大于 100 kvar 时应采用带过电流脱扣的空气开关控制。并联电容器通常采用熔断器保护，一般选择 RTO 型熔断器。

(2) 并联电容器熔断器的选择　低压电容器用熔断器保护时，单台电容器可按电容器额定电流的 1.5～2.5 倍选用熔体的额定电流；多台电容器可按电容器额定电流之和的 1.3～1.8 倍选用熔体的额定电流。

3. 电容器使用　正常情况下，应根据线路上功率因数的高低和电压的高低，投入或退出并联电容器。当功率因数低于 0.9，电压偏低时应投入电容器组；当系统功率因数超过 0.95 或有超前趋势、电压偏高时应退出电容器组。

当运行参数异常，超出电容器的工作条件时，应退出电容器组。如电容器三相电流明显不平衡，也应退出运行，进行检查。

(1) 进行电容器操作应注意以下几点：

① 正常情况下全站停电操作时，应先拉开电容器的开关，后拉开各路出线的开关；正常情况下全站恢复送电时，先合上各路出线的开关，后合上电容器组的开关。

② 全站事故停电后，应拉开电容器的开关。

③ 电容器断路器跳闸后不得强行送电；熔丝熔断后，查明原因之前不得更换熔丝送电。

④ 不论是高压电容器还是低压电容器，都不允许在其带有残留电流电荷的情况下合闸。否则，可能产生很大的电流冲击。电容器重新合闸前，至少应放电 3 min。

⑤ 为了检查、修理的需要，电容器断开电源后，工作人员接近之前，不论该电容器是否装有放电装置，都必须用可携带的专门放电负荷进行人工放电。

(2) 发生下列故障情况之一，电容器组应紧急退出运行：

① 连接点严重过热甚至熔化。

② 瓷套管严重闪络放电。

③ 电容器外壳严重膨胀变形。

④ 电容器的放电装置发出严重异常声响。

⑤ 电容器爆破。

⑥ 电容器起火、冒烟。

4. 电容器故障判断及处理

(1) 渗、漏油：主要由产品质量不高或运行维护不周造成。外壳轻度渗油时，应将渗油处除锈、补焊、涂漆,予以修复;严重渗漏油时应予更换。

(2) 外壳膨胀:主要由电容器内部分解出气体或内部部分元件击穿造成。外壳明显膨胀应更换电容器。

(3) 温度过高:主要由过电流(电压过高或电源有谐波)或散热条件差造成,也可能由介质损耗增大造成,应严密监视,查明原因,做针对性的处理。如不能有效地控制过高的温度,则应退出运行;如是电容器本身的问题,应予更换。

(4) 套管闪络放电:主要由套管脏污或套管缺陷造成。如套管无损坏,放电仅由脏污造成,应停电清扫,擦净套管;如套管有损坏,应更换电容器。处理工作应停电进行。

(5) 异常声响:由内部故障造成。异常声响严重时,应立即退出运行,并停电更换电容器。

(6) 电容器爆破声:由内部严重故障造成。应立即切断电源,处理完现场后更换电容器。

(7) 如电容器熔丝熔断,不论是高压电容器还是低压电容器,均应查明原因,并作适当处理后再投入运行。否则,可能产生很大的冲击电流。

第五节　低压配电柜

1. 低压配电屏(柜)主要是按一定的方案,将低压开关设备、保护电器,测量仪表、母线(铜、铝排)组成。每一个主电路方案对应几个辅助方案,主要用来受电、分配、进行控制、计量、功率因素补偿(电容补偿)经开关将动力线路、照明线路进行电能转换(图 10 - 16)。

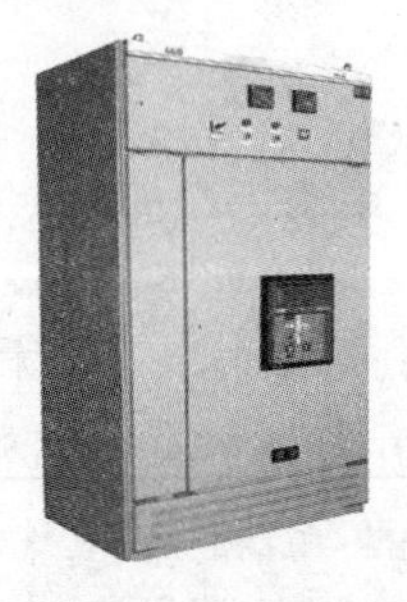

图 10 - 16　低压配电柜

2. 低压配电柜有总柜和分柜。型号有 GGD、GCK、GCS、MNS、MCS 等。

(1) GGD 系列

用途:GGD 型交流低压配电柜适用于变电站、发电厂、厂矿企业等电力用户的交流频率 50 Hz,额定工作电压 380 V,额定工作电流 1 000～3 150 A 的配电系统,作为动力、照明及发配电设备的电能转换、分配与控制使用。

GGD 型交流低压配电柜是按照安全、经济、合理、可靠的原则设计的新型低压配电柜。产品具有分断能力高,动热稳定性好,电气方案灵活,组合方便,系列性好,实用性强,结构新颖,防护等级高等特点。可作为低压成套开关设备的更新换代产品使用。

GCK 中的 G 表示封闭式开关柜;C 表示抽出式;K 表示控制中心。

(2) 低压配电屏通道的间距(表 10－2)。

表 10－2　成排布置的配电屏通道最小宽度(m)

配电屏种类		单排布置			双排面对面布置			双排背对背布置			多排同向布置			屏侧通道
		屏前	屏后		屏前	屏后		屏前	屏后		屏间	前、后排屏距墙		
			维护	操作		维护	操作		维护	操作		前排屏前	后排屏后	
固定式	不受限制时	1.5	1.0	1.2	2.0	1.0	1.2	1.5	1.5	2.0	2.0	1.5	1.0	1.0
	受限制时	1.3	0.8	1.2	1.8	0.8	1.2	1.3	1.3	2.0	1.8	1.3	0.8	0.8
抽屉式	不受限制时	1.8	1.0	1.2	2.3	1.0	1.2	1.8	1.0	2.0	2.3	1.8	1.0	1.0
	受限制时	1.6	0.8	1.2	2.1	0.8	1.2	1.6	0.8	2.0	2.1	1.6	0.8	0.8

注:1. 受限制时是指受到建筑平面的限制、通道内有柱等局部突出物的限制;

2. 屏后操作通道是指需在屏后操作运行中的开关设备的通道。

第十一章　三相交流异步电动机

电动机是根据电磁感应原理,将电能转换为机械能的一种动力装置。电动机的种类可分为直流电机、交流电机、伺服电动机及步进电动机等。交流电机可分为同步电机和异步电动机。根据所接电源相数的不同,异步电动机又可分为单相电动机和三相电动机。本章主要介绍三相交流异步电动机。

第一节　三相交流异步电动机的基本结构与工作原理

三相异步电动机具有结构简单、价格便宜、坚固耐用、维修方便,并且可以直接接于交流电等一系列优点,所以在各行各业得到了广泛应用。但是它功率因数低、调速性能差,在一定程度上限制了它的使用。

一、三相异步电机的基本结构

三相异步电动机主要由定子和转子两大部分组成。另外还有机座、轴承、端盖、风扇等部件(图 11 - 1)。

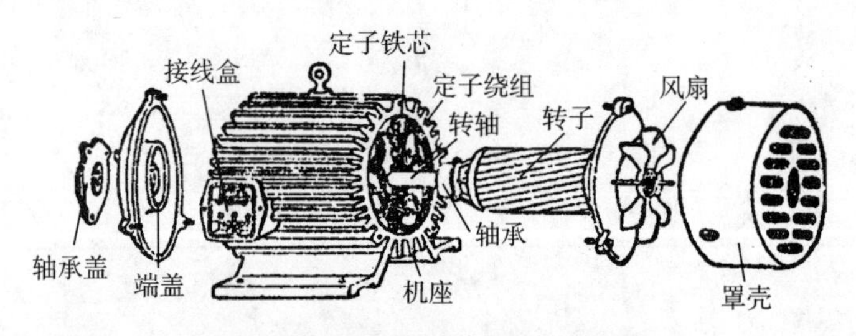

图 11 - 1　三相异步电动机的基本结构

1. 定子　三相异步电动机定子铁芯是电动机磁路的一部分,由 0.35～0.5 mm 硅钢片叠成,片间有绝缘,以减少涡流损耗。三相异步电动机的定子绕组的连接方法有三角(△)形连接法和星(Y)形连接法两种(图 11 - 2)。

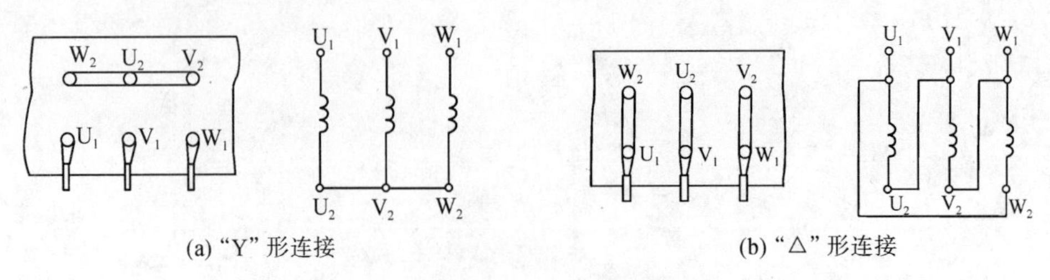

(a) "Y" 形连接　　(b) "△" 形连接

图 11 - 2　三相异步电动机定子绕组的连接方法

2. 转子部分　三相异步电动机转子都是由转子铁芯、转子绕组和转轴三部分组成。有笼型和绕线型两种形式。

3. 端盖以及其他部件　中小型异步电动机具有端盖，内装轴承用以支撑转子，并保证定子与转子间有均匀的间隙。为使轴承中的润滑脂不外溢和不受污染，在前后轴承处均设有内外轴承盖。

封闭式电动机后端盖外还装有风扇和外风罩。当风扇随转子旋转时，风从风罩上的进风孔进入，再经散热筋片吹出，以加强冷却作用。

二、三相交流异步电动机的工作原理

1. 旋转磁场

(1) 旋转磁场的形成：三相交流异步电动机的定子绕组是三相对称的。也就是说，三相绕组的线圈数及匝数均相同，且在空间沿定子铁芯的内圆均匀分布，互差 120°电角度。如图 11－3 所示，为一最简单的定子三相绕组，其每相仅有一个线圈，分别以 U_1-U_2、V_1-V_2、W_1-W_2来表示。

如将三相绕组按“Y”形连接后接至三相电源上，在三相绕组内就会流过三相对称电流，其波形变化如图 11－4 所示。

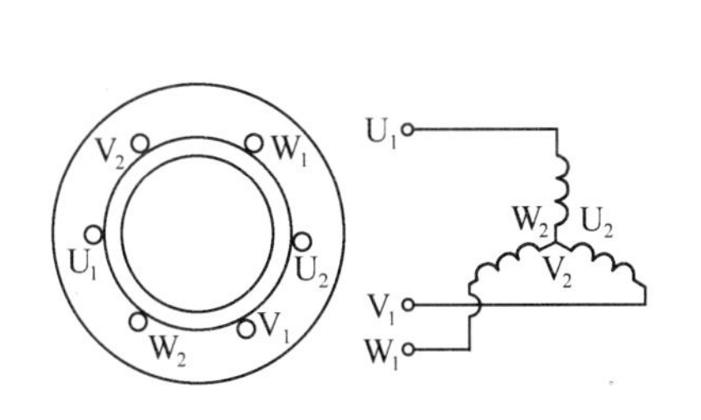

图 11－3　三相定子绕组

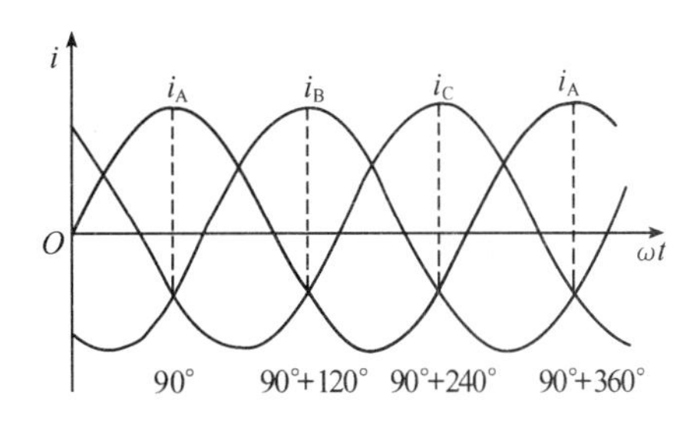

图 11－4　三相电流波形

每相绕组中的电流均将产生磁场，三相绕组会产生一个合成磁场，此合成磁场是一个旋转磁场。下面以几种特殊的时刻，用作图的方法加以证明：

为了分析方便，假定每相绕组电流的正方向是从首端 U_1、V_1、W_1流入(用⊕表示)，由末端 U_2、V_2、W_2流出(用⊙表示)。如电流的实际方向与假定的正方向相同时，其值为正，否则为负。磁场的方向则根据电流的流向以右手螺旋定则来确定。

当 $\omega t=90°$时，根据图 11－4 将各相电流方向表示在各相线圈的剖面上，A 相电流为正值，由 U_1流入，从 U_2流出；而在 B 相、C 相电流为负值，由 V_2、W_2流入，从 V_1、W_1流出。如图 11－5(a)所示。

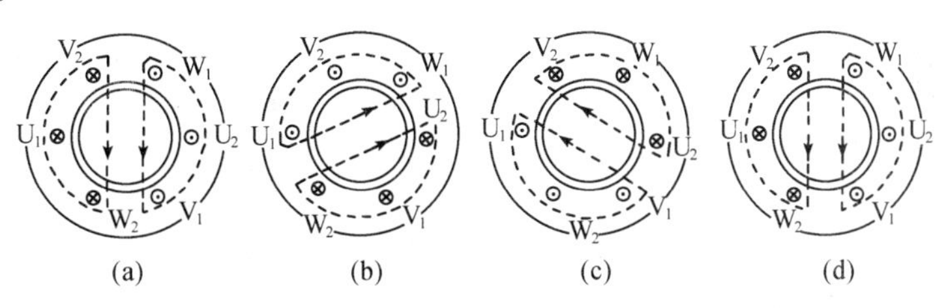

图 11－5　两极旋转磁场示意图

根据右手螺旋定则确定合成磁场的方向为由上向下,和电流达到最大值 Im 的 A 相绕组的轴线相一致。用上述方法作出 $\omega t=90°+120°$,$\omega t=90°+240°$以及 $\omega t=90°+360°$三个特殊瞬间的电流和合成磁场的方向,分别如图 11-5(b)、(c)、(d)所示。

通过上述分析,三相绕组电流产生的合成磁场是一个随时间变化在空间旋转的磁场,即所谓旋转磁场。

(2) 三相交流异步电动机的转速:旋转磁场具有以下特点:

① 旋转磁场的方向与电流达到正的最大值的那一相绕组的轴线总是一致的,所以旋转磁场的旋转方向总是与三相绕组电流的相序一致。显然,如改变三相绕组电流的相序,旋转磁场的方向亦随之改变。

② 电流变化的角度与旋转磁场变化的角度相同。电流变化一周期,旋转磁场转过 360°电角度。磁极对数为 1 时,电角度等于机械角度,也就是电流变化一周,磁场转过 360°机械角度,亦即转了一转。磁极对数为 P 时,电流变化一周,旋转磁场转过 360°机械角度,即转过了 $1/P$ 转。因此,旋转磁场每分钟的转速与定子绕组电流频率及磁极对数 P 之间存在以下的关系:

$$\eta_N=\frac{60f}{P}$$

式中:η_N——旋转磁场转速(同步转速);

f——定子电源频率(Hz);

P——电动机的磁极对数(极对数);

60——指 60 s。

当电源频率固定不变时旋转磁场的极对数越多,它的转速越低。由于极对数 P 是整数,因此旋转磁场的转速是成倍地变化的。

该额定转速 η_N为同步电机转速,异步电动机转速比同步电机转速少 2%~6%。

转子转速与旋转磁场转速相一致称同步电机,转子转速与旋转磁场转速有差异称异步电机。

旋转磁场每分钟的转速(同步转速)与定子绕组电流频率及磁极的对数有关(如二极电机极对数是 1 对,四极电机极对数是 2 对,……)。

三相交流异步电动机定子的三相对称绕组接入对称三相交流电源后,就会流过三相对称的电流,从而电动机就会产生旋转磁场,以同步转速旋转。

要使电动机反转,只要改变输入电动机三相电源的相序,也就是将三相电源的三根导线中的任意两根对调就可以了。

(3) 电动机的旋转方向:三相交流异步电动机的 U_1-U_2、V_1-V_2、W_1-W_2是按照三相电流的相序分别接到三相电源 U、V、W 上的,显然绕组中电流相序是按照顺时针方向排列的。由不同瞬间的磁场方向可以看出,旋转磁场也是按照顺时针方向旋转的。

2. 工作原理　三相交流异步电动机定子的三相对称绕组接入对称三相的电源后,就会流过三相对称电流,从而在电机中产生旋转磁场,以同步转速旋转。在旋转磁场的作用下,转子导体中的感应电势产生出感应电流。转子电流在转子铁芯上产生转子磁场,转子磁场与旋转磁场相互作用的结果使转子转动,这就是异步电动机的工作原理。

任意对调两根电源线，就可使旋转磁场反转，就可以实现改变三相异步电动机旋转方向的目的。

3. 转差及转差率　当三相交流异步电动机正常运行时，转子转速 η 将永远小于旋转磁场的同步转速 η_1。因为如果 $\eta=\eta_1$ 时，转子转速与旋转磁场的转速相同，转子导体将不再切割旋转磁场的磁力线，因而不会产生感应电动势，也就没有电流，电磁转矩为零，电动机将不能转动。由此可见，η 与 η_1 的差异是产生电磁转矩，确保电动机持续运转的重要条件。因此称其为异步电动机。由于三相交流异步电动机的转动是基于电磁感应原理而工作的，所以又称其为三相感应电动机。

旋转磁场转速 η_1 与转子转速之差($\eta_1-\eta$)，叫做转差。

转差与同步转速之比的百分数就称为转差率。三相异步电动机的转差率一般用 S 来表示，即：

$$S=\frac{\eta_1-\eta}{\eta_1}\times 100\%$$

转差率是分析三相交流异步电动机运行特性的一个重要数据。电动机在额定条件下运行时，其转差率为 2%～6%。

第二节　三相交流异步电动机的启动

一、电动机铭牌

1. 每台电动机上都安装有铭牌，它标明了电动机的型号和主要技术数据(表 11-1)。

表 11-1　三相交流异步电动机的铭牌数据

三相异步电动机			
型　号	Y180M—2	编号	××
额定功率	22 kW	接法	△
额定电压	380 V	工作方式	S_1
额定电流	42.2 A	绝缘等级	B
额定转速	2 940 r/min	温升	60℃
额定频率	50 Hz	重量	180 kg
出厂编号		出厂日期	年　月　日
×××电机厂			

(1) 额定功率：指电动机在额定运行条件下转轴上输出的机械功率，其单位为 kW。

(2) 额定电压：指电动机在额定运行时应加在定子绕组上额定频率下的线电压值。

(3) 额定电流：指电动机在额定运行时定子绕组的线电流值。

(4) 额定转速：指电动机在额定频率、额定电压和输出额定功率时的转速。

(5) 温升:指电动机在额定运行状态下运行时,电动机绕组的允许温度与周围环境温度之差。

(6) 工作方式:用电动机的负载持续率来表示。它表明电动机是作连续运行还是作断续运行。工作方式 S_1,即连续工作制。

(7) 绝缘等级:指电动机内部所有绝缘材料所具备的耐热等级。它规定了电动机绕组和其他绝缘材料可承受的允许温度。绝缘材料的耐热分级见表 11-2。

表 11-2　绝缘材料的耐热分级

级别	Y级	A级	E级	B级	F级	H级	C级
允许工作温度(℃)	90	105	120	130	155	180	>180
主要绝缘材料举例	纸板、纺织品、有机填料、塑料	棉花、漆包线的绝缘	高强度漆包线的绝缘	高强度漆包线的绝缘	云母片制品、玻璃丝、石棉	玻璃、漆布、有机硅弹性体、石棉布	电磁石英

目前,我国按新标准生产的电动机,如 Y 系列等均已采用 B 级绝缘材料。

二、电动机的选用

了解铭牌参数的意义,才能正确选用和维护电动机。选择电动机参照以下要点:

1. 根据安装地点和工作环境选择不同型号、不同防护形式的电动机。

2. 根据电源电压,使用条件,拖动对象和生产机械的要求合理地选择电动机。要求电源电压与电动机额定电压相符,并能满足工艺要求。

3. 根据功率、效率、功率因数和转速选择电动机。如果电动机的功率选得过小,就会发生"小马拉大车"的现象,长时间的过载,会使电动机的绝缘因发热而损坏,甚至烧毁电动机。如果功率选得过大,"大马拉小车",电动机的输出机械功率不能充分利用,功率因数和效率均较低。因为,电动机的功率因数和效率是随着负载的减小而减小。因此,不仅增加了设备的费用,而且运行也很不经济。

三、电动机绕组的接法

三相异步电动机的三相绕组共有六个引出线头,分别接于机壳上接线盒内的六个接线柱。接线柱上标有数字或符号,以说明哪两个线头是同一相绕组的,哪个是头,哪个是尾。

按照国家标准规定,新生产的电动机接线柱应标有 U_1、V_1、W_1、U_2、V_2、W_2,如图 11-2 所示。一般电动机的接线柱都是这样排列的。

把 U_2、V_2、W_2 连接在一起,这个节点叫中点,将 U_1、V_1、W_1 接三相电源,见图 11-2(a)所示就是星形(Y)接法及其接线图。国家标准规定 3 kW 以下的电动机均采用星形(Y)联结。

这里应特别注意的是,必须将三个相尾(或相头)连接在一起,而三个相头(或相尾)接电源,即不能把相头和相尾连接在一起,否则电动机将不能正常运行。

将 U_1 和 W_2 连接在一起,V_1 和 U_2 连接在一起,W_1 和 V_2 连接在一起,而将 U_1、V_1、W_1 连接到电源,如图 11-2(b)所示,就是三角形(△)接法及其接线图。

这里应特别注意的是，一相绕组的头必须和另一相绕组的尾连接在一起，但不能把绕组的头和头或尾和尾连接在一起。

具体接线时，必须注意电动机电压、电流和接法三者之间的联系。如某台电动机铭牌上标有电压 220 V/380 V，接法△/Y。这就表明该电动机可以接 220 V 和 380 V 两种电源。电源线电压不同时，应采用不同的接线方法。当电源线电压为 220 V 时，电动机就应当接成三角形；当电源线电压为 380 V 时，电动机就应该接成星形。

四、电动机的启动

三相交流异步电动机接通三相交流电源后，转速由零逐渐加速到稳定转速的过程称为启动。

对异步电动机的启动一般有以下几点要求：

(1) 有足够大的启动转矩，因启动转矩必须大于启动时电动机的反抗转矩才能启动，启动转矩越大，加速越快，启动时间越短。

(2) 在具有足够启动转矩的前提下，启动电流应尽可能的小。启动电流过大，将使电网电压明显降低，以致影响其他电气设备的正常运行。

(3) 启动设备应安全、结构简单、操作方便、经济可靠。

(4) 启动过程中的能量损耗要小。

异步电动机固有的启动性能是启动电流大，而启动转矩不大。这是因为开始启动瞬间，电动机转速 $\eta=0$，旋转磁场切割转子导体的速度最大，感应电动势最大，转子电流最大，定子电流也最大。这时的定子电流称为异步电动机的启动电流，其数值可达额定电流的 4～7 倍。一般功率较大、极数较多的电动机，其启动电流的倍数较小。

1. 笼型异步电动机的启动方式　分为直接启动和降压(间接)启动。

(1) 直接启动：直接启动又称为全压启动，是将电动机的定子绕组直接接到额定电压的电源上启动。直接启动的优点是方法简单、操作方便、设备简单、启动转矩较大、启动快。其缺点是启动电流大、造成电网电压波动大，从而影响同一电源供电的其他负载的正常运行。影响的程度取决于电动机的功率与电源(变压器)容量的比例大小。一台异步电动机能否直接启动与以下因素有关：

① 供电变压器功率的大小。

② 电动机功率的大小及启动的频繁程度。

③ 电动机与供电变压器间的距离。

④ 同一变压器供电的负载种类及允许电压波动的范围。

综合上述因素，电业部门对允许直接启动的电动机功率均有相应的规定：

① 由公用低压电网供电时，三相异步电动机一般功率在 10 kW 以下可直接启动。

② 由小区配电室供电时，功率在 14 kW 及以下者，可直接启动。

③ 由专用变压器供电时，经常启动的电动机启动瞬时电压损失值不超过 10%；不经常启动的电动机不超过 15%时，可直接启动。

(2) 降压启动：降压启动是指启动时降低加在电动机定子绕组上的电压，启动运转后，再使其电压恢复到额定电压正常运行。异步电动机的降压启动，是利用一定的设备先行降低电压，来启动电动机，待转速达到一定时，再加额定电压运行。

降压启动的目的,在于减小启动电流,但由于启动转矩与电压的平方成正比,所以启动转矩相应减小。

常用的降压启动的方法有定子串电阻器或电抗器启动、星一三角形启动、自耦降压启动等。

① 定子串电阻或电抗启动:启动时,在定子回路中串接电阻器或电抗器,借以降低加在定子绕组上的电压,待转速上升到一定程度,再将电阻器或电抗器短路,电动机全压运行。

串电阻启动方式的优点是设备简单、造价低;缺点是能量损耗较大。以前常用于中、小容量电动机的空载或轻载启动。

串电抗启动方式的优点是能量损耗小,缺点是电抗器成本高,以前常用于高压电动机的启动。

② 星—三角形启动:正常运行时为三角形接法的电动机可以采用星—三角形(Y—△)启动方式,即在启动时将定子绕组接成Y接法,以使得加在每相绕组上的电压降至额定电压的$1/\sqrt{3}$,因而启动电流就可减小到直接启动时的1/3,待电动机转速接近额定转速时,再通过开关改接为△接法,使电动机在额定电压下运转。由于电压降为$1/\sqrt{3}$,启动转矩与电压的平方成正比,所以启动转矩也降为△接法直接启动时的1/3。

用星—三角降压启动时,启动电流为直接采用三角形连接时启动电流的1/3,所以对降低启动电流很有效。但启动转矩也只有三角形连接直接启动时的1/3。

Y—△降压启动只适用于7.5 kW以上定子绕组为三角形接法的空载或轻载的三相异步电动机。三相异步电动机采用Y—△降压启动时,其启动电流是全压启动电流的1/3。

另外,在无成套Y—△启动器时,也可以用交流接触器和按钮等电器组成Y—△启动装置,以按钮来操作(如图11-6)。

Y—△启动方式的优点是设备比较简单、成本较低、维修方便、可以频繁启动;缺点是启动转矩较小,只有直接启动时的1/3,所以仅适用于正常运行时定子绕组为三角形接法电动机空载或轻载启动。

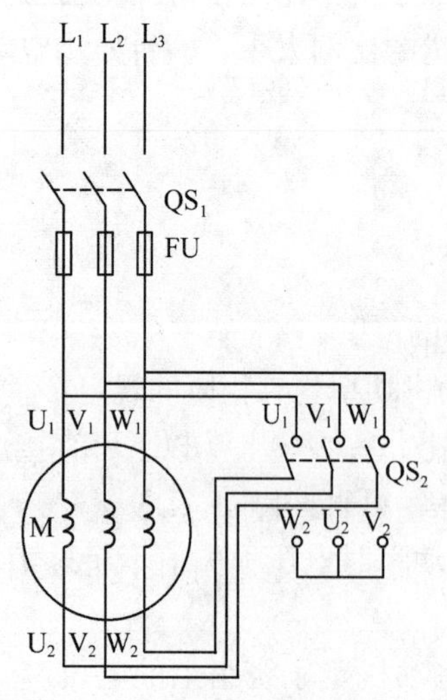

图11-6　自耦减压启动电路原理图

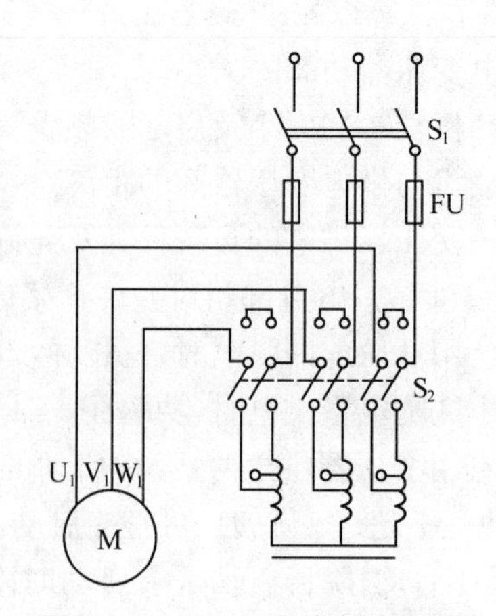

图11-7　Y—△启动电路原理图

③ 自耦减压启动：自耦减压启动即通常所说的补偿器。利用自耦变压器来降低加在定子三相绕组上电压的启动叫自耦降压启动。它实际上就是利用自耦变压器降压启动(图11－7)。启动时，先合上开关 S_1，再将开关 S_2 合在“启动”位置，通过自耦变压器把电压降低，使电动机在较低电压下启动，待转速接近额定转速时，再将开关 S_2 合向“运行”位置。这时，电动机与自耦变压器脱离，在额定电压下工作。

自耦变压器备有不同的电压抽头，如80%、65%的额定电压，以供选择不同的启动电压。自耦减压启动方式的优点是启动电压的大小可通过改变自耦变压器的抽头来调整。

正常运行时Y接法或△接法的电动机均可采用。其缺点是结构复杂、价格昂贵，不允许频繁启动。常用的自耦减压启动器有：QJ_2、QJ_3 系列。QJ_2 自耦减压启动器控制电动机的容量为40～130 kW。自耦减压启动一般适用于启动转矩要求较大的场合。QJ_3 系列控制电动机的容量为10～75 kW。

2. 绕线型异步电动机的启动方式

(1) 转子电路中串联变阻器启动：这种启动方式是在转子电路中串联一组可以调节的电阻器(又称启动变阻器)。启动时，将电阻调整到最大值，也就是将全部电阻串入转了电路中，然后再通过控制器把电阻逐级短接以减小电阻值，来增加电动机的转速。启动终了时，电阻器全部切除，此时电动机的转子绕组可通过短接装置短接(图11－8)。

对于具有提刷装置的电动机，在启动完毕时应扳动手柄，将电刷提离滑环，并将三个滑环短接。停机后，应扳动手柄，将电刷放下，接入全部启动电阻，以备下次启动。

这种启动方法的优点是：启动转矩大、启动电流小，通过增加电阻的分段数可获得较为平稳的启动特性。它的缺点是控制线路较为复杂、维护工作量较大。它一般适用于启动转矩要求较大，而启动电流要求比较小的生产机械的拖动场合。

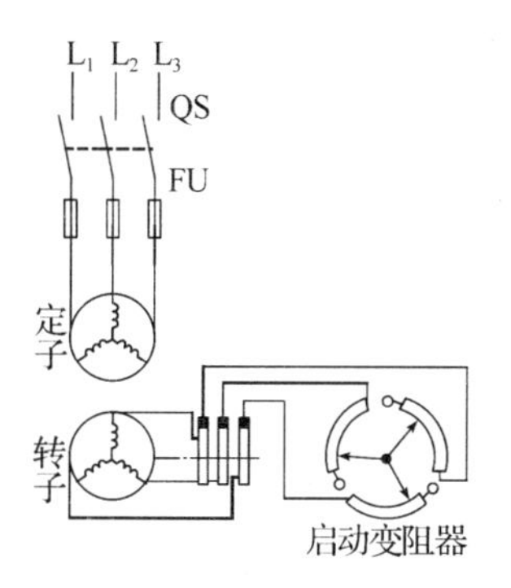

图11－8　绕线型异步电动机启动线路图

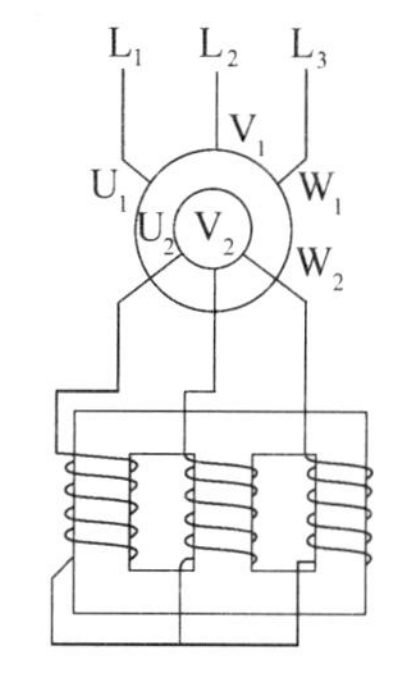

图11－9　绕线型异步电动机串联频敏变阻器启动示意图

(2) 转子电路中串联频敏变阻器启动：频敏变阻器是一种独特结构的无触点元件，其结构基本与三相电抗器相似，由三个铁芯柱和三个绕组组成。三个绕组线圈接成星形联接，并通过滑环和电刷与绕组转子三相异步电动机的三相转子绕组相连(图11－9)。电动机转子串频敏变阻器启动的原理：启动时转速很低，故转子频率很大，电动机转速升高后频敏变阻器铁芯中的损耗很小，启动结束后转子绕组短路，把频敏变阻器从电路中切除。电动机启动时，转子电流流过频敏变阻器的线圈，在频敏变阻器的铁芯中产生交变磁通和铁损，铁损反映到转子电路相当于串入一个等效电阻。当铁芯的材料、几何形状以及尺寸一经确定后，铁损的大小就决定于转子电流的频率，近似与频率的平方成正比。

电动机刚刚启动的瞬间，转子电流的频率 $f_2=Sf_l=f_1$，铁损较大，反映铁损的等效电阻也较大。在启动过程中，随着转矩的提高，转子电流频率 $f_2=Sf_1$ 随之下降，铁损随之减小。启动完毕后正常运行时，S 很小，f_2 很低，铁损很小，其等效电阻也很小，对电动机正常运行时的性能影响不大。上述特点与绕线式电动机的启动要求是相吻合的。

这种启动方式的优点是可实现无触点启动，减少控制元件，简化控制线路，降低初投资，减轻维护工作量，启动平稳以及加速均匀等。其缺点是频敏变阻器的电抗增加了转子电路的漏电抗，使 $\cos\varphi_2$ 减小，故启动转矩较串电阻启动方式启动时要小。它可以在很多场合代替转子串电阻的启动方式，应用极为广泛。

五、电动机的控制

1. 电动机点动　如图 11－10 所示，当合上开关 QS 按下按钮 SB 时，1、与 2 之间导通，交流接触器 KM 吸合，电机 M 运转。当松开按钮 SB，电源被切断(1 与 2 之间断电)，交流接触器 KM 失电释放，电机 M 停止运转。

2. 电动机启动、停止　如图 11－11 所示，当合上开关 QS 按下按钮 SB_1，交流接触器 KM 吸合，电机 M 运转。当松开按钮 SB_1，由于 KM 吸合，KM 辅助触头实现自保(自锁)，电动机正常运转。只有按下按钮 SB_2，电源才被切断，交流接触器 KM 失电释放，电机 M 停止运转，并装热继电器 FR 进行过载保护。

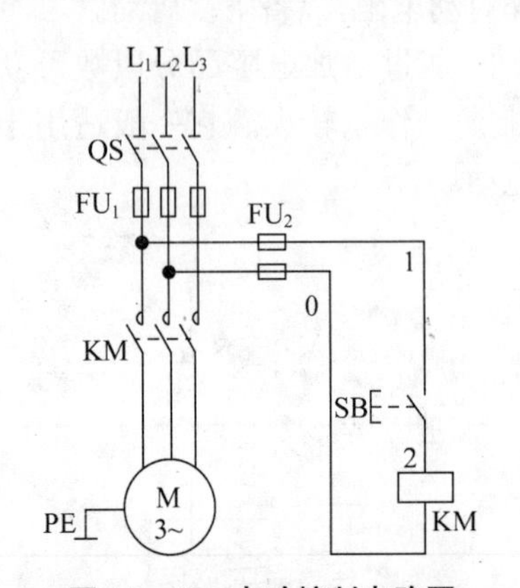

图 11－10　点动控制电路图

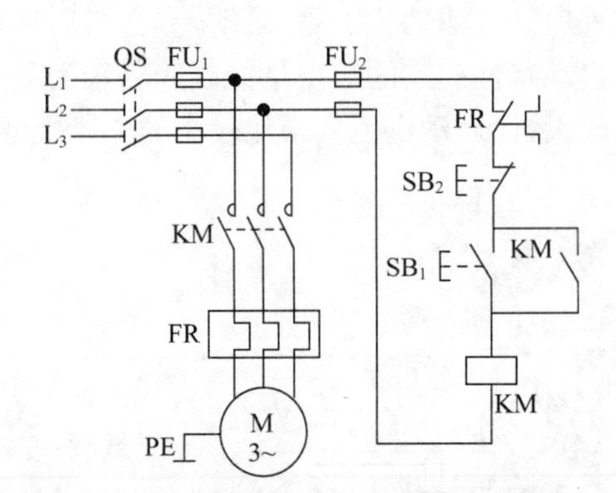

图 11－11　有过载保护启动停止控制电路图

3. 电动机可逆控制电路　在生产过程中，人们要求电动机不仅需要正向转动(正转)，而且还需要反向转动(反转)，也就是需要经常改变转动方向。这时，就可以通过改变电动机的旋转方向来达到目的。我们知道，电动机的旋转方向是和定子旋转磁场的方向始终一致的。而定子旋转磁场的旋转方向又决定于电源的相序。所以要使电动机反转，只要改变输入电动机三相电源的相序，也就是将三相电源的 L_1、L_2、L_3 三根导线中的任意两根对调就可以实现电动机可逆控制了。

(1) 正转运行：如图 11－12 所示，按下正转启动按钮 SB_2，接触器 KM_1 的线圈接通电源后动作，其常开辅助触头闭合，实现自锁，正转接触器 KM_1 的主触头闭合，电动机正转。正转接触器常闭辅助触头 KM_1 同时断开，切断反转接触器 KM_2 电源回路，以防 KM_2 误动作。

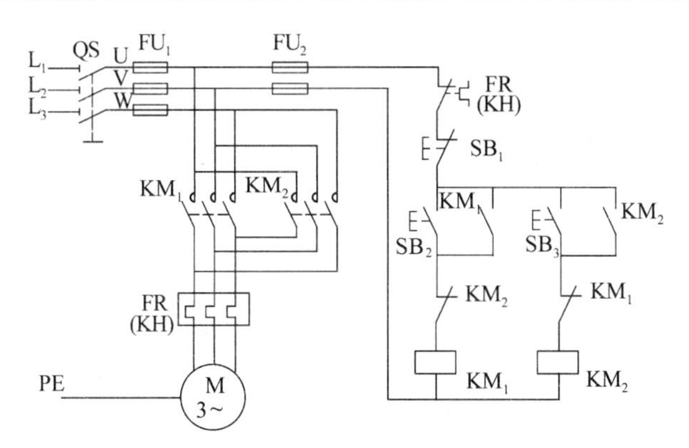

图 11-12　三相异步电动机正、反转控制电路

(2) 停止运行：按下停止运行按钮 SB_1，正转接触器 KM_1 失电释放，其主、辅触头均复位，自锁消除，电动机停止转动。

(3) 反转运行：按下反转启动按钮 SB_3，接触器 KM_2 的线圈接通电源后动作，其常开辅助触头闭合，实现自锁，反转接触器 KM_2 的主触头闭合，电动机反转。反转接触器常闭辅助触点 KM_2 同时断开，切断正转接触器 KM_1 的电源回路，以防 KM_1 误动作。

六、电动机的保护

电动机通常应具有短路、过负荷及失压保护等措施，现分述如下：

1. 短路保护　三相交流异步电动机定子绕组在发生相间短路故障时，会产生很大的短路电流，造成线路过热甚至导线熔化，有可能引起火灾、爆炸事故。熔断器就是常用的短路保护装置之一。

当电动机发生短路故障时，电路中流过很大的短路电流，熔断器中的熔体就会受热熔断，切断电源，从而保护了电气线路和电气设备。常用的熔断器有 RCIA、RL1、RTO 型等，熔断器熔体的选择方法如下。

(1) 一台电动机熔体的选择

$$I_{Re} = (1.5 \sim 2.5) I_e$$

式中：I_{Re}——熔断器熔体的额定电流(A)；

I_e——电动机的额定电流(A)；

(1.5～2.5)——系数，当电动机直接启动或重载启动时，启动电流较大，且启动时间较长，可取较大的系数；当电动机轻载启动或降压启动时，启动电流较小，且启动时间较短，可取较小的系数，重载启动最大不得大于 3 倍。

(2) 多台电动机熔体的选择：电路上有多台电动机运行时，其总保护熔体可按以下经验公式选取：

$$I_{Re} = (1.5 \sim 2.5) I_{em} + \sum I_e$$

式中：I_{Re}——电路总保护熔体的额定电流(A)；

I_{em}——最大的一台电动机的额定电流(A)；

$\sum I_e$——其余各台电动机额定电流总和(A)；

根据计算出的熔体额定电流,然后再按照熔断器额定电流略大于或等于熔体额定电流的原则选取适当的熔断器。

2. 过电流保护　运行中的电动机有时会出现过电流现象。其主要原因有:电网电压太低;机械负荷过重;启动时间过长或电动机频繁启动;电动机缺相运行;机械方面故障。

短时间的过负荷一般不会造成电动机的损坏,较长时间的持续过负荷会损坏电动机的绝缘以致将电动机烧毁。因此,必须采取过负荷保护措施。对过负荷保护装置通常采用热继电器来实现。热继电器可以反映电动机的过热状态并能动作。当电动机通过额定电流时,热继电器应长期不动作,当电动机通过整定电流的1.05倍电流时,从冷态开始运行,热继电器在2 h内不应动作;当电流升至整定电流的1.2倍时,则应在2 h内动作。用来对电动机进行过负荷保护的热继电器,其动作电流值一般按电动机的额定电流0.95~1.05倍整定。

3. 失压保护　电机正常运转时,由于某种原因电压突然下降到零或突然停电,而当电源恢复送电后,又使电动机不能自行启动,以保护设备和人身安全,称失压保护。

4. 欠压保护　由于某种原因电源电压降低到额定电压的85%及以下时,保证电源不被接通的措施叫做欠压保护。通过这种保护措施,可以保证电机或其他用电设备的安全使用。

七、电动机的调速与制动

1. 电动机的调速　根据生产机械的需要,在负载一定的条件下,改变电动机的转速称为调速。由异步电动机的转速公式:

$$\eta=(1-S\ )$$

$$\eta_1=(1-S\ )60f_1/p$$

可以看出,异步电动机的转速与电源的频率、磁极的对数以及转差率有关。因此,电动机调速可从上述三个方面入手。

交流电动机有三种调速方式:

(1) 变极调速:由于极对数只能成对,改变这种方式是有效调速。改变极对数 p,能够达到调速的目的,变极调速属于此种类型。

(2) 通过改变转差率 S,达到调速目的。这种方式只能用于线绕电阻在转子绕组的电路中调速,定子调压调速、转子串电阻调速、串极调速、电磁转差离合器调速均属于此种类型。

(3) 变频调速(variable voltage variable frequency,VVVF):通过改变交流电的频率来达到调节三相异步电动机转速的方法称为变频调速。改变频率的设备、改变供电电源频率 f,变频变压调速,无换向器电动机调速均属于此种类型。

① 变频器是交流电气传动系统的一种,是将交流工频电源转换成电压、频率均可变的适合交流电机调速的电力电子变换装置。

② 变频器的控制对象:三相交流异步电机和三相交流同步电机,标准适配电机极数是2/4极。

③ 变频器根据变频的原理可分为 V/f 控制,转差频率控制和矢量控制三种。根据变换环节可分为交—交变频、交—直—交变频。

2. 电动机的制动　电动机制动有反接制动、抱闸制动、能耗制动、再生发电制动。再生发电制动只用于电动机转速高于同步转速的场合。能耗制动是将转子的动能转化为电能并消耗在转子回路的电阻中。

第三节　三相交流异步电动机的使用与维护

对新安装或长时间未使用过的(包括大修后)三相异步电动机，在通电使用前应进行认真仔细地检查，确保电动机能通电运行。

一、异步电动机启动前的检查

1. 新安装的电动机应认真核对铭牌上的容量、电压、极数和接法等，接线应正确。
2. 启动设备接线应正确、牢靠，动作应灵活，触头接触良好。
3. 油浸式启动设备油量符合要求，油质合格。
4. 绕线型电动机的电刷与滑环良好，电刷提升机构灵活，电刷压力正常。
5. 传动装置正常，皮带松紧合适，皮带连接牢固，联轴器紧固。
6. 传动装置及电动机、生产机械周围无杂物。
7. 用手转动电动机轴，其转动应灵活，无卡阻现象。
8. 电动机及启动装置的接地或接零可靠。
9. 新安装的电动机或停用三个月以上的电动机应摇测绝缘电阻。

二、异步电动机启动时的注意事项

1. 电动机的启动与停止均应严格遵守操作规程，操作步骤不得颠倒。
2. 合闸启动后，如电机不转或转速过低时，应迅速切断电源，查找原因、排除故障。
3. 新安装或检修后初次投入运行的电动机，应检查电动机的转向是否正确。对要求固定转向的设备，应先将电动机的转向试好，再安装设备。
4. 必须限制电动机的连续启动次数。
5. 电动机启动后，应检查电动机、传动装置及生产机械有无异常现象，电压表、电流表的读数应正常。
6. 几台电动机由一台变压器供电时，不得同时启动，应按照由大到小一台一台启动的原则来进行。

三、电动机的运行与维护

1. 异步电动机运行中的监测与维护　电动机运行时要用看、听、闻、试的方法及时监视电动机。

(1) 监视电动机各部分发热情况：电动机在运行中温度不应超过其允许值，否则将损坏其绝缘，缩短电动机寿命，甚至烧毁电动机，发生重大事故。因此，对电动机运行中的发热情况应及时监视。一般绕组的温度可由温度计法或电阻法测得。温度计法测量是将温度计插入吊装环的螺孔内，以测得的温度加10℃代表绕组的温度。测得的温度减去当时的环境温度就是温升。根据电动机的类型及绕组所用绝缘材料的耐热等级，制造厂对绕组和铁芯等都规定了最大允许温度或最大允许温升，一般均按允许的最高温度减去35℃就是允许温升。

(2) 监视电动机的工作电流和三相平衡度：电动机铭牌额定电流系指室温为35℃时的

数值。运行中的电动机电流不允许长时间超过规定值。三相电压不平衡度一般不应大于线间电压的5%;三相电流不平衡度不应大于10%,一般情况下,在三相电流不平衡而三相电压平衡时,可以表明电动机故障或定子绕组存在匝间短路现象。

(3) 监视电源电压的波动:电源电压的波动常能引起电动机发热。电源电压增大,将使其磁通增大,励磁电流增加,定子电流增大,从而造成铜损和铁损的增加;电源电压降低,将使磁通减小。当负载转矩一定时,转子电流增大,从而定子绕组电流也要增大。可见,电源电压的增高或降低,均会使得电动机的损耗加大,造成电动机温升过高。在电动机出力不变的情况下,一般电源电压允许变化范围为－5%～＋10%。

(4) 监视电动机的声响和气味:运行中的电动机发出较强的绝缘漆气味或焦煳味,一般是因为电动机绕组的温升过高所致,应立即查找原因。

通过运行中电动机发出的声响,可以判断出电动机的运行情况。正常时,电动机的声音均匀,没有杂音;如出现"咕噜"声,可能是电动机的轴承部位故障;如出现碰擦声,可能是电动机扫膛(定子与转子摩擦);如出现"嗡嗡"声,可能是负荷过重或三相电流不平衡;如声音很大,则可能是电动机缺相运行。

2. 运行中的电动机出现哪些异常情况应立即停止运行

(1) 电动机或所带生产机械出现严重故障或卡死。

(2) 电动机或电动机的启动装置出现温升过高、冒烟或起火现象。

(3) 发生人身事故。

(4) 电动机组出现强烈振动。

(5) 电动机转速出现急剧下降,甚至停车。

(6) 电动机出现异常声响或焦煳气味。

(7) 电动机轴承的温度或温升超过允许值。

(8) 电动机的电流长时间超过铭牌额定值或在运行中电流猛增。

(9) 电动机缺相运行。

3. 电动机的定期维修　运行中的电动机除应加强监视外,还应进行定期的维护与检修,以保证电动机的安全运行,并延长电动机的使用寿命。

电动机的检修周期应根据其周围的环境条件、电动机的类型以及运行情况来确定。一般情况下,电动机应每半年到一年小修一次;每一年至两年大修一次。如周围环境良好,检修周期可适当的延长。

四、电动机常见故障

三相异步电动机在运行中可能出现故障,故障类型很多,由于故障产生的原因非常复杂,即使同一故障现象也可能由多种不同的原因所致。这就需要根据故障的现象以及以往运行中出现过的问题,对故障进行分析,然后确定相应的对策。下面是一些常见的故障现象、故障产生的原因,以及检查处理的方法。

1. 电动机温度升高　可能的原因有:

(1) 电压过高或过低。

(2) 三相不平衡甚至缺相。

(3) 绕组相间、匝间短路。

(4) 绕组接地。

(5) 轴承缺油或损坏。

(6) 过负荷。

(7) 风道堵塞。

(8) 环境温度过高。

2. 电动机三相电流不平衡

(1) 检查电源电压。

(2) 检查定子绕组是否短路或一相断线。

(3) 检查开关、熔断器、接触器连接点是否接触不良。

3. 电动机绝缘能降低

(1) 电动机绕组受潮——应进行烘干处理。

(2) 绕组上灰尘及碳化物质太多——应清除灰尘。

(3) 电动机绕组过热老化——应重新浸漆或重新绕制。

(4) 电动机接线盒内和引出线绝缘不良——应重新包扎。

4. 滑环电刷冒火及滑环烧损　可能的原因有:

(1) 电刷选择不当或质量不符合要求,电刷压力调整不均。

(2) 电刷与引线接触不良。

(3) 滑环表面不平,质量低劣。

(4) 维护保养不当,有污垢,不清洁。

5. 电动机内部起火　可能的原因有:

(1) 电动机电源电压过高或过低。

(2) 电动机长期过载运行。

(3) 电动机缺相运行、定子绕组短路或一相接地、绕组松动或断条、断线等。

(4) 电动机转子与定子摩擦。

(5) 电动机接线错误。

6. 电动机启动困难或不能启动

(1) 电动机本身原因。

(2) 电源方面的问题。

(3) 机械方面的问题。

7. 电动机轴承过热

(1) 轴承损坏。

(2) 轴承扭歪、卡滞、安装不正;润滑油干涸或太少;润滑油有杂物或有漏油现象。

(3) 电动机端盖、轴承、轴承盖机座不同心。

(4) 联轴器装配不正或皮带过紧。

8. 电动机发生以下情况时应立即断开电源进行检查和处理:

(1) 运行中发生人身事故。

(2) 电动机启动设备内冒烟或有火花时。

(3) 电动机发生剧烈震动威胁到电动机安全运行时。

(4) 电动机轴承温度超过允许温度值时。

(5) 电动机温度超过允许温度值,而且转速下降。

(6) 电动机发生两相运行时。

(7) 电动机所带动的机器、设备发生故障。

(8) 电动机传动装置失灵或损坏。

五、电动机的试验

新安装或检修后的电动机,应进行以下必要的试验。

1. 绝缘电阻的测试　电动机额定电压在 500 V 以下,用 500 V 兆欧表测量(新电动机要求用 1 000 V 兆欧表),额定电压在 500 V 及以上者应用 1 000 V 兆欧表测量;额定电压在 3 000 V 及以上者应用 2 500 V 兆欧表测量(测量方法见兆欧表使用)。

电压在 1 kV 以下的电动机绝缘电阻不小于 0.5 MΩ;500 kW 以上的电动机,还应测量吸收比。

2. 绕组直流电阻的测量　通过测量绕组的直流电阻可以判断各相电阻是否平衡,并将测量数据与出厂资料或以往的资料进行比较,如相差过大或不平衡,则说明绕组有匝间短路、接触不良等。

3. 相序和旋转方向的确定。

4. 电动机定子绕组首末端的判断　可以用直流感应法、交流电压法和万用表判别法进行。

第十二章　低压线路

低压电气线路通常指 1 kV 以下(一般是指 380 V/220 V)的线路,是电力系统的重要组成部分。电气线路可分为电力线路和控制线路。前者完成输送电能的任务;后者供保护和测量的连接之用。电气线路除应满足供电可靠性和控制可靠性的要求外,还必须满足各项安全要求。

电气线路种类很多,按照敷设方式,分为架空线路、电缆线路、穿管线路等;按照导线的绝缘,分为塑料绝缘线、橡皮绝缘线、裸线等。

第一节　低压架空线路

架空线路指挡距超过 25 m,利用杆塔敷设的高、低压电力线路。架空线路主要由导线、杆塔、绝缘子、横担、金具、拉线及基础等组成。

架空线路的导线用以输送电流,多采用钢芯铝绞线、硬铜绞线、硬铝绞线和铝合金绞线。厂区内(特别是有火灾危险的场所)的低压架空线路宜采用绝缘导线。

低压架空线路的特点是造价低、施工和维修方便、机动性强。但架空线路容易受大气中各种有害因素的影响,妨碍交通和地面建设,而且容易与邻近的高大设施、设备或树木接触(或过分接近),导致触电、短路等电气事故。

一、对低压架空线路的要求

1. 架空线路路径要尽量短,要减少跨越和转角,选择地质条件好,运行施工较为方便的地段。尽量少占农田,尽可能靠近道路两侧,少拆迁房屋和其他建筑物,以便线路施工、运输、维护和检修等,还要考虑对其他电力设施、通信线路的影响。严禁跨越可燃物、爆炸物的场院和仓库等,以免发生火灾和爆炸事故。

2. 绝缘强度:绝缘强度必须满足相间绝缘与对地绝缘的要求。必须能经受工频电压、大气过电压、操作过电压及污秽的考验。

3. 机械强度:架空线路的机械强度不仅要担负本身的重量所产生的拉力,而且要能经得起风、雪、冰凌等负荷及气温的影响而产生弧垂变化的应力。

4. 导电能力:导线截面积必须满足发热和电压损失的要求。

二、低压架空线路的构成(图 12－1)

1. 杆塔　架空线路的杆塔用以支撑导线及其附件。杆塔有钢筋混凝土杆、木杆和铁塔之分。按其功能,杆塔分为直线杆塔、耐张杆塔、跨越杆塔、转角杆塔、分支杆塔和终端杆塔等。

(1) 直线杆塔:用于线路的直线段上,起支撑导线、横担、绝缘子、金具之用。

(2) 耐张杆塔:在断线或紧线施工的情况下,能承受线路单方向的拉力。用于线路直线

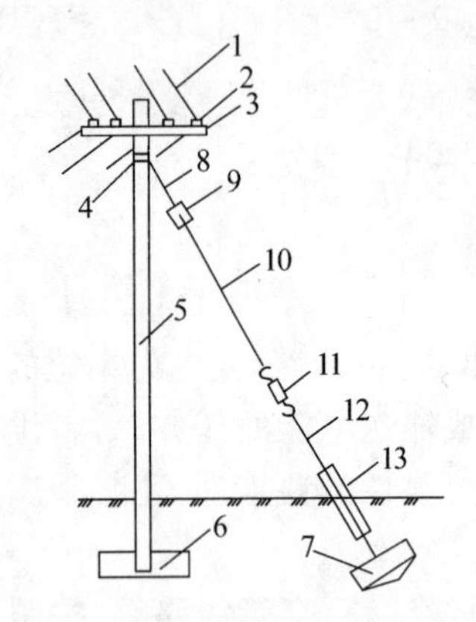

1. 导线　2. 绝缘子　3. 横担　4. 拉线抱箍
5. 电杆　6. 底盘　7. 拉线盘　8.(拉线上把)
9. 拉线绝缘子　10. 拉线腰把
11. 花篮螺丝(UT 型线夹)
12. 拉线拉把　13. 拉线防护装置

图 12-1　低压架空线路器材

段几座直线杆塔之间的线段上。

(3) 跨越杆塔:是高大、加强的耐张型杆塔,用于线路跨越铁路、公路、河流等处;转角杆塔用于线路改变方向处,能承受线路两方向的合力。

(4) 分支杆塔:用于线路分支处,能承受各方向线路的合力。

(5) 终端杆塔:用于线路的终端,能承受线路全部导线的拉力。

低压架空线路常选用圆锥形、长 8～10 m 的水泥杆,架空线路电杆埋设深度不得小于杆长的 1/10+0.6 m。

2. 绝缘子(瓷瓶)　架空线路的绝缘子用于支撑、悬挂导线,并使之与杆塔绝缘。分为针式绝缘子、碟式绝缘子、悬式绝缘子、陶瓷横担绝缘子和拉线绝缘子等。

3. 横担　架空线路的横担用于支撑导线。常用的横担有角铁横担和陶瓷横担。一般铁横担所用的角钢规格不宜小于 50 mm×50 mm×5 mm。铁横担应镀锌,以防生锈。

4. 金具　架空线路的金具主要用于固定导线和横担,包括线夹、横担支撑、抱箍、垫铁、连接金具等金属器件。

5. 导线　目前架空线大多采用铝导线。铝导线分为铝绞线(LJ)及钢芯铝绞线(LGJ)两种,钢芯铝线弥补了铝导线机械强度不高的缺陷。

(1) 架空配电线路导线的结构:总的说来,可以分三大类:单股导线、多股导线和复合材料导线。

(2) 架空配电线路导线的排列:面对负荷侧从左至右,10 kV 线路为 L_1、L_2、L_3;低压线路为 L_1、N、L_2、L_3,垂直排列时 N 在相线下方,水平排列沿墙面起 L_1、L_2、N、L_3。

线路同杆架设时,高压线路在低压线路上方。低压线路中黄、绿、红分别接 L_1、L_2、L_3,淡蓝色接工作零线 N。黄/绿双色为保护线。

(3) 导线与其他物体之间的最小距离:见表 12-1～12-3。

表 12-1　导线与建筑物间的最小距离

线路电压(kV)	<1	6～10	35
垂直距离(m)	2.5	3.0	4.0
垂直距离(m)	1.0	1.5	3.0

表 12－2　导线与树木间的最小距离

线路电压(kV)	<1	6～10	35
垂直距离(m)	1.0	1.5	4.0
垂直距离(m)	1.0	2.0	3.5

表 12－3　架空线路导线间的最小距离(线路挡距)(m)

线路挡距	≤25	30	40	50	60	70	80	90	100	110
10 kV	0.6	0.6	0.6	0.65	0.7	0.76	0.8	0.9	1.0	1.06
0.4 kV 横担水平距离	0.3	0.35	0.35	0.4	0.45	0.70				

6. 拉线　拉线用来平衡导线的拉力和风力，从而加强电杆的稳定性。凡是转角、分支、耐张、终端和跨越杆都应装设拉线。拉线与电杆的夹角一般为 45°，不得小于 30°。按拉线的用途不同可分为不同种类(图 12－2)。

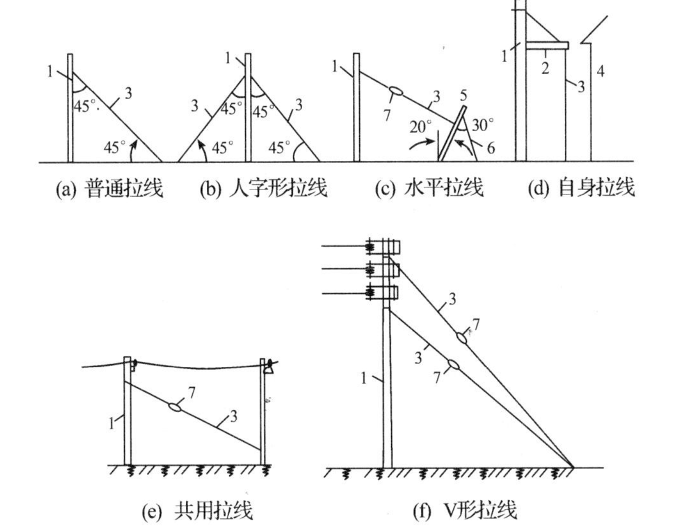

1. 电杆　2. 横铁　3. 拉线　4. 建筑物　5. 高桩　6. 坠线　7. 拉线绝缘瓷瓶

图 12－2　拉线的种类

三、低压架空线路的架设要点

1. 挡距　低压架空线挡距根据杆型、地形、地区(城市和偏远地区)不同而不同。一般有 30～40 m、40～50 m、50～70 m 不等。

2. 低压接户线、进户线　从低压电力线路到用户室外第一个支撑物的一段线路为接户线。从用户室内计量装置出线端到用户室外第一支撑物或配电装置的一段线路为进户线。

低压接户线的最小允许截面为：铜芯绝缘线 10 mm^2；多户合用的铜芯绝缘线 16 mm^2。

接户线的长度，高压不大于 25 m，低压不大于 15 m。接户线对地距离，6～10 kV 不小于 4 m；低压接户线不小于 2.5 m。跨越通车街道不小于 6 m，通车困难道路或人行道不小于 3.5 m。

进户线的进户管口与接户线的垂直距离应不大于 0.5 m。进户线的进户管口对地距离,低压不小于 2.7 m;高压不小于 4.5 m。

第二节 电缆线路

电缆线路的特点是造价高、不便分支、施工和维修难度大;但电缆线路不容易受大气中各种有害因素的影响,不妨碍交通和地面建设。现代企业中,电缆线路得到了广泛的应用,特别是在有腐蚀性气体或蒸汽,有爆炸火灾危险的场所,应用得最为广泛。

一、电缆路径的选择

1. 应使电缆不易受到机械、震动、化学、地下电流、水锈蚀、热影响、蜂蚁和鼠害等损伤。
2. 应便于维护。
3. 应避开场地规划中的施工用地或建设用地。
4. 应使电缆路径较短。

二、电力电缆

电力电缆主要由缆芯导体、绝缘层和保护层组成。

1. 电缆缆芯导体　分为铜芯和铝芯两种。
2. 绝缘层　分为油浸纸绝缘、塑料绝缘、橡皮绝缘等几种。
3. 保护层　分内护层和外护层。

(1) 内护层分铅包、铝包、聚氯乙烯护套、交联聚乙烯护套、橡套等几种。

(2) 外护层包括黄麻衬垫、钢铠和防腐层。

(3) 油浸纸绝缘电缆和交联聚乙烯绝缘电缆的结构见图 12－3 和图 12－4。

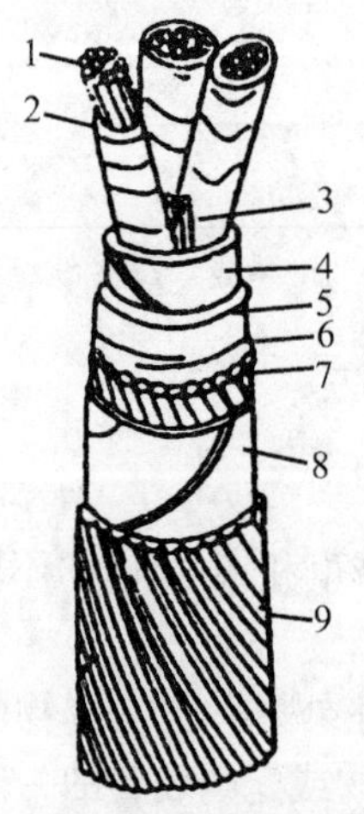

1—缆芯;2—分相油浸纸绝缘;3—填料;
4—统包油浸绝缘;5—铅(铝)包;
6—沥青纸带内护层;7—沥青麻包内护层;
8—钢铠外护层;9—麻辫外护层

图 12－3　油浸纸绝缘电力电缆图

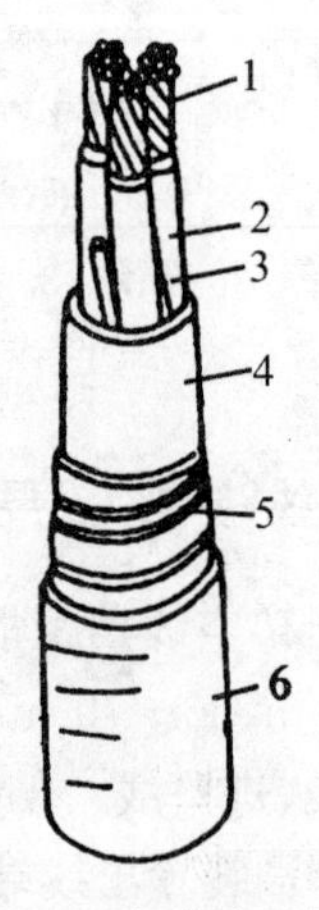

1—缆芯;2—交联聚乙烯绝缘;
3—填料;4—聚氯乙烯内护层;
5—钢铠或铝铠外护层;
6—聚氯乙烯外护层

12－4　交联聚乙烯绝缘电力电缆

户外用电缆终端接头有铸铁外壳、瓷外壳终端接头和环氧树脂终端接头；户内用电缆终端接头常用环氧树脂终端接头和尼龙终端接头。

电缆中间接头有环氧树脂中间接头、铝套中间接头和铸铁中间接头。电缆接头事故占电缆事故的 70%，其安全运行十分重要。

三、电缆的选择

应根据用电量的大小、使用场所、敷设方式选择不同型号、规格的电缆。但首先应考虑载流量和电压损失。

四、电缆的敷设

1. 电缆的敷设方式分为：架空、直埋、穿管、电缆沟、电缆廊道、电缆桥架、过江或海底敷设等。

2. 三相四线制系统应采用四芯电缆。严禁采用三芯电缆加一根单芯电缆或以单根导线或电缆的金属外皮作中性线。四芯电缆中黄、绿、红分别接 L_1、L_2、L_3，淡蓝色接工作零线 N。

3. 直埋电缆敷设前，要按照线路的走向在地面上挖深度为 0.8 m 的沟，沟宽应视电缆的数量而定，一般取 0.6 m。在沟底部垫软土或黄沙，中心敷设电缆（电缆埋深 0.7 m），电缆两侧和上部再铺上软土或黄沙，上部的软土或黄沙厚度不得小于 10 cm，并应加盖板保护。盖板可采用混凝土板或砖块。直埋电缆在填土后必须按规定设置标志桩。

4. 电缆敷设时，宜在进户处、接头、电缆头处或地沟及隧道中预留一定长度的余量。

5. 在屋内架空明敷的电缆与热力管道的净距离，平行时不应小于 1 m；交叉时不应小于 0.5 m；当净距不能满足要求时，应采取隔热措施。

电缆在屋内埋地穿管敷设，或通过墙、楼板穿管时，其穿管的内径不应小于电缆外径的 1.5 倍。

6. 电缆隧道和电缆沟应采取防水措施，其底部排水沟的坡度不应小于 0.5%，并应设集水坑，积水可经集水坑用泵排出。有条件时，积水可直接排入下水道。

7. 电缆沟盖板宜采用钢筋混凝土盖板或钢盖板。钢筋混凝土盖板的重量不宜超过 50 kg，钢盖板的重量不宜超过 30 kg。

8. 电缆人孔井的净空高度不应小于 1.8 m，人孔井可作为出口，人孔井直径不应小于 0.7 m。

9. 电缆与道路、铁路交叉时，应穿管保护，保护管应伸出路基 1 m。

10. 埋地敷设电缆的接头盒下面应垫混凝土基础板，其长度应超过接头保护盒两端 0.6～0.7 m。

11. 电缆通过下列地段应穿管保护，穿管内径不应小于电缆外径的 1.5 倍。

(1) 电缆通过建筑物和构筑物的基础，散水坡、楼板和穿过墙体等处。

(2) 电缆通过铁路、道路处和可能受到机械损伤的地段。

(3) 电缆引出地面 2 m 至地下 20 cm 处的部分。

(4) 电缆可能受到机械损伤的地方。

(5) 电缆与各种管道或沟道之间的距离不足规定的距离处。

第三节　室内布线

室内线路就是在房屋内,对各种电气设备供电和控制的电气线路。包括导线、电缆以及固定配件等,统称为室内线路或室内布线。

一、室内布线一般要求

1. 室内各种布线方式,均应满足使用安全、合理、经济、可靠的要求。

(1) 使用绝缘导线的额定电压应大于线路的工作电压。

(2) 布线采用的方式应便于导线更换。

(3) 导线连接和分支处,不应受到机械力的作用。

(4) 线中应尽量减少导线接头,以减少故障点。

(5) 导线与电器端子的连接要紧密压实。

(6) 室内布线的线路应尽可能避开热源和不在发热的表面物体上敷设。

2. 导线截面选择:

(1) 按发热条件(载流量)选择导线截面。

(2) 按允许电压损失条件来选择导线截面。

(3) 按机械强度要求检验导线的最小允许截面。

二、室内配线

室内配线种类繁多,母线有硬母线和软母线之分。干线有明线、暗线和地下管配线之分。支线有护套线直敷配线、瓷夹板或塑料夹板配线、鼓形绝缘子或针式绝缘子配线、钢管配线、塑料管配线等多种形式。室内配线方式应与环境条件、负荷特征、建筑要求相适应。

1. 线路应远离可燃物,且不应敷设在未抹灰的木天棚或墙壁上,以及可燃液体管道的栈桥上。

2. 配线钢管应镀锌并刷防腐漆。

3. 配线不宜用铝导线(因其韧性差,受震动易断),应当用铜导线。

4. 配线用裸导线时,应采用溶焊或钎焊连接;需拆卸处用螺栓可靠连接,在 H－1 级,H－3级场所宜有保护罩;当用金属网罩时,网孔直径不应大于 12 mm,在 H－2 级场所应有防尘罩。

5. 配线应在不受阳光直接曝晒和雨雪下淋的场所。

6. 特别潮湿环境应采用硬塑料管配线或针式绝缘子配线;高温环境应采用电线管或焊接钢管配线或针式绝缘子配线。

7. 多尘(不包括火灾及爆炸性粉尘)环境应采用各种管配线。

8. 腐蚀性环境应采用硬塑料管配线。

9. 火灾危险环境应采用电线管或焊接钢管配线;爆炸危险环境应采用焊接钢管配线。

三、施工具体要求

1. 穿在管内的导线，一般要求穿管导线的总截面（包括绝缘层）不超过管内径截面的40%。不同电压等级、不同计量标准、不同控制对象不准穿在同一管内。管内的导线任何情况下都不能有接头，分支接头应放在接线盒内连接。穿在管内的导线使用铜芯线，截面积不得小于 1 mm^2。

2. 导线穿越楼板时，应将导线穿入钢管或塑料管内保护，保护管上断口距地面不应小于 2 m，下端口到楼板下出口为止。

3. 导线穿墙时，也应加装保护管（瓷管、塑料管或钢管），保护管伸出墙面的长度不应小于 10 mm。

第四节　导线连接、电气线路故障及防护

一、导线连接

导线有绞接、缠接、压接、焊接、螺栓等多种连接方式。各种连接方法适用于不同导线性质及不同的工作地点（图 12－5～图 12－8）。导线连接必须紧密，接头的电阻要小。导线的接头抗拉强度必须与原导线抗拉强度相近。原则上，导线连接处的机械强度不得低于原导线机械强度的 90%；绝缘强度不得低于原导线的绝缘强度；接头部位电阻不得大于原导线电阻的 1.2 倍。

1. 单股导线的连接　单股导线的连接如图 12－5(a)所示。对截面积较小的常用绞接法。不分支直导线在导线连接前，首先将剥去绝缘层的导线互绞三圈（油条花），然后将两线端分别在另一导线上紧密绕 5 圈，再将两线端头分别贴在导线上，剪去余长即可，再用胶布包裹好。包裹胶布时后一圈要压住前一圈胶布宽度的 1/2。

分支接头（通常呈直角形）采用绞接法，如图 12－5(b)所示。可先用手将支线在干线上粗略绕 2～3 圈，再用钳绕 5 圈剪去余长即可。

在干燥的室内，如无爆炸危险和强烈振动，且安全要求不太高，小截面铜导线与铝导线允许直接连接。其操作要领是：剥开铝导线后及时涂上导电膏；铜导线涮锡后涂上导电膏；按要求紧密缠结；缠结好后，先用橡皮胶布紧密包裹（尽量不留下气泡），然后再用普通胶布包裹，采用“三叠两次一回头”的方法进行包缠。

2. 多股导线的连接　首先剥去适当长度的绝缘层，再将导线顺次分支成 30°伞状，用钳子把导线逐根拉直，并清除表面杂物。用单卷进行无分支时，将已散开的多股导线剪去中心的一股芯线；再将散开的各导线相互插嵌，一直插到每股导线的中心部位完全接触（图 12－6(a)所示），再将散开的各线端合拢，取任意一股（或两股）绕 5～6 圈，再用同样的方法卷绕（图 12－6(b)所示），依此类推，一直进行到多股导线绕完为止；最后，选择两股相互扭绞 3～4 圈，剪去多余的线并用钳子敲平。再用同样的方法做另一端。一般卷绕的长度是导线直径的 10 倍左右，(图 12－6c 所示)。多股导线的分支连接如图 12－7 所示。

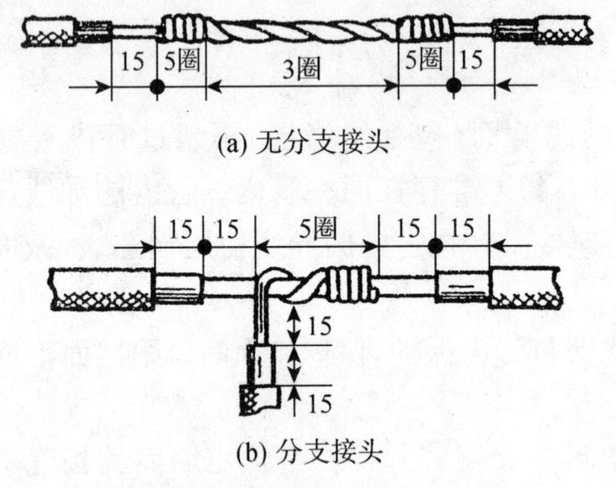

图 12-5　单股铜导线的绞接法

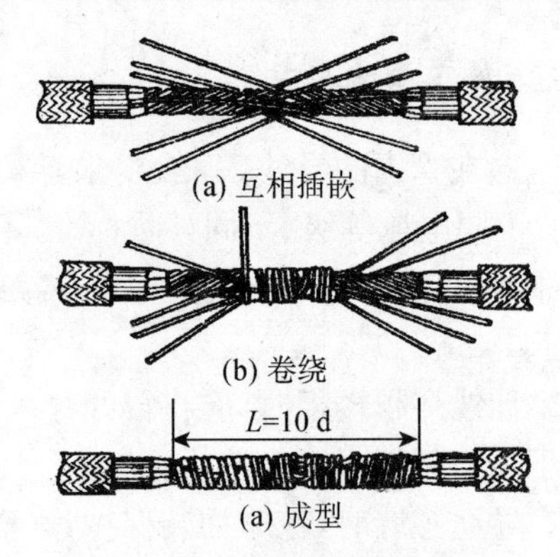

图 12-6　多股铜导线的绞接法

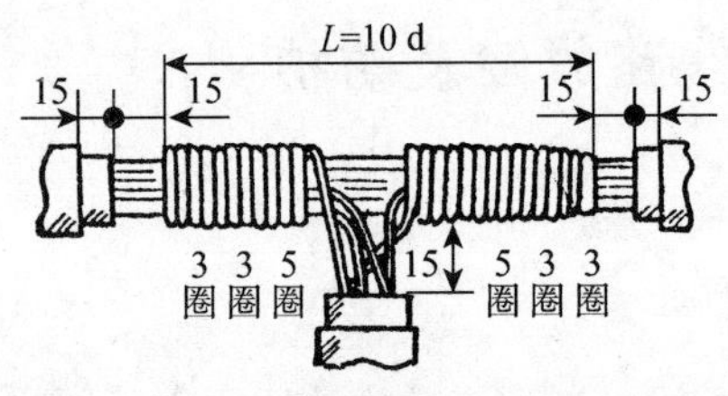

图 12-7　多股铜导线的分支连接法

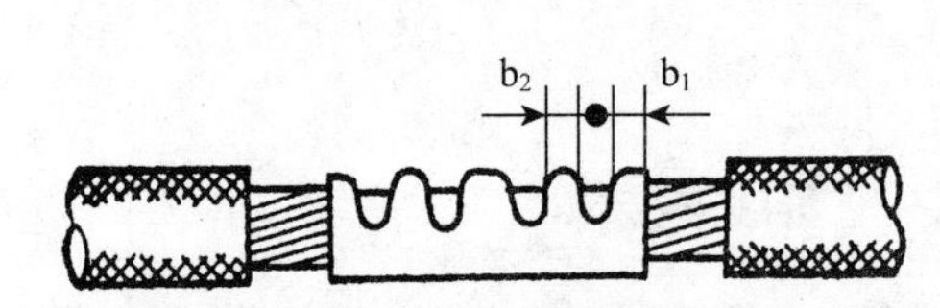

图 12-8　铜导线用铜接管的压接

3. 铜导线的冷压连接　铜导线的压接是采用相应尺寸的铜接管套在被连接的线芯上，用压接钳和模具进行冷态压接(图 12-8)。铜压接工艺通常用于截面积大于 16 mm^{2}以上的导线。

铝导线的冷压连接基本与铜导线的冷压连接相类似。铝导线压接前，需要压接的线芯必须清洗并涂上中性凡士林油膏和石英粉。

4. 焊接、螺栓连接　导线的连接还有焊接、螺栓连接。可根据不同的场所和需要选用。

不管采用何种连接方法连接，导线连接后的接头与原导线绝缘层的距离尽可能小。

二、电气线路常见故障

电气线路故障可能导致触电、火灾、停电等多种事故。下面对电气线路的常见故障做简要分析。

1. 架空线路故障　架空线路暴露在大气中，容易受到气候、环境条件等因素的影响。

(1) 当风力超过杆塔的稳定度或机械强度时，可使杆塔歪倒或损坏。超风速情况下固然可以导致这种事故，但如杆塔锈蚀或腐朽，正常风力也可能导致这种事故。大风还可能导致混线及接地事故。

(2) 降雨可能导致事故。毛毛细雨能使脏污的绝缘子发生闪络，造成停电；倾盆大雨可能导致山洪暴发冲倒电杆。

(3) 大雾天气可能造成绝缘子闪络。线路遭受雷击，可能使绝缘子发生闪络或击穿。

(4) 在春夏季节，导线将因温度升高而松弛，弧垂加大可能导致对地放电。在严寒的雨雪季节，导线覆冰将增加线路的机械负载，增大导线的弧垂，导致导线高度不够；覆冰脱落时，又会引起导线跳动，造成混线。

(5) 鸟类筑巢、树木成长、邻近的开山采石或工程施工、风筝及其他抛物均可能造成线路短路或接地。

(6) 厂矿生产过程中排放出来的烟尘和有害气体,会使绝缘子的绝缘水平显著降低,以致在空气湿度较大时发生闪络事故。

(7) 在木杆线路上,因绝缘子表面污秽,泄漏电流增大,会引起木杆、木横担燃烧事故。有些氧化作用很强的气体会腐蚀金属杆塔、导线、避雷线和金具。

(8) 绝缘子表面脏污可能引起污闪事故。一般灰尘容易被雨水冲洗掉,对绝缘性能的影响不大。但是,化工、水泥、冶炼等厂矿企业排放出来的烟尘和废气含有二氧化硅、二氧化硫、氧化钙等氧化物,对绝缘子危害极大。

2. 电缆线路故障　电缆故障一般无法通过巡视直接发现,必须采用测试电缆故障的仪器进行测量,才能确定故障点的位置。

电缆故障原则上可分为四种类型:接地故障、短路故障、断线故障和闪络性故障。

电缆故障主要包括机械损伤,铅皮(铝皮)龟裂、涨裂,终端头污闪,终端头或中间接头爆炸,绝缘击穿,金属护套腐蚀穿孔等故障。就发生的原因而言,主要有:外力破坏、化学腐蚀或电解腐蚀、雷击、水淹、虫害、施工不妥、维护不当等。

电缆常见故障和防止方法:

(1) 由于外力破坏的事故占电缆事故的 50%,为了防止这类事故,应加强对横穿河流、道路的电缆线路和塔架上电缆线路的巡视和检查;在电缆线路附近开挖地面时,应采取有效的安全措施。

(2) 由于管理不善或施工不当,电缆在运输、敷设过程中可能受到机械损伤;运行中的电缆,特别是直埋电缆,可能由于地面施工或小动物(主要是白蚁)啮咬受到机械损伤。对此,应加强管理、保证敷设质量、做好标记、保存好施工资料、严格执行破土动工制度、喷洒灭蚁药剂等。

(3) 由于施工、制作质量差或弯曲、扭转等机械力的作用,可能导致电缆终端头漏油。对此,应严格按规程施工并加强巡视。

(4) 由于质量不高、检查不严、安装不良(如过分弯曲、过分密集等)、环境条件太差(如环境温度太高等)、运行不当(如过负荷、过电压等),运行中的电缆可能发生绝缘击穿,铅包发生疲劳、龟裂、涨裂等损伤。对此,除针对以上原因采取措施外.还应加强巡视,发现问题及时处理。

(5) 由于地下杂散电流和非中性物质的作用,电缆可能受到电化学腐蚀或化学腐蚀。电化学腐蚀是由于直流机车及其他直流装置经大地流通的电流造成的;化学腐蚀是由于土壤中的酸、碱、氯化物、有机体腐烂物、炼铁炉灰渣等杂物造成的。对此,可采取给电缆涂沥青,将电缆装于保护管内的措施予以预防。电缆与直流机车轨道平行时,其间应保持 2 m 以上的距离或采取隔离措施,应定期挖开泥土,查看电缆腐蚀的情况。

(6) 由于浸水、导体连接不好、制作不良、超负荷运行以及污闪等原因,均可能导致电缆终端头或中间接头爆炸。对此,应针对不同原因采取相应的措施,并加强检查和维修。应当指出,过热是电气线路的常见故障,但线路过热可能是多种原因造成的。例如:线路过载、接触不良、线路散热条件被破坏,运行环境温度过高、短路(包括金属性短路和非金属性短路)、严重漏电、三相电动机堵转、三相电动机缺相运行、电动机过于频繁地启动等不安全状态均可能导致线路过热。

三、线路故障原因分析

1. 绝缘损坏　绝缘损坏后依据损坏的程度可能出现以下两种情况：

(1) 短路：短路会导致绝缘完全被损坏，将导致事故发生。短路时流过线路的电流增大为正常工作电流的数倍到数十倍，而导线发热又与电流的平方成正比，以致发热量急剧增加，短时间即可能起火燃烧。如短路时发生弧光放电，高温电弧可能烧伤邻近的工作人员，也可能直接引起燃烧。此外，在短路状态下，一些裸露导体带有危险的故障电压，可能给人以致命的电击。

(2) 漏电：导体绝缘未完全损坏，将导致漏电。漏电是电击事故最多见的原因之一。另一方面，漏电处局部发热，局部温度过高可能直接导致起火，亦可能使绝缘进一步损坏，形成短路。

短路能引起火灾，如果导体接地，由于接地电流与短路电流相差甚远，虽然线路不至于由接地电流产生的热量引燃起火，但接地处的局部发热和电弧可导致起火燃烧。

线路绝缘损坏的原因有很多种。例如：雷击等过电压的作用可使绝缘击穿而受到破坏；绝缘物长时间的使用将老化，而逐渐失去原有的绝缘性能和机械性能；由于内部原因或外部原因长时间过热、化学物质的腐蚀、机械损伤和磨损、受潮发霉、恶劣的自然条件、小动物或昆虫的啮咬，以及操作人员不慎损伤均可能使绝缘遭到破坏。此外，导电性粉尘或纤维沉积在绝缘体表面上将破坏其表面绝缘性能而导致漏电或短路；胶木绝缘受电弧作用后，其表面可能发生炭化，并由此导致新的、更为强烈的弧光短路。

2. 接触不良　电气的连接部位包括导体间永久性的连接(如焊接)、可拆卸连接(如导线与接线端子的螺丝连接)和工作性活动连接(如各种电器的触头)。连接部位是电气线路的薄弱环节。如连接部位接触不良，则接触电阻增大，必然造成连接部位发热增加，乃至产生危险温度，构成引燃源。如连接部位松动，则可能放电打火，构成引燃源。特别是铜导体与铝导体的连接，如没有采用铜铝过渡段，经过一段时间使用之后，很容易成为引燃源。铜导体与铝导体直接连接容易起火的原因如下：

(1) 铝导体表面的氧化膜：铝导体在空气中数秒钟之内即能形成厚 3～6 μm 的高电阻氧化膜。氧化膜将大幅度提高接触电阻，使连接部位发热，产生危险温度。接触电阻过大还造成回路阻抗增加，减小短路电流，延长短路保护装置的动作时间甚至阻碍短路保护装置动作，这也增大了火灾的危险性。

(2) 铜和铝的热胀系数不同：铝的热胀系数较铜的大 36%，发热使铜端子增大而本身受到挤压，冷却后不能完全复原。经多次反复后，连接处逐渐松弛，接触电阻增加。如连接处出现微小缝隙，如空气进入，将导致铝导体表面氧化，接触电阻大大增加；如进入水分，将导致铝导体电化学腐蚀，接触状态急剧恶化。

(3) 铜和铝的化学性能不同：铝为三价元素，铜为二价元素。因此，当有水分进入铜、铝之间的缝隙时，将发生电解，腐蚀铝导体，必然导致接触状态迅速恶化。

(4) 氯化氢的产生：当温度超过 75℃，且持续时间较长时，聚氯乙烯绝缘物会分解出氯化氢气体。这种气体对铝导体有腐蚀作用，从而增大接触电阻。

正因为以上原因，在潮湿场所或室外，铝导体与铜导体不能直接连接，而必须采用铜铝过渡接头。

3. 严重过载　过载是指线路中的电流大于线路的计算电流或允许载流量。过载将使绝缘加速老化。如过载太多或过载时间太长，将造成导线过热，带来引燃危险。过载还会增大线路上的电压损失。

过载的主要原因有：使用者私自接用大量用电设备造成过载；设计者没有充分考虑发展的需要，余量留得太小而造成的过载。

应当指出，电气线路在冷态情况下，短时间适量过载是允许的，但必须严格控制过载时间和过载量。

4. 断线　断线可能造成接地、混线、短路等多种事故。导线断落在地面或接地导体上可能导致电击事故。导线断开或拉脱时产生的电火花，以及架空线路导线摆动、跳动时产生的电火花均可能引起邻近的可燃物起火燃烧。此外，三相线路断开一相将造成三相设备不对称运行，可能烧坏设备；中性线（工作零线）断开也可能造成负载三相电压不平衡，并烧坏用电设备。

5. 间距不足　线路安装中最为多见的问题是间距不足。间距不足可能导致碰线短路、电击、漏电等事故。

6. 保护导体带电　保护导体带电除可能导致电气设备外壳带电外，还可能引发火灾的危险性。在下列情况下，保护导体可能带电。

（1）接地方式与接零方式混合使用，且接地的设备漏电。

（2）保护导体（包括 PE 线和 PEN 线）断开（或接触不良）。

（3）TN-C 系统中保护导体（PEN 线）断开（或接触不良）。

（4）保护导体（包括 PE 线和 PEN 线）阻抗太大，末端接零设备漏电。

（5）TN-C 系统中的 PEN 线阻抗较大，且不平衡负荷太大。

（6）在 TN-S 系统中，单相负荷接在相线和 PE 线上。

（7）某一相线故障接地；某一相线经负载接地。

（8）保护导体与其他系统的保护导体连通，其他系统的保护导体带电。

（9）感应带电。

四、电气线路安全条件

电气线路应满足供电可靠性或控制可靠性的要求，必须满足各项安全要求、经济指标要求及维护管理方便的要求。

1. 为防止线路过热，保证线路正常工作，导线运行最高温度不得超过下列限值：橡皮绝缘线 65℃、塑料绝缘线 70℃、裸线 70℃、铅包或铝包电缆 80℃、塑料电缆 65℃。

2. 机械强度　运行中的导线将受到自重、风力、热应力、电磁力和覆冰重力的作用。因此，必须保证足够的机械强度。

3. 绝缘和阻燃性材料的应用　绝缘不良可能导致漏电。电气线路的绝缘电阻必须符合要求。运行中低压电气线路的绝缘电阻一般不得低于每伏工作电压 1 000 Ω，新安装和大修后的低压电气线路一般不得低于 0.5 MΩ，控制线路一般不得低于 1 MΩ。冷态测得的电阻值应换算为热态电阻值与规定值进行比较。

采用阻燃性绝缘材料可以抑制火灾的蔓延。阻燃性绝缘材料具有减缓、终止有焰燃烧和抑制无焰燃烧的功能。

4. 过电流保护　电气线路的过电流保护包括短路保护和过载保护。装设过负荷保护的配电线路,其绝缘导线允许的载流量不应小于熔断器额定电流的1.25倍。

(1) 短路保护:短路电流很大,持续时间稍长即可造成严重后果。因此,短路时短路保护装置必须瞬时动作。电磁式过电流脱扣器(或继电器)具有瞬时动作的特点,宜用作短路保护元件。熔断器的动作虽然具有反时限的特点,但因其热容量很小,动作特性曲线很陡,一般情况下动作时间很短,也常用作短路保护元件。当电流为熔体额定电流的6倍时,快速熔断器的熔断时间一般不超过0.02 s,从而具有良好的短路保护性能。

短路保护的动作时间应符合前述电气线路热稳定性的要求。

在TN系统中,短路保护装置应能保证发生单相短路时,在规定的持续时间内切断电源。

(2) 过载保护:为了充分利用电力线路的过载能力,过载保护必须具备反时限动作特性、热脱扣器或热继电器具有良好的反时限动作特性,宜用作过载保护元件;但热脱扣器动作太慢(6倍整定电流时动作时间仍大于5 s),不能作短路保护元件。熔断器的动作特性具有反时限的特点,在没有冲击电流或冲击电流很小的线路中,除用作短路保护元件外,也兼作过载保护元件。

热脱扣器的额定电流可按负荷电流的1.1倍选取,但应按负荷电流进行整定,以提高防火效能,对于没有冲击电流或冲击电流很小的线路,熔断器熔体的额定电流应与过载保护的要求相适应。

5. 线路管理　电气线路应有必要的资料和文件,如施工图、实验记录等。还应建立巡视、清扫、维修等制度。架空线路敞露在大气中,容易受到天气和环境条件的影响。雷击、大雾、大风、雨雪、高温、严寒、洪水、烟尘和灰尘、纤维、盐雾及腐蚀气体、鸟类、树木等都可能造成架空线路发生断线、混线、接地、短路、倒杆等故障。因此,对于架空线路,除设计中必须考虑对有害因素的防护外,还必须加强巡视和检修,并考虑防止事故扩大的措施。

架空线路巡视分为定期巡视、特殊巡视和故障巡视。定期巡视是日常工作内容之一。10 kV及10 kV以下的线路,至少每季度巡视一次。特殊巡视是运行条件突然变化后的巡视,如雷雨、大雪、重雾天气后的巡视,地震后的巡视等。故障巡视是发生故障后的巡视,巡视中一般不得单独排除故障。

电缆受到外力破坏、化学腐蚀、水淹、虫咬,电缆终端接头和中间接头受到污染或进水均可能发生事故。因此,对电缆线路也必须加强管理,并定期进行试验。电缆线路的定期巡视一般每季度一次;户外电缆终端头每月巡视一次。电缆线路巡视检查主要包括以下内容:

(1) 直埋电缆线路:标志桩是否完好;沿线路地面上是否堆放矿渣、建筑材料、瓦砾、垃圾及其他重物,有无临时建筑;线路附近地面是否开挖;线路附近有无酸和碱等腐蚀性排放物;地面上是否堆放石灰等可构成腐蚀的物质;露出地面的电缆有无穿管保护,保护管有无损坏或锈蚀,固定是否牢固;电缆引入室内处的封堵是否严密。洪水期间或暴雨过后,应巡视线路附近有无严重冲刷或塌陷现象等。

(2) 沟道内的电缆线路:沟道的盖板是否完整无缺;沟道是否渗水、沟内有无积水、沟道内是否堆放有易燃易爆物品;电缆铠装或铅包有无腐蚀,全塑电缆有无被老鼠啮咬的痕迹;洪水期间或暴雨过后,巡视室内沟道是否进水,室外沟道泄水是否畅通等。

(3) 巡视电缆终端头和中间接头终端头的瓷套管有无裂纹、脏污及闪络痕迹，充有电缆胶(油)的终端头有无溢胶(漏油)现象；接线端子连接是否良好，有无过热迹象；接地线是否完好、有无松动；中间接头有无变形、温度是否过高等。

(4) 巡视明敷的电缆线的挂钩或支架是否牢固；电缆外皮有无腐蚀或损伤；线路附近是否堆放有易燃、易爆或强烈腐蚀性物质等。

(5) 对临时线应建立相应的管理制度(参照第三章临时用电安全技术)。例如：安装临时线应有申请、审批手续；临时线应有专人负责；应有明确的使用地点和使用期限等。装设防盗线时，必须先考虑安全问题。移动式临时线，必须采用有保护芯线的橡套软线。临时架空线的高度和其他间距，原则上不得小于正规线路所规定的限值，必要的部位应采取屏护措施，长度一般不超过 500 m。

第十三章　照明及移动式电气设备

第一节　照明与灯具

一、照明电压

1. 一般场所不论是正常照明还是局部照明,固定安装的灯具均采用对地电压不大于250 V的电压,即220 V。

2. 一般场所的局部照明和移动照明,如行灯应采用36 V或24 V的安全电压。

3. 事故照明一般也采用220 V的电压,以便与工作照明线路互相切换。

4. 恶劣工作环境,如坑道、金属容器中的移动照明应采用12 V安全电压。

二、照明种类

1. 一般照明(工作照明)　是指整个场所和场所的某部分基本相同的照明。一般照明也称常用照明,是保证在工作时生产视觉条件的各种照明。

2. 事故照明　包括继续工作照明以及供疏散人员事故照明,必须采用白炽灯。

(1) 发生事故照明中断后,供继续工作的照明:用于工作照明中断后,可能发生爆炸、火灾的地方或照明中断可造成生产紊乱、减产或设备事故的地方。

(2) 供疏散人员的事故照明:一般用于大量人员聚集的地方。事故照明不允许和其他照明共用同一条线路。

三、照明方式

照明方式有一般照明、局部照明和混合照明。

一般照明指普通照明,绝大多数场所都采用一般照明。局部照明仅在局部需要加强照度的地方设置。

四、供电系统

380 V/220 V中性点直接接地有TN、TT两种系统。TN-S为三相五线制系统,为普遍采用的一种形式,其PE线与N线从电源处就分开,接地故障电流从PE线返回电源,短路电流比较大。可用空气开关(或漏电保护器)保护,切断电源,防止电击伤。

TN-C-S系统,属于前部三相四线、后部三相五线制系统,用于厂区有变配电所、低电压进线的车间以及居民民用楼房及办公写字楼。

五、照明灯具

电气照明的光源应根据照明的要求和使用场所的特点来选择。电光源相对天然光属于二次能源,按其发光原理分为热辐射电光源和气体放电光源。住宅楼、办公楼等大多使用日光灯、白炽灯,其他如高压钠灯多用于马路照明,金属卤化物灯用于场馆、大厅、夜间照亮景物等。

1. 电光源

(1) 第一代电光源:第一代电光源属热辐电光源,是利用物质通电加热时辐射发光原理制造的,包括白炽灯、卤钨灯。

① 白炽灯:功率 10～1 000 W,显色指数 99,寿命 1 000 h,白炽灯发光效率低,灯泡表面温度高(100 W 以上已淘汰)。

② 卤钨灯:卤钨灯也是热辐射光源,其发光效率比白炽灯高 30%,寿命长一倍。

(2) 第二代电光源:第二代电光源是气体放电光源,电流通过气体而发光,如日光灯、高压水银灯。

① 日光灯:日光灯亦称低压水银灯。管内壁涂有荧光粉,不同的荧光粉可发出不同颜色。灯管多制成长形、圆环形,管端装有灯丝,构成热阴极,发射电子。管内放有微量水银,灯管点燃后形成气体放电,紫外线照射管壁荧光粉而发光。日光灯不是靠热辐发光,故也称冷光源。如管壁内不涂荧光粉,就构成紫外线杀菌灯。

日光灯光色好,寿命可长达 3 000 h,发光效率为 50 Lm/W,较白炽灯节省电力,需配用镇流器及启辉器,办公楼、绘图室等都采用日光灯。

② 高压水银灯:高压水银灯亦称荧光高压汞灯,发光效率为白炽灯的 3 倍。近年来已被高压钠灯所取代。

(3) 第三代电光源:第三代电光源是近几年研制成功的高强度气体放电新光源,有高压钠灯、管形氙灯和金属卤化物灯。

① 高压钠灯:高压钠灯是 20 世纪 60 年代研制成功的新光源,是利用高压钠蒸气放电制成的气体放电灯。其光效为 110 Lm/W,是白炽灯的 6～8 倍,有 30%电能转化成可见光,且光色好、透雾性好、寿命长,很适合用于机场跑道、街道及高大厂房,也是节能的新光源。

② 管形氙灯:管形氙灯是利用高压氙气放电制成的大功率气体放电灯,其发光接近连续光谱,和太阳光十分相近,因而光色好、功率可达几十千瓦,能发出几十万流明的光通量,故称"人工小太阳",特别适合大型广场。因其辐射强紫外线,所以安装高度不宜低于 20 m,且应水平安装。

③ 金属卤化物灯:金属卤化物灯是高气压放电光源中迅速发展的光源,发光体积小,电流密度大,光通量大,发光效率高,寿命长。

a. 钠铊铟灯:钠铊铟灯是由钠、铊、铟三种金属元素单色光谱黄、绿、蓝组合的白色光源。其光效、显色性都很高,功率为 250 W、400 W 的可作一般照明,用于工矿企业、商场、候车大厅、街道、建筑物泛光显色景物;1 000～2 000 W 的用作体育场馆、建筑物泛光照明。

b. 稀土金属灯:这类灯是由稀土元素镝、钬、铒、铥、镱、镥等密集型线光谱为主体的金属卤化物灯,显色性非常好。该类灯按其放电管长度又分为短弧灯和长弧灯。

c. 钪钠型金属卤化物灯:这类灯是以钪密集型线光谱和钠单色光谱组合成的白色光源,显色稍差但光效高、寿命长,很适合一般照明用及道路、车站、港口、机场等使用。

d. 彩色金属卤化物灯:不同金属元素有其特征谱线,可制成不同颜色。采用一种或多种金属卤化物,能制成彩色金属卤化物灯。这种灯的功率范围为 175～1 000 W,装饰环境、美化城市的效果极好。

近年来,又有用透明陶瓷管做放电管的陶瓷金属卤化物灯,其熔点达 2 000℃以上,可使电弧温度更高,比石英金属卤化灯有更高的光效和显色性,且寿命更长。

e. LED:目前被广泛采用的新型(LED)绿色照明,具有节能、发光效率高、显色性好、使用寿命长、性能价格比高以及启动可靠、方便、快捷、无频闪等优点。

2. 灯具　灯具即控照器,包括灯泡(灯管)、灯座和灯罩。其作用是固定灯泡,提供电源通路、控制光通量的分配,使被照面的照度符合要求,避免刺眼的眩光,不同形状和颜色的灯罩还对建筑起着美化装饰的作用。

(1) 灯具的类别

① 按控制光通量在空间的分布,灯具可分成直射灯具、漫射灯具和反射灯具三类。

a. 直射灯具:由反射性能良好的不透明材料制成灯罩,将光线通过灯罩内壁反射和折射,90%的光通量向下直射。如搪瓷、铝抛光和镀银镜面等。

b. 漫射灯具:为减少眩光,用漫射透光材料制成灯具,造型美观,光线柔和均匀,但光量损失较多。

c. 反射灯具:灯具上半部用透明材料制成,下半部用漫射透光材料(甚至不透光材料)制成,使 90%以上光通量照到顶棚或其他反射器,再反射到工作面。

② 灯具按用途可分为工厂灯、防爆灯、投光灯、交通灯、机床灯、柱灯及近几年在高速路上出现的高杆灯(40~50 m),写字楼、住宅建设中用的建筑灯,还有形式多样的各式花灯等。

(2) 灯具的选用:布置和选择灯具时,应考虑使用安全、维修方便并适应环境,尽可能达到既经济、实用又美观、大方。

① 易燃易爆场所,应选用与爆炸危险物质相适应的防爆等级的灯具。

② 有腐蚀气体及特别潮湿的场所,应选用防水、防尘灯,灯具零部件应经防腐处理。

③ 灼热多尘场所应采用投光灯。

④ 机械操作厂房内应采用带保护网的灯具。

⑤ 振动场所的灯具应有防振措施。

(3) 灯具的接线

表 13-1　常用灯具接线

名称用途	接线图	备注
一个单联开关控制一个灯	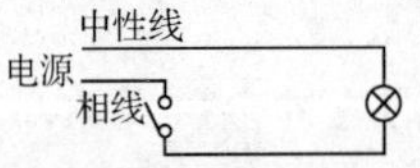 中性线 电源 相线	开关装在相线上,接入灯头中心簧片上,零线接入灯头螺纹口接线柱
一个单联开关控制一个灯,接一个插座	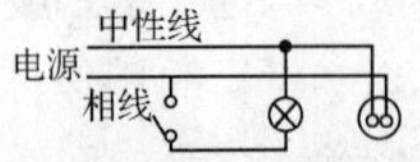 中性线 电源 相线	用线少,线路上有接头,工艺复杂,容易松动,易产生高热,有发生火灾的危险
	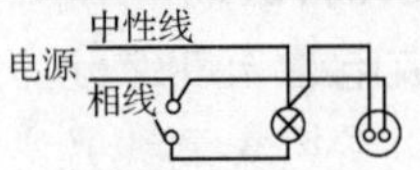 中性线 电源 相线	电路中无接头、较安全,用线多
一个单联开关控制两个灯	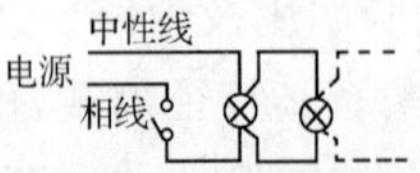 中性线 电源 相线	超过两个灯,按图中虚线延伸,注意开关允许容量

续表

名　称　用　途	接　线　图	备　　注
两个单联开关，分别控制两个灯		多个开关及多盏灯，可延伸接线
两个双联开关在两地，控制一个灯		用于楼梯或走廊，两端都能开、关的场所，接线口诀：开关之间三条线，零线经过不许断，电源与灯各一边
两个双联开关和一个三联开关在三地控制一个灯		用于需三个地方都能开关一个灯的场所

① 白炽灯：白炽灯常用灯具接线见表 13－1。安装注意要点：

a. 额定电压与供电电压相符，在 U_N 下平均寿命为 1 000 h。当电压上升 5％时，其寿命减少 50％，当电压升高 10％时，寿命减至 28％(即 280 h)。

b. 大于 100 W 需瓷质灯头。

c. 管形卤钨灯需水平安装，倾角应大于 4°，否则影响灯的寿命。

② 日光灯：日光灯接线如图 13－1 所示。

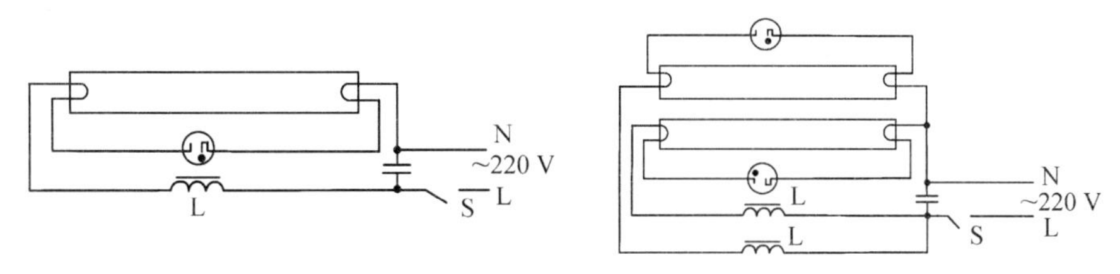

图 13－1　日光灯接线

使用注意事项：

a. 灯管功率和镇流器、启辉器必须匹配，否则镇流器或灯管易过热损坏。

b. 镇流器工作过程要注意散热，8 W 及以下镇流器功耗为 4 W；40 W 以下镇流器功耗为 8 W；100 W 镇流器功耗为 20 W。

c. 荧光灯不宜频繁开启，以免灯丝涂层受冲击过多，过分消耗而降低灯管寿命。

③ 高压钠灯

使用注意事项：

a. 电源电压变动不宜超过±5％，当电源电压上升 5％时，管压降增大，易引起自燃；降低时，光通量将减少，光色变差。

b. 灯在任何位置点燃，其光参数基本不变。

c. 配套设计灯具，反射光不宜通过放电管，否则将引起放电管因吸热而温度升高，且易自熄。

d. 灯泡、镇流器应相匹配,关断后不能立即启动。

e. 灯管破碎后的水银应妥善处理。

④ 金属卤化物灯

使用注意事项:

a. 电压变动不宜大于±5%,电压变化不但会引起光效、管压等变化,而且会使光色发生变化,金属卤化物灯对电压波动的敏感比高压汞灯还严重,很容易发生自熄。

b. 由于紫外线辐射较强,无外壳的金属卤化灯一般都配有玻璃罩,否则安装高度应不小于 14 m。不宜长时间正视灯具,以免灼伤眼睛。

c. 管形镝灯在使用时可水平点燃或垂直点燃,垂直点燃又分为灯头在上和灯头在下点燃。安装时必须认清灯的方向标记,正确使用。灯轴中心的偏离不应大于 15°,要求垂直点燃的灯,如若水平,灯管有爆炸危险。灯头方向调错,则灯的光色会变绿。

d. 触发器工作瞬间将产生近万伏高压,使用时必须注意安全。每次触发时间不宜超过 10 s,更不许用任何开关来代替触发按钮,以免造成连续运行,烧坏触发器。

第二节　照明装置的安装

一、导线截面选择

照明线路导线的截面应符合机械强度、载流量及电压损失等要求,并要与保护设备相配合。白炽灯、日光灯灯头线,在一般无碰撞场所,室内多采用铜芯软线,截面不小于0.5 mm^2,室外或建筑工地多采用铜芯硬线,截面不小于 1 mm^2。

照明和一般低压配电线路首先按发热条件,根据导线允许电流选择导线截面,然后再核算电压损失,使其不超过允许值。

二、照明装置的安装

照明装置的安装包括灯具安装、插座安装及为其供电的配电盘的安装等。

1. 照明装置安装　一般灯具安装方式可根据灯具的形式和灯具使用场所采取不同的方式。

(1) 安装前应检查导线与相应的控制开关是否正确,木台厚度一般不小于 12 mm,槽板配线时应不小于 32 mm。

(2) 安装前钻好出线孔,锯好进线槽,将导线从木孔中穿出后再固定。

(3) 普通软线吊灯及座式灯头直径为 25～40 mm,可用一个螺钉固定,球形灯或较重灯具,至少用两个螺钉固定。

(4) 潮湿或有腐蚀环境,加装橡皮垫,周围先刷一道防水漆,再刷两道白漆。

(5) 槽板配线用 32 mm 高桩木台,按槽板宽度、厚度将木台挖出缺口,压住槽板,压入长度不小于 10 mm。

(6) 铅皮线和护套线配线,木台应按护套线外径挖槽,将护套线压在槽下,被压入的护套不能剥掉。

(7) 砖或混凝土结构安装木台，应预先埋设螺栓、吊钩、螺钉，根据灯具重量也可采用膨胀螺栓、尼龙塞或砌砖时埋设木砖。

2. 照明装置安装要求

(1) 照明装置(包括灯具)安装时，凡是金属的部分都必须按规定接保护线。

(2) 路灯的每一回路应有开关控制，每一灯具必须装置单独熔断器。

(3) 照明灯具安装时，螺口灯头安装，相线必须接在螺口灯头中心弹簧的端头上。

(4) 照明灯具的安装，开关应装在相线上。相线必须经开关控制灯，居民住宅严禁装设床头开关。

(5) 室内吊灯距地面高度应大于 2.5 m，受条件限制可减为 2.2 m。

(6) 室外照明灯与地面的垂直距离不得小于 3 m ，墙上允许不小于 2.5 m。室外应采用防水开关，防爆场所应采用与防爆场所相适应防爆等级的防爆开关。

3. 开关的安装要求　开关、插座等电气元件，采用的暗装面板高度有 80 mm、86 mm 定型产品，其装置件与面板能通用组合的称为合装式；该两项都有相应的金属盒和塑料盒。

(1) 安装在同一建筑物的开关，应采用统一系列产品，开关应位置一致、操作灵活、接触良好，一般为向上闭合，向下断开。

(2) 开关安装位置应便于操作，开关边缘距门框为 0.15～0.2 m，开关距地面应为 1.3～1.5 m，拉线开关距地面应为 2～3 m，拉线出口应垂直向下。

(3) 并列安装相同型号的开关，距地面高度应一致。高差不应大于 1 mm，同一室内安装的开关高差不应大于 5 mm。并列安装的拉线开关其相邻间距应不少于 20 mm。

4. 插座的安装要求　见图 13 - 2。

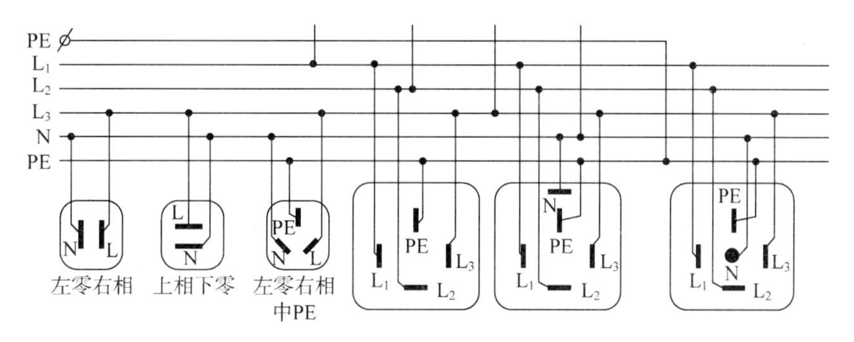

图 13 - 2　插座的安装

(1) 每套住宅中的空调电源插座、家用电器插座应与照明分路设计，卫生间及厨房的电源插座应设置独立回路，分支回路铜导线截面≥2.5 mm^2。

(2) 插座安装高度一般应不低于 1.3～1.5 m，在托儿所、幼儿园和小学校内插座安装高度应不低于 1.8 m。同一场所的插座高度应一致。车间、实验室的插座安装高度距地不应小于 0.3 m 。

(3) 落地插座应有牢固可靠的保护盖板。

(4) 面对插座面板左零、右火或上火、下零。带保护地(保护零)PE 线的三相四极插座，其相序从保护零逆时针数起为 L_1、L_2、L_3进行接线。

(5) 单相三孔、三相四孔及三相五孔的保护地线(PE)均应接在上孔，插座的接地端子严禁与中性线端子连接。

(6) 当交流、直流或不同电压等级的插座安装在同一场所时，应有明显区别，且应选用不同结构、不同规格、不能互换的插座和与其配套的插头，按交流、直流或不同电压等级区别使用。

(7) 同一场所三相插座其接线部位必须一致。暗插座应采用与其相配套的接线盒，盖板应端正并紧贴墙面。

(8) 潮湿场所应采用密封良好的防火、防溅插座，儿童场所应采用安全插座，有爆炸危险的场所，应采用与爆炸场所相适应的防爆等级的防爆插座。

(9) 安装吊扇，扇叶离地面的高度应不小于 2.5 m，扇叶转动圆周范围的上面不应装设光源。

第三节　照明电路常见的故障

照明电路常见的故障主要有断路、短路和漏电三种。

一、断路

产生断路的原因主要是熔丝熔断、线头松脱、断线、开关没有接通、铝线接头腐蚀等。

如果一个灯泡不亮而其他灯泡都亮，应首先检查是否灯丝烧断，若灯丝未断，则应检查开关和灯头是否接触不良、有无断线等。为了尽快查出故障点，可用试电笔测灯座（灯口）的两极是否有电，若两极都不亮说明相线断路；若两极都亮（带灯泡测试），说明中性线（零线）断线；若一极亮一极不亮，说明灯丝未接通。对于日光灯来说，还应对其启辉器进行检查。

如果几盏灯都不亮，应首先检查总保险是否熔断或总闸是否接通，也可按上述方法用试电笔判断故障点在总相线还是总零线上。

二、短路

造成短路的原因大致有以下几种：

1. 用电器具接线不好，以致接头碰在一起。

2. 灯座或开关进水，螺口灯头内部松动或灯座灯芯歪斜，造成内部短路。

3. 导线绝缘外皮损坏或老化损坏，并在零线和相线的绝缘处碰线。

发生短路故障时，会出现打火现象，并引起短路保护动作（熔丝烧断）。当发现短路打火或熔丝熔断时，应先查出发生短路的原因，找出短路故障点，并进行处理后再更换保险丝，才能恢复送电。

三、漏电

相线绝缘损坏而接地、用电设备内部绝缘损坏使外壳带电等原因，均会造成漏电。

漏电保护装置一般采用漏电开关。当漏电电流超过整定电流值时，漏电保护器动作，切断电路。若发现漏电保护器动作，则应查出漏电接地点并进行绝缘处理后再通电。

照明线路的接地点多发生在穿墙部位和靠近墙壁或天花板等部位。查找接地点时，应注意查找这些部位。

漏电查找方法：

1. 首先判断是否确实漏电。可用绝缘电阻表摇测，看其绝缘电阻值的大小，或在被检查建筑物的总刀闸上接一只电流表，接通全部电灯开关，取下所有灯泡，进行仔细观察。若电流表指针转动，则说明漏电。指针偏转的多少，取决于电流表的灵敏度和漏电电流的大小。若偏转多则说明漏电大。确定漏电后可按下一步继续进行检查。

2. 判断是火线与零线之间的漏电，还是相线与大地间的漏电，或者是两者兼而有之。以接入电流表检查为例，切断零线、观察电流的变化：电流表指示不变，是相线与大地之间漏电；电流表指示为零，是相线与零线之间的漏电；电流表指示变小但不为零，则表明相线与零线、相线与大地之间均有漏电。

3. 确定漏电范围。取下分路熔断器或拉下开关刀闸，电流表若不变化，则表明总线漏电；电流表指示为零，则表明是漏电；电流表指示变小但不为零，则表明总线与分路均有漏电。

4. 找出漏电点。按前面介绍的方法确定漏电的分路或线段后，依次拉断该线路灯具的开关，当拉断某一开关时，电流表指针回零或变小，若回零则是这一分支线漏电，若变小则分支漏电外还有其他漏电处；若所有灯具开关都拉断后，电流表指针仍不变，则说明是该段漏电。

依照上述方法依次把故障范围缩小到一个较短线段或小范围之后，便可进一步检查线路的接头，以及电线穿墙处等是否有漏电情况。当找到漏电点后，应及时妥善处理。

第四节　手持式电动工具

由于手持式电动工具结构轻巧，携带、使用方便，因此各行各业使用手持式电动工具的种类和数量越来越多。为了防止在使用手持式电动工具时，引起人身伤亡事故，我们必须严格贯彻执行国家颁布的手持式电动工具的管理、使用、检查和维修的安全技术规程。

手持式电动工具是运用小容量电动机或电磁铁，通过传动机构驱动工作头的一种手持或半固定式的机械化工具。

手持电动工具包括手电钻、手砂轮、冲击电钻、电锤、手电锯等工具。

一、手持式电动工具分类

1. 手持式电动工具按其用途可分为：金属切削类、砂磨类、装配类、建筑及道路施工类、矿山类、铁道类、农牧类、木柴加工类等。

常用的手持电动工具有：

(1) 手电钻、冲击电钻。

(2) 电动砂轮机、切割机。

(3) 电动圆锯等。

2. 手持式电动工具按电气安全防护方法分类：

(1) Ⅰ类：即普通电动工具。Ⅰ类设备是仅有工作绝缘（基本绝缘）的设备，而且可以带有Ⅱ类设备或Ⅲ类设备的部件。Ⅰ类设备外壳上没有接地端子,但内部有接地端子,自设备内引出带有保护插头的电源线。

(2) Ⅱ类:又称双重绝缘工具。绝缘结构由基本绝缘加双重绝缘或加强绝缘组成的工具。当基本绝缘损坏时,还有一层独立的附加绝缘,操作者仍能与带电体隔离,避免发生触电事故。

(3) Ⅲ类:由安全电压供电的工具,并确保工具内不产生高于安全电压的电压出现。Ⅲ类工具(即 42 V 以下安全电压工具)用安全隔离变压器作为独立电源。安全电压的额定值的等级为 42 V、36 V、24 V、12 V、6 V,当采用 24 V 以上的安全电压时,必须采取防止直接接触带电体的防护措施。狭窄场所、锅炉、金属容器内、管道作业应使用Ⅲ类工具。

3. 按防潮程度可分为普通工具、防溅工具、水密工具。

二、手持电动工具的一般要求

手持电动工具、移动式电气设备使用前应检查包括以下项目:

1. 铭牌上各项参数是否符合要求。

2. 外壳完整,无裂纹、破损等缺陷,铭牌上各参数清晰可见,绝缘电阻是否符合要求(绝缘电阻值不小于 2 MΩ)。工具的防护罩、防护盖、手柄防护装置等无损伤、变形或松动。

3. 保护接地或保护接零是否正确,连接是否牢固。

4. 工具电源线完整,无裂纹、破损,加长、绝缘良好。

5. 开关动作灵活、不卡涩,无裂纹、松动及缺陷,工具工作状态灵活、无障碍(包括旋转、往复、冲击)。

6. 电源线应采用橡皮绝缘多股铜芯软电缆,单相用三芯电缆、三相用四芯电缆、电缆不得有破损或龟裂,中间不得有接头。用黄/绿双色绝缘导线接保护线,应采用截面积不小于 0.75～1.5 mm^2的多股软铜线。

7. 机械防护装置(防护罩、防护盖、手柄防护装置)完整,无脱落、破损、裂纹、松动变形。

8. 电气安全保护装置是否良好。

三、手持式电动工具的安全使用和管理

1. 手持式电动工具的安全使用

(1) 工具在使用前,操作者应认真阅读产品使用说明书或安全操作规程,详细了解工具的性能,掌握正确使用的方法。

(2) 手持电动工具(除Ⅲ类外)必须采用漏电保护器。

(3) 在潮湿作业场所或金属构架上等导电性能良好的作业场所,应使用Ⅱ类或Ⅲ类工具,不允许使用Ⅰ类工具。

在锅炉、金属容器、管道内等工作地点狭窄场所,应使用Ⅲ类工具,或装有额定漏电动作电流不大于 15 mA、额定漏电动作时间不大于 0.1 s 漏电保护器的Ⅱ类工具。控制箱和电源连接器等必须放在作业场所的外面,在狭窄作业场所应有专人在外监护。

(4) 手持电动工具,单相电动工具的控制开关为双极开关,电源线应是护套线、绝缘应保持良好。工具的电源线不得任意接长或拆换。当电源离工具操作点距离较远而电源线长度不够时,应采用耦合器进行连接。

(5) 手持电动工具的电源应装设漏电保护装置，使用环境差的场所要根据需要配备隔离变压器。

(6) 手持电动工具使用中，提供安全电压的应为专用双线圈的一、二次绕组隔离式安全变压器，变压器绝缘形式为双重绝缘，一次、二次侧都应安装熔断器保护，铁芯应接地(接零)保护。

(7) 手持电动工具的金属外壳必须作好接地或接零保护。工具电源线中的黄/绿双色线在任何情况下只能用作保护线，严禁通过工作电流。

(8) 插头、插座中的保护极在任何情况下只能单独连接保护线，接线时，绝不允许在插头、插座内用导线将保护极与中性线连接起来。

(9) 电源开关动作灵活、接线无松动。使用前必须做空载试验。

2. 手持式电动工具的管理

(1) 手持式电动工具的管理必须按国家标准和其他有关安全要求监督、检查工具的使用和维修；对工具的使用、保管，维修人员必须进行安全技术教育和培训；对工具引起的触电事故进行调查和分析，提出预防措施，并上报有关部门。按照国家标准和工具产品使用说明书的要求及实际使用条件，制定相应的安全操作规程。

(2) 安全操作规程的内容包括：电动工具的允许使用范围；工具的正确使用方法和操作程序；工具使用前应重点检查的项目和部位，以及使用中可能出现的危险和相应的防护措施；工具的存放和保养方法，操作者注意事项等。

对工具的选购要加强管理，必须选购国家有关部门批准，并具有合格资质的厂家生产的合格产品。严禁选购“三无”产品、残次产品和淘汰产品。

手持电动工具的故障检修应由专门的电气人员进行，检修后应做记录。

四、手持电动工具的选用

1. 选用合理的电动工具

(1) 在一般场所，为保证使用的安全，应选用Ⅱ类工具，装设漏电保护器、安全隔离变压器等。否则，使用者必须戴绝缘手套、穿绝缘鞋或站在绝缘垫上。

(2) 在潮湿的场所或金属构架上等导电性能良好的作业场所应使用Ⅲ类工具。在锅炉、金属容器、管道等狭窄且导电良好的场所必须使用Ⅱ或Ⅲ类工具。

(3) 在特殊环境，如湿热、雨雪以及存在爆炸性或腐蚀性气体的场所，使用的工具必须符合相应防护等级的安全技术要求。

2. 电缆和插座开关选用要求

(1) Ⅰ类电动工具的电源线必须采用三芯(单相工具)或四芯(三相工具)，多股铜芯橡皮护套软电缆或护套软线。其中，黄/绿双色线在任何情况下只能作保护接地或接零线。注：原有以黑色线作为保护接地或接零线的软电缆或软线应按规范进行更换。

(2) 防水线、软电缆或软导线及配套的插头不得任意接长或拆换。用完后，不得手提电源线移动电动工具。

(3) 电动工具所用的插头、插座必须符合相应的国家标准。带有接地插脚的插头、插座，在插合时应符合规定的接触顺序，防止误插入。

第五节　移动式电气设备

移动式设备包括电焊机、打夯机、振捣器、水磨石磨平机等电气设备等(图 13 - 3、图 13 - 4)。

图 13 - 3　移动打夯机

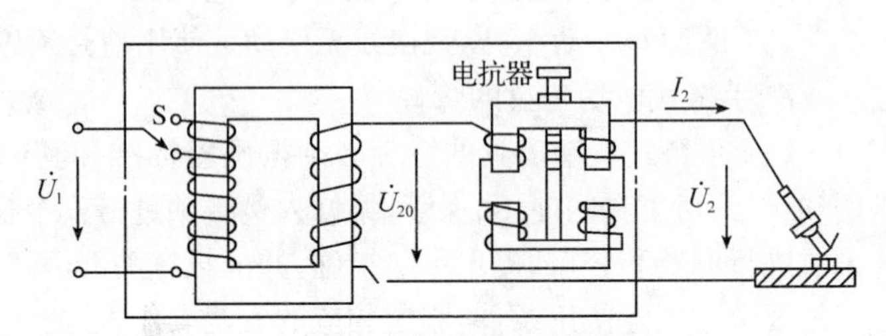

图 13 - 4　弧焊发电机电路示意图

一、移动式电气设备的检查与使用

1. 在使用前，操作者应认真阅读产品使用说明书或安全操作规程，详细了解设备的性能和掌握正确的使用方法。

2. 确认设备外壳完整无破损、裂纹。核对铭牌参数是否满足作业需要。检查配电箱、电源箱的箱体是否有破损、裂缝，箱门(盖)是否完好，能否关闭紧密。锁头应完好，上锁后不能任意开启。专用接地端子完好、不松动。箱底距离地面应大于 50 mm。

3. 配电箱、电源箱的外壳必须是阻燃材料，有良好的绝缘性能，内部元器件完好。开关(闸刀)盖完整，无破损、裂纹，操作灵活正确。熔丝与额定值相匹配，禁止用铜、铁、铝等金属丝代替熔丝，确保用电设备故障时能切断电源，保证操作者安全。检查进出电线孔洞是否有衬垫，并封堵严密。

4. 用于室外的移动设备应有防雨措施，并且不影响设备的通风散热。

5. 电气接线盒完整、不破裂，安装螺栓完好。接线柱不松动，安装好的接线盒盖应使带电接线柱不外露。相线、中性线和布线符合规定，各路配电负荷及相线、中性线端子标志清楚。

6. 移动式电气设备的电源插座和插销应有专用的接零(地)插孔和插头。

二、移动式电气设备的安全要求

1. 移动式电气设备应用专用芯线，接地(接零)必须接到干线上，保护线必须并联，严禁串联。严禁利用其他用电设备的保护线接地(接零)。

2. 移动式电气设备的接地线应采用软铜绞线，其截面不得小于 1.5 mm^2。

3. 由固定的电源或由移动式发电设备供电的移动式机械的金属外壳或底座，应和这些供电电源的接地装置有金属的连接;在中性点不接地的电网中,可在移动式机械附近装设接地装置,以代替敷设接地线,并应考虑首先利用附近的自然接地体。

4. 移动式电气设备和机械的接地应符合固定式电气设备接地的规定,但下列情况可不接地:

(1) 移动式机械自用的发电设备直接放在机械的同一金属框架上,又不供给其他设备用电。

(2) 当机械由专用的移动式发电设备供电,机械数量不超过两台,机械距移动式发电设备不超过 50 m,且发电设备和机械的外壳之间有可靠的金属连接。

三、电焊设备

电焊机种类有:交流电焊机、直流电焊机、氢弧焊机、二氧化碳气体保护焊机、对焊机、点焊机、缝焊机、超声波焊机、激光焊机等。电焊机种类较多,人们日常生活中接触最多的电焊机是交流电焊机。

交流电焊机的安全要求:

电焊机各导电部分之间要有良好的绝缘,初级与次级之间的绝缘电阻不得小于 5 MΩ,设备和线路带电部分与外壳、机架之间的绝缘电阻不得小于 2.5 MΩ。交流电焊机的工作电压不得超过 80 V,直流电焊机的工作电压不得超过 110 V,电焊机运行时温升不得超过 60℃。焊机的空载电压一般在 60～90 V,均高于安全电压。移动焊机必须切断电源。

(1) 电焊机使用前,电气部分应进行检查的项目:

① 电焊机的电源开关、漏电保护器、电源线截面是否满足负荷需要,开关、保护器是否操作灵活、动作正确。

② 交流电焊机的接地或接零线是否符合要求,是否已牢固地接在外壳的专用接地端子上。

③ 焊机绕组的冷却通风口是否畅通,必要时应进行清理。

④ 焊接电缆是否已展开,焊接电缆连接焊钳的一根不应接地(接零)。

⑤ 电缆外绝缘应无破损,绝缘电阻大于 1 MΩ,焊钳完好,绝缘把手无破裂。

⑥ 各接线盒、盖板是否完整,使盒内(盖板内)的带电接线柱不外露。

(2) 安装和使用交流电焊机应注意以下问题:

① 焊接操作前,作业人员必须持证上岗。先穿好白色帆布(纯棉)工作服、戴好皮手套、穿绝缘皮鞋、戴脚套等劳动防护用品、电焊时应戴上面罩,仰面焊接时应扣紧衣领、扎紧袖口、戴好防火帽。无面罩时不准看弧光。除熔渣时应戴上平光防护眼镜。焊接前,先检查电气线路是否完好,外壳接地是否牢固,焊接区焊件、焊机、电缆及其他工具放置稳妥,焊工的工作位置应在焊接点的上风。

② 焊机一次电源线应使用橡胶护套线,长度不超过 3 m。焊机停用或移动、收放电源线时,必须切断电源。

③ 电焊机中焊接用的电缆(焊把线)应采用绝缘完好的 YHH 型橡胶铜芯软电缆,根据不同的容量选择合适的截面积,其长度一般不超过 30 m。

④ 电焊钳不准放于工作台上,以免短路烧毁。更换电焊条时,应戴绝缘手套。禁止使用简易、破损、无绝缘外壳的电焊钳,不准用手拿焊过的钢板及焊条夹。在敲打熔渣时,注意

保护眼睛,应戴上平光防护眼镜。

⑤ 电焊回路地线不可随意乱接乱搭,更不准搭在易燃、易爆物品上。连接焊机、焊钳和工件的焊接回路导线,其长度以 20～30 m 为宜。

⑥ 经常移动的电焊机应设防护罩。电焊机金属外壳必须接地、接零或安装漏电保护器。

⑦ 电焊机应安装空载自动断电装置。严禁两台或两台以上电焊机使用同一把开关控制。电焊结束后立即拉闸断电。万一电焊机金属外壳意外有电时,应立即切断电源停止作业,请电工进行检修。

附录一　常用电气图形符号及文字符号

类别	名　称	图形符号	文字符号
开关	单极控制开关	 或	SA
	手动开关一般符号	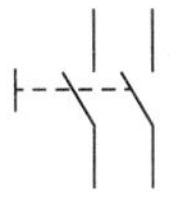	SA
	三极控制井关	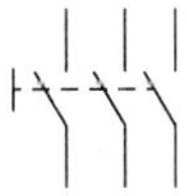	QS
	三极隔离开关	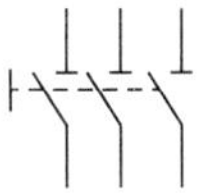	QS
	三极负荷开关	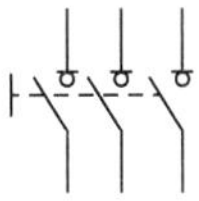	QS
	组合旋钮开关	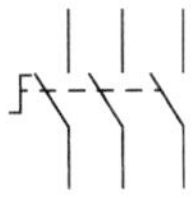	QS
	低压断路器	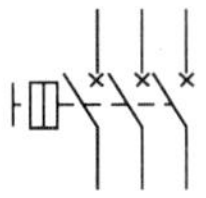	QF
	控制器或操作开关	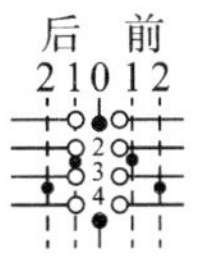 后　前 2 1 0 1 2 1 2 3 4	SA
位置开关	常开触头		SQ
	常闭触头		SQ
	复合触头		SQ

类别	名　称	图形符号	文字符号
按钮	常开按钮	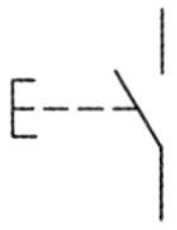	SB
	常闭按钮	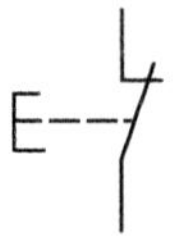	SB
	复合按钮		SB
	急停按钮		SB
	钥匙操作式按钮		SB
接触器	线圈操作器件	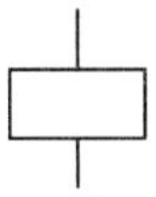	KM
	常开主触头	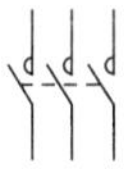	KM
	常开辅助触头		KM
	常闭辅助触头		KM
热继电器	热元件	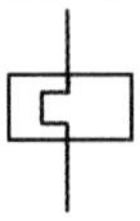	FR
	常闭触头	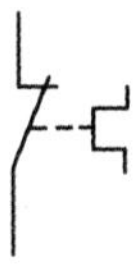	FR

续表

类别	名　称	图形符号	文字符号
时间继电器	通电延时(缓吸)线圈		KT
	断电延时(缓放)线圈		KT
	瞬时闭合的常开触头		KT
	瞬时断开的常闭触头		KT
	延时闭合的常开触头	或	KT
	延时断开的常闭触头	或	KT
	延时闭合的常闭触头	或	KT
	延时断开的常开触头	或	KT
中间继电器	线圈		KA
	常开触头		KA
	常闭触头		KA
电流继电器	过电流线圈	$I>$	KA
	欠电流线圈	$I<$	KA
	常开触头		KA
	常闭触头		KA
电压继电器	过电压线圈	$U>$	KV
	欠电压线圈	$U<$	KV
	常开触头		KV
	常闭触头		KV
非电量控制的继电器	速度继电器常开触头	n	KS
	压力继电器常开触头	ρ	KP
熔断器	熔断器		FU

续表

类别	名　称	图形符号	文字符号
电磁操作器	电磁铁的一般符号	或	YA
	电磁吸盘		YH
	电磁离合器		YC
	电磁制动器		YB
	电磁阀		YV
电动机	三相笼型异步电动机	M 3～	M
	三相绕线转子异步电动机	M 3～	M
	他励直流电动机	M	M
	并励直流电动机	M	M
	串励直流电动机	M	M

类别	名　称	图形符号	文字符号
发电机	发电机	G	G
	直流测速发电机	TG	TG
变压器	单相变压器		TC
	三相变压器		TM
灯	信号灯（指示灯）		HL
	照明灯		EL
接插器	插头和插座	或	X 插头 XP 插座 XS
互感器	电流互感器		TA
	电压互感器		TV
	电抗器		L

附录二　新标准　成人、儿童、婴儿 CPR 标准对比表

<table>
<tr><th colspan="2">分类
项目</th><th>成人
(青春期以后)</th><th>儿童
(1～12 岁)</th><th>婴儿
(出生至周岁)</th></tr>
<tr><td colspan="2">判断意识</td><td>轻拍双肩、呼喊</td><td>轻拍双肩、呼喊</td><td>拍打足底</td></tr>
<tr><td colspan="2">检查呼吸</td><td>没有呼吸或不能正常呼吸(叹息样呼吸)</td><td colspan="2">没有呼吸和或只是叹息样呼吸</td></tr>
<tr><td colspan="2" rowspan="2">检查脉搏</td><td>检查颈动脉</td><td>检查颈动脉</td><td>检查颈动脉</td></tr>
<tr><td colspan="3">仅限医务人员,检查时间不超过 10 s</td></tr>
<tr><td rowspan="7">胸外按压</td><td>CPR 步骤</td><td>C—A—B</td><td colspan="2">A—B—C 此步骤亦适用于淹溺水</td></tr>
<tr><td>按压部位</td><td colspan="2">胸部正中乳头连线水平(胸骨下 1/2 处)</td><td>胸部正中乳头连线下方水平</td></tr>
<tr><td>按压方法</td><td>两手掌根重叠</td><td>单手掌根或两手掌根重叠</td><td>中指、无名指(两手指)或双手环抱双拇指按压</td></tr>
<tr><td>按压深度</td><td>至少达到 5 cm
(5～6 cm)</td><td colspan="2">至少达到胸廓前后径的 1/3</td></tr>
<tr><td>按压频率</td><td colspan="3">按压频率≥100 次/min,但不多于 120 次/min
即最少每 18 s 按压 30 次,最快每 15 s 按压 30 次</td></tr>
<tr><td>胸廓反弹</td><td colspan="3">每次按压后即完全放松,使胸壁完全恢复原状,使血液回心</td></tr>
<tr><td>按压中断</td><td colspan="3">尽量避免中断胸外按压,每次中断的时间不得超过 10 s</td></tr>
<tr><td rowspan="4">人工呼吸</td><td>开放气道</td><td>头后仰呈 90°角</td><td>头后仰呈 60°角</td><td>头后仰呈 30°角</td></tr>
<tr><td>吹气方式</td><td colspan="2">口对口或口对鼻</td><td>口对鼻</td></tr>
<tr><td>吹气量</td><td colspan="3">胸廓略隆起</td></tr>
<tr><td>吹气时间</td><td colspan="3">吹气持续约 1 s</td></tr>
<tr><td colspan="2">按压/吹气比</td><td colspan="3">30∶2</td></tr>
</table>

注意:胸外按压,按压过程中手的位置要保持正确,用力要均匀有力。人工呼吸首先必须通畅气道。

国家安全生产监督管理局
《低压电工》初训部分考题

其中:一、判断题:354 题　二、单项选择题:364 题　三、多项选择题:148 题　计 866 题

一、判断题:(括号内正确的填√,错误的填×)

第一章　法律法规

(　　)1. 特种作业人员必须年满 20 周岁,且不超过国家法定退休年龄。
(　　)2. 电工特种作业人员应当具备高中或相当于高中以上文化程度。
(　　)3. 电工作业分为高压电工和低压电工。
(　　)4. 特种作业操作证每 1 年由考核发证部门复审一次。
(　　)5. 有美尼尔氏症的人不得从事电工作业。
(　　)6. 取得高级电工证的人员,就可以从事电工作业。
(　　)7. 电工应严格按照操作规程进行作业。
(　　)8. 电工应做好用电人员在特殊场所作业的监护作业。
(　　)9. 特种作业人员未经专门的安全作业培训,未取得相应资格,上岗作业导致事故的,应追究生产经营单位有关人员的责任。
(　　)10. 安全生产 23 条,生产经营单位的特种作业人员,必须按照国家有关法律、法规的规定接受专门的安全培训,经考核合格,取得特种作业操作资格证书后,方可上岗作业。
(　　)11.《安全生产法》所说的"负有安全生产监督管理职责的部门"就是指各级安全生产监督管理部门。
(　　)12.《中华人民共和国安全生产法》第二十七条规定:生产经营单位的特种作业人员必须按照国家有关规定经专门的安全作业培训,取得相应资格,方可上岗作业。

第二章　电气安全管理

(　　)13. 日常电气设备的维护和保养应由设备管理人员负责。
(　　)14. 企业、事业单位的职工无特种作业操作证从事特种作业,属违章作业。
(　　)15. 电工应做好用电人员在特殊场所作业的监护作业。
(　　)16. 停电作业安全措施按保安作用依据安全措施分为预见性措施和防护措施。
(　　)17. 接地线是为了在已停电的设备和线路上,意外地出现电压时,保证工作人员的重要工具,按规定接地线必须是裸铜软线制成,截面积不小与 25 mm^2的铜芯软线。(2005 年前标准为裸铜 05 年后新标准为透明护套)
(　　)18. 接地线是为了在已停电的设备和线路上意外地出现电压时保证工作人员的重要工具,按规定接地线必须是截面积 25 mm^2以上。

(　　)19. 电业安全工作规程中,安全组织措施包括停电、验电、装设接地线、悬挂标志牌和装设遮栏。
(　　)20. 验电是保证电气作业安全的技术措施之一。
(　　)21. 电工应严格按照操作规程进行作业。
(　　)22. 当拉下总开关后,线路即视为无电。
(　　)23. 在没有用验电器验电前,线路应视为有电。

第三章　电工基础知识

(　　)24. 串联电路中,电流处处相等。
(　　)25. 在串联电路中,电路总电压等于各电阻的分电压之和。
(　　)26. 几个电阻并联后的电阻等于各并联电阻的倒数和。
(　　)27. 并联电路的总电压等于各支路电压之和。
(　　)28. 并联电路各支路电流不一定相等。
(　　)29. 当导体温度不变时,通过导体的电流与导体两端的电压成正比,与其电阻成反比。
(　　)30. 欧姆定律指出,在一个闭合电路中,当导体温度不变时,通过导体的电流与加在导体两端的电压成反比,与其电阻成正比。
(　　)31. 交流发电机是应用电磁感应的原理发电的。
(　　)32. 规定小磁针的北极所指的方向是磁力线的方向。
(　　)33. 磁力线是一种闭合曲线。
(　　)34. 载流导体在磁场中一定受到磁场力的作用。
(　　)35. 电流和磁场密不可分,磁场总是伴随着电流而存在,而电流永远被磁场所包围。
(　　)36. 右手定则是判定直导体做切割磁力线运动时所产生的感生电流方向。
(　　)37. 在磁路中,当磁阻大小不变时磁通与磁动势成反比。
(　　)38. 若磁场中个点的磁感应强度大小相同,则该磁场为均匀磁场。
(　　)39. 基尔霍夫第一定律是节点电流定律,是用来证明电路上各电流之间关系的定律。
(　　)40. 水和金属比较,水比金属导电性能更好。
(　　)41. 我国正弦交流电的频率为 50 Hz。
(　　)42. 220 V 的交流电压的最大值为 380 V
(　　)43. 交流电每交变一周所需的时间叫做周期 T。
(　　)44. 交流每交变一周所需要的时间叫周期用文字符号 T 表示。
(　　)45. 正弦交流电的周期与角频率的关系互为倒数的。
(　　)46. 在三相交流电路中,负载为三角形接法时,其相电压等于三相电源的线电压。
(　　)47. 在三相交流电路中,负载为星形接法时,其相电压等于三相电源的线电压。
(　　)48. 对称的三相电源是由振幅相同,初相位依次相差 120°的正弦电源,连接组成的供电系统。
(　　)49. 电动势的正方向规定,从低电位指向高电位,所以测量时电压表正极接电源的负极,而电压表负极接电源的正极。
(　　)50. 视在功率就是有功功率加无功功率。
(　　)51. 用符号“～”表示交流电。

(　　)52. 符号“A”表示交流电源。

(　　)53. 交流电压 220 V 是指电源星型(Y)接法中的线电压。。

(　　)54. 导电性能介于导体和绝缘体之间的物体称为半导体。

(　　)55. PN 结正向导通时,其内外电场方向一致。

(　　)56. 二极管只要工作反向击穿区就一定会被击穿

(　　)57. 电解电容器的电工符号如图所示。

(　　)58. 无论在任何情况下,三极管都具有电流放大功能。

(　　)59. 电气控制系统图,包括电气原理图和电气安装图。

(　　)60. 电气安装接线图中,同一电器元件的各部分必须画在一起。

(　　)61. 同一电器元件的各部件分散地画在原理图中,必须按顺序标注文字符号。

(　　)62. 电气原理图中的所有元件均按未通电状态或无外力作用时的状态画出。

(　　)63. 在电气原理图中,当图形垂直放置时,以“左开右闭”原则绘制。

第四章　常用电工仪表

(　　)64. 交流电流表和电压表测量所测得的值都是有效值。

(　　)65. 电压表内阻越大越好。

(　　)66. 电压表内阻越大越好,电流表内阻越小越好。

(　　)67. 电压表在测量时,量程要大于等于被测线路电压。

(　　)68. 电压的高、低用电压表进行测量,测量时应将电压表串联在电路中。

(　　)69. 测量电压时,电压表应与被测量电路并联。电压表内阻远大于被测负载的电阻。

(　　)70. 电流的大小用电流表测量,测量时电流表并联在电路中。

(　　)71. 直流仪表可以用于交流电路测量

(　　)72. 测量电流时应把电流表串联在测量电路中。

(　　)73. 直流电流表可以用于交流电路测量。

(　　)74. 电流表的内阻越小越好。

(　　)75. 钳形电流表可做成既能测交流电流,也能测量直流电流。

(　　)76. 用钳表测量电动机空转电流时,可直接用小电流档一次测量出来。

(　　)77. 钳形电流表用于测量电动机空载电流时,不需要变换档位可直接进行测量。

(　　)78. 用钳表测量电流时,尽量将导线置于钳口铁芯中间,以减少测量误差。

(　　)79. 交流钳形电流表可测量交直流电流。

(　　)80. 指针式万用表一般可以测量交、直流电压、直流电流和电阻。

(　　)81. 万用表在测量电阻时,指针指在刻度盘中间最准确。

(　　)82. 使用万用表电阻档能够测量变压器的线圈电阻。

(　　)83. 使用万用表测量电阻,每换一次欧姆档都要进行欧姆调零。

(　　)84. 当电容器测量时万用表指针摆动后停止不动,说明电容器短路。

(　　)85. 万用表使用后,转换开关可置于任何位置。

(　　)86. 用万用表测量 R×1 kΩ 欧姆档测量二极管时,红表棒接一只脚,黑表棒接另一只脚测得的电阻只约为几百欧姆,反向测量时电阻值很大,该二极管是好的。

(　　)87. 使用兆欧表前不必切断被测设备的电源。
(　　)88. 摇表在使用前,无需先检查摇表是否完好,可直接对被测设备进行绝缘测量。
(　　)89. 吸收比是用兆欧表测定。
(　　)90. 接地电阻表主要有手摇发电机、电流互感器、电位器及检流计组成。
(　　)91. 接地电阻测量仪就是测量线路的绝缘电阻的仪器。
(　　)92. 测量电动机对地绝缘电阻和相间绝缘电阻,常使用兆欧表而不宜采用万用表。
(　　)93. 摇表测量大容量的吸收比是测量 60 s 时的绝缘电阻与测量 15 s 时的绝缘电阻之比。
(　　)94. 测量交流电路的有功电能时,因是交流电,故其电压线圈、电流线圈的两个端点可任意接在线路上。
(　　)95. 电能表是专门用来测量设备的功率的装置。

第五章　电气安全用具及安全标志

(　　)96. 常用安全工具有绝缘手套、绝缘鞋、隔离档板、绝缘站台。
(　　)97. 常用绝缘安全防护用具有绝缘手套、绝缘靴、绝缘隔板、绝缘垫、绝缘站台等
(　　)98. 绝缘棒可用于操作高压拉开或闭合高压隔离开关和跌落式熔断器、装拆携带式接地线以及测量和试验等。
(　　)99. 验电器在使用前必须确认验电器良好。
(　　)100. 低压验电器可以验出 500 V 以下的电压。
(　　)101. 试验对地电压为 50 V 以上的带电设备时,氖泡式低压验电器就应显示有电。
(　　)102. 使用电笔验电、应赤脚站立,保证与大地有良好的绝缘。
(　　)103. 用电笔检查,电笔发光就说明线路一定有电。
(　　)104. 使用竹梯作业时,梯子放置与地面以 50°左右为宜。
(　　)105. 使用脚扣进行登杆作业时,上、下杆的每一步必须使脚扣环完全套入并可靠地扣住电杆,才能移动身体,否则会造成事故。
(　　)106. 爬电杆挂登高板时应钩口向外,并且向上。
(　　)107. 锡焊晶体管等电子元件应用 100 W 电烙铁。
(　　)108. 电工刀的手柄是无绝缘保护的,不能在带电导线或器材上剖切,以免触电。
(　　)109. 多用螺钉旋具的规格是以它的全长(手柄加旋杆)表示。
(　　)110. 一号电工刀比二号电工刀,刀柄长度长。
(　　)111. 电工钳、电工刀、螺丝刀是常用电工基本工具。
(　　)112. 剥线钳是用来剥削小导线头部表面绝缘层的专用工具。
(　　)113. 直流电路常用棕色表示正极。
(　　)114. 安全色中用绿色表示安全、通过、允许、工作。
(　　)115. 在安全色标中用红色表示禁止、停止或消防。
(　　)116. 低压线路中的零线采用的颜色是淡蓝色。
(　　)117. 黄/绿双色线只能用于保护线。
(　　)118. 装设接地线应先装导体端后接接地端。

第六章 触电的危害与救护

(　　)119. 相同条件下，交流电比直流电对人体危害较大。

(　　)120. 通电时间增加，人体电阻因出汗而增加，导致通过人体的电流减小。

(　　)121. 触电分为电击和电伤。

(　　)122. 工频电流比高频电流更容易引起皮肤灼伤。

(　　)123. 据部分省市统计，农村触电事故要少于城市的触电事故。

(　　)124. 触电事故是由电能以电流形式作用人体造成的事故。

(　　)125. 按照通过人体电流的大小，人体反应状态的不同，可将电流划分为感知电流、摆脱电流和室颤电流。

(　　)126. 概率为50%时，成年男性的平均感知电流值约为1.1 mA，最小为0.5 mA，成年女性约为0.6 mA。

(　　)127. 一般情况下接地电网的单相触电比不接地电网的危险性小。

(　　)128. 直流电弧的烧伤较交流电弧的烧伤严重。

(　　)129. 两相触电危险比单相触电危险小。

(　　)130. 30～50 Hz电流危险性最大。

(　　)131. 脱离电源后触电者神志清楚，应让触电者来回走动，加强血液循环。

(　　)132. 触电者神志不清，有心跳，但呼吸停止，应立即进行口对口人工呼吸。

第七章 直接接触电击防护措施

(　　)133. 低压绝缘材料的耐压等级一般为500 V。

(　　)134. 绝缘材料就是指绝对不导电的材料。

(　　)135. 绝缘体被击穿时的电压称为击穿电压。

(　　)136. 绝缘老化只是一种化学变化。

(　　)137. 变配电设备应有完善的屏护装置。

(　　)138. 在高压操作中，无遮拦作业人体或其所携带工具与带电体之间的距离应不少于0.7 m。

(　　)139. 遮栏是为了防止工作人员无意碰到电气设备部分而装设的屏护，分临时遮拦和常设遮拦二种。

(　　)140. 危险场所室内的吊灯与地面距离不少于3 m。

(　　)141. 剩余电流保护器主要用于1 000 V以下的低压系统。

(　　)142. 漏电断路器在被保护电路中有漏电或有人触电时，零序电流互感器就产生感应电流，经放大使脱扣器动作，从而切断电路。

(　　)143. RCD的选择，必须考虑用电设备和电路正常泄漏电流的影响。

(　　)144. RCD后的中性线可以接地。

(　　)145. 单相220 V电源供电的电气设备，应选用三极式漏电保护装置。

(　　)146. RCD的额定动作电流是指能使RCD动作的最大的电流。

(　　)147. 装了漏电开关后，设备的金属外壳就不需要再进行保护接地或保护接零了。

(　　)148. 漏电开关只有在有人触电时才会动作

(　　)149. 漏电开关跳闸后,允许采用分路停电再送电的方式检查线路。
(　　)150. 剩余动作电流小于或等于 0.3 A 的 RCD 属于高灵敏度 RCD。
(　　)151. 机关、学校、企业、住宅等建筑屋内的插座回路不需要安装漏电保护器装置
(　　)152. 当灯具达不到最小高度时,应采用 24 V 以下电压。
(　　)153. 当使用安全特低电压,作直接电击防护时,应选用 25 V 及以下的安全电压。
(　　)154. SELV 只作为接地系统的电击保护。

第八章　间接接触电击防护措施

(　　)155. 工作接地的接地电阻应大于 4Ω。
(　　)156. 保护接零适用于中性点直接接地的配电系统中。
(　　)157. 为了保证零线的安全三相四线的零线必须装熔断器。
(　　)158. 可以用相线碰地线的方法检查地线是否接地良好。
(　　)159. IT 系统就是保护接零系统。
(　　)160. TT 系统是配电网中性点直接接地,用电设备的金属外壳也采取接地措施的系统。
(　　)161. 在爆炸危险场所,应采用三相四线制,单相三线制方式供电。
(　　)162. 在爆炸危险的场所,单相电气设备的工作零线应与保护零线分开,相线和零线应装短路保护装置,还要装设相线和零线同时分开的开关。

第九章　特殊防护

(　　)163. 电气设备缺陷,设计不合理,安装不当等都是引发火灾的重要原因。
(　　)164. 在设备运行中发生起火的原因是电流的热量间接原因,而电火花、电弧则是直接原因。
(　　)165. 过载是指线路中的电流大于线路的计算电流或允许载流量。
(　　)166. 使用电气设备时,由于导线截面选择过小,当电流较大时也会因发热过大而引发火灾。
(　　)167. 在有爆炸和火灾危险的场所,应尽量少用或不用携带式、移动式的电气设备。
(　　)168. 在高压线路发生火灾时,应采用有相应绝缘等级的绝缘工具,迅速拉开隔离开关切断电源,选择二氧化碳或者干粉灭火器。
(　　)169. 在易燃易爆场所使用的照明灯具应采用防爆型灯具。
(　　)170. 为了防止电火花火电弧引燃爆炸物,应选用防爆电气级别和温度组别与环境相适应的防爆电气设备。
(　　)171. 在日常生活中,在与易燃易爆物品接触时要引起注意,有些介质容易产生静电乃至引发爆炸、火灾。如在加油站不可用金属桶盛油。
(　　)172. 在易燃、易爆、有静电发生的场所作业,工作人员不可以发放和使用化纤的防护用品。
(　　)173. 在高压线路发生火灾时,应迅速撤离现场,并拨打火警电话 119 报警。
(　　)174. 在带电灭火时,如果用喷雾水枪应将水枪喷嘴接地,并穿上绝缘靴和带上绝缘手套,才可进行灭火操作。

(　　)175. 二氧化碳灭火器带电灭火，只适用 600 V 以下的线路，如果是 10 kV 或 35 kV 线路要带电灭火只能选择干粉灭火器。

(　　)176. 当电气火灾发生时首先应迅速切断电源，在无法切断电源的情况下，应迅速选择干粉、二氧化碳等不导电的灭火器材进行灭火。

(　　)177. 旋转电器设备着火时不宜用干粉灭火器灭火。

(　　)178. 雷电按其传播方式可分为直击雷和感应雷两种。

(　　)179. 雷击产生的高电压可对电气装置和建筑物及其他设施造成毁坏，电力设施或电力线路遭破坏可能导致大规模停电。

(　　)180. 雷电流产生的接触电压和跨步电压可直接使人触电死亡。

(　　)181. 雷电可通过其它带电体或直接对人体放电使人的身体遭到巨大的伤害，直致死亡。

(　　)182. 雷电后造成架空线路产生高电压冲击波，这种雷电称为直击雷。

(　　)183. 除独立避雷针之外，在接地电阻满足要求的前提下，防雷接地装置可以和其他接地装置共用。

(　　)184. 10 kV 以下运行的阀型避雷器的绝缘电阻应每年测量一次。

(　　)185. 雷雨天气，即使在室内也不要修理家中的电气线路、开关、插座等。如果一定要修要把家中电源总开关拉开。

(　　)186. 防雷装置的引下线，应满足足够的机械强度、耐腐蚀和热稳定性的要求，如用钢绞线其截面积不小与 35 mm^2。

(　　)187. 防雷装置应沿建筑物的外墙敷设，并经最短途径接地，如有特殊要求可以暗设。

(　　)188. 用避雷针、避雷带是防止雷电破坏电力设备的主要措施。

(　　)189. 防雷装置接闪杆可以用镀锌管焊成，其长度应在 1 m 以上，钢管直径不得小于 20 mm，管壁厚度不得小于 2.75 mm。

(　　)190. 雷电时应禁止在屋外高空检修、试验和屋内验电等作业。

(　　)191. 当静的放电的火花能量足够大时，能引起火灾和爆炸事故，在生产过程中静电还会妨碍生产和降低产品的质量等。

(　　)192. 为了避免静电火花造成爆炸事故，凡在加工运输，储存等各种易燃液体、气体时，设备都要分别隔离。

(　　)193. 对于容易产生静电的场所，应保持环境湿度在 70%以上。

(　　)194. 对容易产生静电的场所应保持地面潮湿或铺设导电性能较好的地板。

(　　)195. 降低液体、气体或粉体的流速不可能限制静电的产生。

(　　)196. 静电现象是很普遍的电现象，其危害不小，固体静电可达 200 kV 以上，人体静电也可达 10 kV 以上。

第十章　低压电器

(　　)197. 低压配电屏是按一定的接线方案将有关低压一、二次设备组装起来，每一个主电路方案对应一个或多个辅助方案，从而简化了工程设计。

(　　)198. 安全可靠是对任何开关电器的基本要求。

(　　)199. 低压电器按其动作方式又可分为自动切换电器和非自动切换电器

(　　)200. 在供配电系统和设备自动系统中刀开关通常用于电源隔离。

(　　)201. 分断电流的能力是各类刀开关的主要参数之一。

(　　)202. 选用电器应遵循的经济原则是本身的经济价值和使用价值不至因运行不可靠而产生损失。

(　　)203. 隔离开关能接通和断开电源,将电路与电源隔离。

(　　)204. 隔离开关是指承担接通和断开电流任务,将电路与电源隔开。

(　　)205. 刀开关在作隔离开关选用时,要求刀开关的额定电流要大于或等于线路实际的故障电流。

(　　)206. 在供配电系统和设备自动系统中,刀开关通常用于电源隔离。

(　　)207. 胶木磁底开关不适合用于直接控制 5.5 kW 以上的交流电动机。

(　　)208. 铁壳开关安装时外壳必须可靠接地。

(　　)209. 铁壳开关可以直接启动 5 kW 以下的电动机。

(　　)210. 铁壳开关可以用于不频繁地启动 28 kW 以下的三相异步电动机。

(　　)211. 万能转换开关的定位结构一般采用滚轮卡转轴辐射型结构。

(　　)212. 组合开关可直接起动 5 kW 以下的电动机。

(　　)213. 组合开关选择用于直接启动电动机是,要求其额定电流可取电动机额定电流的 2～3 倍。

(　　)214. 低压断路器是一种重要的控制和保护电气。低压断路器都装有灭弧装置,因此可以安全地带负荷拉合闸。

(　　)215. 断路器在选用时,要求断路器的额定通断能力要大于或等于被保护线路中可能出现的最大负载电流。

(　　)216. 断路器在选用时要求线路末端单相对地短路电流要大于或等于 1.25 倍断路器的瞬时脱扣器整定电流。

(　　)217. 断路器可分为框架式和塑料外壳式。

(　　)218. 低压停电操作应先拉开刀闸,再停断路器。

(　　)219. 自动开关属于手动电器。

(　　)220. 自动空气开关具有过载、短路和欠压保护

(　　)221. 自动切换电器是依靠本身参数的变化或外来讯号而自动进行工作的。

(　　)222. 在采用多级熔断器保护中,后级熔体的额定电流比前级大,以电源端为最前端。

(　　)223. 熔断器的文字符号是 FU。

(　　)224. 从过载角度出发,规定了熔断器的额定电压。

(　　)225. 从过载角度出发,规定熔断器的额定电流。

(　　)226. 熔断器的特性,是通过熔体的电压值越高,熔断时间越短。

(　　)227. 熔断器在所有电路中,都能起到过载保护。

(　　)228. 为安全起见,更换熔断器时,最好断开负载。

(　　)229. 熔体的额定电流不可大于熔断器的额定电流。

(　　)230. 额定电压为 380 V 的熔断器可用在 220 V 的线路中。

(　　)231. 目前我国生产的接触器额定电流一般大于或等于 630 A。

(　　)232. 接触器的文字符号为 KM。

(　　)233. 交流接触器通断能力与接触器的结构与灭弧方式有关。

(　　)234. 接触器的文字符号是 FR。

(　　)235. 交流接触器的额定电流是在额定工作条件下所决定的电流值。

(　　)236. 交流接触器最高工作电压可达到 6 000 V。

(　　)237. 热继电器的双金属片是由一种热膨胀系数不同的金属材料辗压而成。

(　　)238. 热继电器具有一定的温度自动调节补偿功能。

(　　)239. 频率的自动调节补偿是热继电器的一种功能

(　　)240. 热继电器是利用双金属片受热弯曲而推动触点动作的一种保护电器，它主要用于线路的速断保护。

(　　)241. 热继电器的保护特性在保护电机时，应尽可能与电动机过载特性贴近。

(　　)242. 热继电器的双金属片弯曲的速度与电流大小有关，电流越大，速度越快，这种特性称正比时限特性。

(　　)243. 按钮的文字符号为 SB。

(　　)244. 按钮根据使用场合，可选的种类有开启式、防水式、防腐式、保护式等。

(　　)245. 复合按钮的电工符号是E-\-\。

(　　)246. 自动切换电器是依靠本身参数的变化或外来信号而自动进行工作的。

(　　)247. 电动式时间继电器的延时时间不受电源电压波动及环境温度变化的影响。

(　　)248. 时间继电器的文字符号为 KT。

(　　)249. 时间继电器的文字符号为 KM。

(　　)250. 行程开关的作用是将机械行走的长度用电信号输出。

(　　)251. 中间继电器实际上是一种动作与释放值可调节的电压继电器。

(　　)252. 中间继电器的动作值与释放值可调节。

(　　)253. 速度继电器主要用于电动机的反接制动，所以也称反接制动继电器。

(　　)254. 通用继电器是可以更换不同性质的线圈，从而将其制成各种继电器

(　　)255. 当电容器测量时万用表指针摆动后停止不动，说明电容器短路。

(　　)256. 并联电容器所接的线停电后，必须断开电容器组。

(　　)257. 并联补偿电容器主要用在直流电路中。

(　　)258. 补偿电容器的容量越大越好。

(　　)259. 电感性负载并联电容器后，电压和电流之间的电角度会减小。

(　　)260. 当电容器爆炸时，应立即检查。

(　　)261. 并联电容器有减少电压损失的作用。

(　　)262. 电容器放电的方法，就是将两端用导线连接。

(　　)263. 检查电容器时，只要检查电压是否符合要求即可。

(　　)264. 如果电容器运行时，检查发现温度过高，应加强通风。

(　　)265. 电容器的容量就是电容量。

(　　)266. 并联补偿电容器主要用在直流电路中。

(　　)267. 电容器的放电负载能装设熔断器或开关。

(　　)268. 电容器的放电负载不能装设熔断器或开关。

(　　)269. 电容器室内应有良好的天然采光。

(　　)270. 电容器室内应有良好的通风。

(　　)271. 电容器运行中,可以长时间超过额定电流的 1.3 倍。

(　　)272. 屋外电容器一般采用台架安装。

(　　)273. 低压配电屏(柜)主要用来受电、分配、进行控制、计量、功率因数补偿(电容补偿),经开关将动力线路、照明线路进行电能转换等。

第十一章　三相交流异步电动机

(　　)274. 带电机的设备,在电机通电前要检查电机的辅助设备和安装底座,接地等,正常后再通电使用。

(　　)275. 交流电动机铭牌上的频率是此电机使用的交流电源的频率。

(　　)276. 电动机按铭牌数值工作时,短时运行的定额工作制用 S_2 表示。

(　　)277. 三相电动机转子和定子要同时通电才能工作。

(　　)278. 国家标准规定 3 kW 以下的电动机均采用三角形联结。

(　　)279. 对电机各绕组的绝缘检查,如测出绝缘电阻不合格,不允许通电运行。

(　　)280. 三相异步电动机的转子导体中会形成电流,其电流方向可用右手定则判定。

(　　)281. 把异步电动机旋转磁场的转速与电动机转速之差与旋转磁场的转速之比称为电动机的转差率。

(　　)282. 使用改变磁极对数来调速的电机一般都是绕线型转子电动机。

(　　)283. 改变转子电阻调速这种方法只适用于绕线式异步电动机。

(　　)284. 为了改善电动机启动及运行性能,笼型异步电动机转子铁芯一般采用直槽结构。

(　　)285. 对于转子有绕组的电动机,将外电阻串入转子电路中启动,并随电机转速升高而逐渐地将电阻值减小并最终切除,叫转子串电阻启动。

(　　)286. 对绕线型异步电机应经常检查电刷与集电环的接触及电刷的磨损,压力,火花等情况。

(　　)287. 双绕组线性异步电动机,应经常检查电刷与集电环的接触、电刷的磨损、压力、火花等情况。

(　　)288. 在电压低于额定值的一定比例后能自动断电的称为欠压保护。

(　　)289. 转子串频敏变阻器启动的转矩大,适合重载启动。

(　　)290. 电动机在检修后经各项指标检查合格后,就可以对电动机进行空载试验和短路试验。

(　　)291. 电机异常发响发热的同时,转速急速下降,应立即切断电源,停机检查。

(　　)292. 在断电之后电动机停转,当电网再次来电电动机能自行启动的运行方式称为失压保护。

(　　)293. 笼型异步电动机发生断排后运行中会产生振动。

(　　)294. 用星一三角降压启动时,启动电流为直接采用三角形联接时启动电流的 1/2.

(　　)295. 用星一三角降压启动时,启动转矩为直接采用三角形联接时启动的 1/3。

(　　)296. 用星一三角降压启动时,启动电流为直接采用三角形联接时启动电流的 1/3,所以对降低启动电流很有效。但启动转矩也只有三角形联接直接启动时的1/3。

(　　)297. 转子串频敏变阻器启动时转速很低故转子频率很小,从而使串在转子电路上的频敏变阻器铁芯中的损耗很大,因此限制了启动电流。

(　　)298. 再生发电制动只用于电动机转速高于同步转速的场合。

(　　)299. 能耗制动这种方法是将转子的动能转化为电能,并消耗在转子回路的电阻上。

(　　)300. 对电机轴承润滑的检查,可通电转动电动机转轴,看是否转动灵活,听有无异声。

(　　)301. 电动机的短路试验是给电动机施加35 V左右的电压。

(　　)302. 因闻到焦臭味而停止运行的电动机,必须找出原因后才能再通电使用。

(　　)303. 电机运行时发出沉闷声是电机在正常运行的声音。

(　　)304. 电机在正常运行时,如闻到焦臭味,则说明电动机速度过快。

第十二章　低压线路

(　　)305. 在我国,超高压送电线路基本上是架空敷设。

(　　)306. 根据用电性质,电力线路可分为动力线路和配电线路。

(　　)307. 装设过负荷保护的配电线路,其绝缘导线允许的载流量应不小于熔断器额定电流的1.25倍。

(　　)308. 导线连接时必须注意做好防腐措施。

(　　)309. 截面积较小的单股导线平接时可采用绞接法。

(　　)310. 以前我国强调以铝代铜作导线,以减轻导线的重量。

(　　)311. 铜线与铝线在需要时可以直接连接。

(　　)312. 跨越公路、铁路架空绝缘铜导线截面积不得小于16 mm^2。

(　　)313. 导线接头的抗拉强度必须与原导线的抗拉强度相同。

(　　)314. 在带电维修线路时应站在绝缘垫上。

(　　)315. 导线接头位置应尽量在绝缘子固定处以方便统一扎线。

(　　)316. 导线连接后接头与绝缘层的距离越小越好。

(　　)317. 导线的工作电压应大于其额定电压。

(　　)318. 过载是指线路中的电流大于线路的计算电流或允许载流量。

(　　)319. 电力线路敷设时严禁采用突然剪断导线的办法松线。

(　　)320. 选择导线必须考虑线路的投资,但导线的截面积不能太小。

(　　)321. 为了安全高压线路通常采用绝缘导线。

(　　)322. 电缆的保护层的作用是保护电缆。

(　　)323. 规范要求穿管导线用铜芯线截面积不得小于1 mm^2。

第十三章　照明及移动式电气设备

(　　)324. 为了安全可靠,所有开关均应同时控制相线和零线

(　　)325. 居民住宅禁止装设床头开关。

(　　)326. 电子镇流器的功率因数高于电感式镇流器。

(　　)327. 白炽灯属热辐射光源。

(　　)328. 对于开关频繁的场所应采用白炽灯照明。

(　　)329. 高压水银灯的电压比较高,所以称为高压水银灯。
(　　)330. 路灯的各回路应有保护,每一灯具宜设单独熔断器。
(　　)331. 螺口灯头的台灯应采用三孔插座。
(　　)332. 当接通灯泡后,零线上就有电流,人体就不能再触摸零线了。
(　　)333. 插座安装的规定,面对插座面板左零、右火或上火、下零。
(　　)334. 日光灯点亮后,镇流器起降压限流作用。
(　　)335. 事故照明不允许和其它照明共用同一条线路。
(　　)336. 幼儿园及小学等儿童活动场所插座安装高度不宜小于 1.8 m。
(　　)337. 吊灯安装在桌子上方时,与桌子的垂直距离不少于 1.5 m。
(　　)338. 当灯具达不到最小高度时,应采用 24 V 以下电压。
(　　)339. 危险场所室内的吊灯与地面距离不少于 3 m。
(　　)340. 特殊场所暗装插座安装高度不小于 1.5 m。
(　　)341. 为了有明显区别,并列安装的同型号开关应不同高度,错落有致。
(　　)342. 不同电压的插座应有明显区别。
(　　)343. 室内吊灯安装时距地面高度应大于 2.5 m,受条件限制可减为 2 m。
(　　)344. Ⅱ类手持电动工具比Ⅰ类工具安全可靠。
(　　)345. Ⅱ类设备和Ⅲ类设备都要采取接地或接零措施。
(　　)346. Ⅲ类电动工具的工作电压不超过 50 V。
(　　)347. 手持电动工具有两种分类方式,即按工作电压分类和按防潮程度分类。
(　　)348. 手持式电动工具电源线可以随意加长。
(　　)349. 手持电动工具有两种分类方式,即按电气安全防护方法分类和按防潮程度分类。
(　　)350. 移动电气设备电源应采用高强度铜芯橡皮护套硬绝缘电缆。
(　　)351. 移动电气设备可以参考手持电动工具的有关要求进行使用。
(　　)352. 移动电气设备的电源一般采用架设或钢管保护的方式。
(　　)353. 移动电气设备可参照手持电动工具有关要求和使用。
(　　)354. 移动电气设备应有防雨、防雷设施,必要时应设临时工棚。

二、单项选择题:364 题(选择正确的答案,将相应的字母填入括号中)

第一章　法律法规

1. 安全生产法规定,任何单位或者(　　)对事故隐患或者安全生产违法行为,均有权向负有安全生产监督管理职责的部门报告或者举报。

A. 职工　　B. 个人　　C. 管理人员

2.《安全生产法》立法的目的是为了加强安全生产工作,防止和减少(　　),保障人民群众生命和财产安全,促进经济发展。

A. 生产安全事故　　B. 火灾、交通事故　　C. 重大、特大事故

3. 以下说法中,错误的是(　　)

A.《中华人民共和国安全生产法》第二十七条规定:生产经营单位的特种作业人员必须按照国家有关规定经专门的安全作业培训,取得相应资格,方可上岗作业。

B. 《安全生产法》所说的“负有安全生产监督管理职责的部门”就是指各级安全生产监督管理部门。

C. 企业、事业单位的职工无特种作业操作证从事特种作业，属违章作业。

D. 特种作业人员未经专门的安全作业培训，未取得相应资格，上岗作业导致事故的，应追究生产经营单位有关人员的责任。

4. 以下说法中，错误的是(　　)

A. 电工应严格按照操作规程进行作业。

B. 日常电气设备的维护和保养应由设备管理人员负责。

C. 电工应做好用电人员在特殊场所作业的监护作业。

D. 电工作业分为高压电工、低压电工和防爆电气。

5. 生产经营单位的主要负责人在本单位发生重大生产安全事故后逃匿的，由(　　)处 15 日以下拘留。

A. 检察机关　　B. 公安机关　　C. 安全生产监督管理部门

6. 特种作业人员未按规定取得特种作业资格证书后上岗作业的责令生产经营单位(　　)。

A. 停产停业整顿　　B. 罚款　　C. 限期改正

7. 特种作业人员必须年满(　　)岁。

A. 18　　B. 19　　C. 20

8. 特种作业人员在操作证有效期内，连续从事本工种 10 年以上，无违法行为，经考核发证机关同意，操作证复审时间可延长(　　)年。

A. 6　　B. 4　　C. 10

9. 低压带电作业时电工作业是指对(　　)。

A. 既要戴绝缘手套，又要有人监护

B. 戴绝缘手套，不要有人监护

C. 有人监护不必戴绝缘手套，

10. 低压电工作业是指对(　　)V 以下的电气设备进行安装、调试、运行操作等的作业。

A. 250　　B. 500　　C. 1 000

11. 特种作业操作证有效期为(　　)年。

A. 12　　B. 8　　C. 6

12. 特种作业操作证每(　　)年复审 1 次。

A. 4　　B. 5　　C. 3

13. 国家规定了(　　)作业类别为特种作业。

A. 11　　B. 15　　C. 20

第二章　电气安全管理

14. 下列(　　)是保证电气作业安全的组织措施。

A. 停电　　B. 工作许可制度　　C. 悬挂接地线

15. (　　)是保证电气作业安全的技术措施之一。

A. 工作票制度　　B. 验电　　C. 工作许可制度

16. 用于电工作业的书面依据的工作票一式(　　)份。

A. 2　　B. 3　　C. 4

17. 接地线应用透明护套多股软裸铜线，其截面积不得小于(　　)mm^2。

A. 10　　B. 6　　C. 25

(新标准不是裸铜而是透明护套软铜线)

18. 装设接地线，当检验明确无电压后，应立即将检修设备接地并(　　)短路。

A. 两相　　B. 单相　　C. 三相

19. 更换和检修用电设备时，最好的安全措施是(　　)。

A. 切断电源　　B. 站在凳子上操作　　C. 戴橡皮手套操作

20. 根据《供电质量电压允许偏差》规定 10kV 及以下的三相供电电压允许偏差为额定电压的(　　)%。

A. ±5　　B. ±7　　C. ±10

21. 对影响夜间飞机、车辆通行，在建机械设备上安装红色信号灯其电源设置在总开关(　　)。

A. 左侧　　B. 前侧　　C. 后侧

第三章　电工基础知识

22. 下列说法中不正确的是(　　)。

A. 规定小磁针的北极所指的方向是磁力线的方向。

B. 交流发电机是应用电磁感应的原理发电的。

C. 交流电每交变一周所需的时间叫做周期 T。

D. 正弦交流电的周期与角频率的关系互为倒数的。

23. 下列说法中正确的是(　　)。

A. 对称的三相电源是由振幅相同，初相位依次相差 120°的正弦电源，连接组成的供电系统。

B. 视在功率就是有功功率加无功功率。

C. 在三相交流电路中，负载为星形接法时，其相电压等于三相电源的线电压。

D. 导电性能介于导体和绝缘体之间的物体称为半导体。

24. 下列说法中正确的是(　　)。

A. 右手定则是判定直导体做切割磁力线运动时所产生的感生电流方向。

B. PN 结正向导通时，其内外电场方向一致。

C. 无论在任何情况下，三极管都具有电流放大功能。

D. 二极管只要工作反向击穿区就一定会被击穿

25. 下列说法中正确的是(　　)。

A. 符号“A”表示交流电源。

B. 电解电容器的电工符号如图所示。

C. 并联电路的总电压等于各支路电压之和。

D. 220 V 的交流电压的最大值为 380 V。

26. 电动势的方向(　　)。

A. 从负极指向正　B. 从正极指向负　C. 与电压方向相同

27. 标有 100Ω、4 W 和 100Ω、36 W 的两个电阻串联，允许加的最高电压是(　　)V。

A. 20　B. 40　C. 60

28. 在一个闭合回路中，电流强度与电源电动势成正比，与电路中内电阻和外电阻之和成反比这一定律称(　　)。

A. 全电路欧姆定律　B. 全电路电流定律　C. 部分电路欧姆定律

29. 串联电路中各电阻两端电压的关系是(　　)。

A. 阻值越小两端电压越高

B. 各电阻两端电压相等

C. 阻值越大两端电压越高

30. 三个阻值相等的电阻串联时的总电阻是并联时总电阻的(　　)倍。

A. 6　B. 9　C. 3

31. 纯电容元件在电路中(　　)。

A. 储存电能　B. 分配　C. 消耗

32. 电容量的单位是(　　)。

A. 法　B. 乏　C. 安时

33. 电容器功率的单位用(　　)表示。

A. 乏　B. 瓦　C. 伏安

34. 将一根导线均匀拉长为原长的 2 倍，则它的阻值为原阻值的(　　)倍。

A. 1　B. 2　C. 4

35. 在均匀磁场中，通过某一平面的磁通量为最大时，这个平面就和磁力线(　　)。

A. 平行　B. 垂直　C. 斜交

36. 电磁力的大小与导体的有效长度成(　　)。

A. 正比　B. 反比　C. 不变

37. 通电线圈产生的磁场方向不但与电流方向有关，而且还与线圈(　　)有关。

A. 长度　B. 绕向　C. 体积

38. 载流导体在磁场中将会受到(　　)的作用。

A. 磁通　B. 电磁力　C. 电动势

39. 安培定则也叫(　　)。

A. 左右手定则　B. 右手定则　C. 右手螺旋法则

40. 二极管的导电特性是(　　)导电。

A. 单向　B. 双向　C. 三向

41. 三相对称负载接成星形时，三相总电流(　　)。

A. 等于零　B. 等于其中一相电流。　C. 等于其中一相电流的三倍

42. 交流电路中电流比电压滞后 90°，该电路属于(　　)电路。

A. 纯电阻　B. 纯电感　C. 纯电容

43. 交流电路中纯电容电路，相位上外加电压(　　)电流 90°。

A. 滞后　B. 超前　C. 同相位

44. 三相对称交流电源星形连接中，线电压超前于所对应的相电压(　　)。

A. 30°　　B. 90°　　C. 120°

45. 交流 10 kV 母线电压是指交流三相三线制的(　　)。

A. 线电压　　B. 相电压　　C. 线路电压

46. 我们使用的照明电压为 220 V,这个值是交流的(　　)。

A. 最大值　　B. 有效值　　C. 恒定值

47. 确定正弦量的三要素为(　　)。

A. 相位、初相位、相位差

B. 最大值(幅值)、频率、初相角

C. 周期、频率、角频率

48. 单极型半导体的器件是(　　)。

A. 二极管　　B. 双极性二极管　　C. 场效应管

49. 稳压二极管正常工作状态是(　　)

A. 导通状态　　B. 截止状态　　C. 反向击穿状态

50. PN 结两端加正向电压时,其正向电阻(　　)。

A. 大　　B. 小　　C. 不变

51. 三极管超过(　　)时,必定会损坏。

A. 集电极最大允许电流 1 cm

B. 管子的电流放大倍数 β

C. 集电极最大允许耗散功率 Pcm

52. 当电压为 5 V 时,导体的电阻值为 5 欧,那么当电阻两端电压为 2 V 时,电阻值为(　　)Ω

A. 10　　B. 5　　C. 2

53. 下面(　　)属于顺磁材料。

A. 水　　B. 铜　　C. 空气

54. 碳在自然界中有金钢石和石墨两种存在形式,其中石墨是(　　)。

A. 绝缘体　　B. 导体　　C. 半导体

55. 载流导体在磁场中将受到(　　)的作用。

A. 电磁力　　B. 磁通　　C. 电动势

56. 感应电流的方向总是使感应电流的磁场阻碍引起感应电流的磁通的变化,这一定律称为(　　)。

A. 法拉第定律　　B. 特斯拉定律　　C. 楞次定律

57. 电磁力的大小与导体的有效长度成(　　)。

A. 正比　　B. 反比　　C. 不变

58. 一般电器所标或仪表所指示的交流电压、电流的数值是(　　)。

A. 最大值　　B. 有效值　　C. 平均值

59. 以下图形(　　)是按钮的电气图形。原题无图

A. 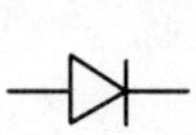　　B. 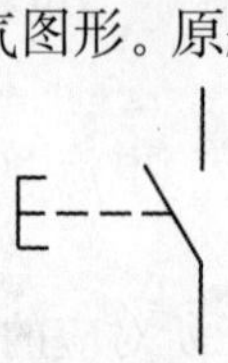　　C.

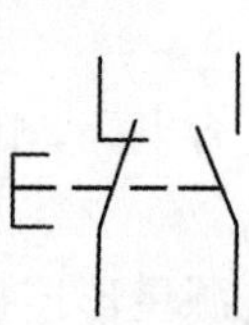

60. 下图的电工元件符号中属于电容器的电工符号是(　　)。

A.  　　B. 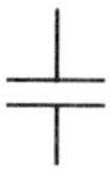 　　C.

61. 下图的图形符号(　　)是表示电流表。

A.  Ⓐ　　B.  Ⓥ　　C.  Ω

62. 图 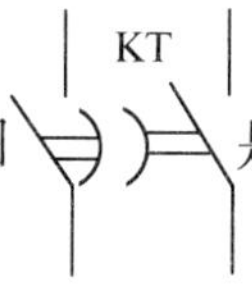 KT 是(　　)触头。

A. 延时闭合动合　　B. 延时断开动合　　C. 延时断开动断

63. 接触器的电气图形为(　　)

A. 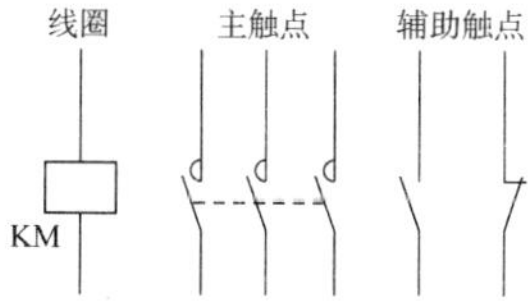 线圈 主触点 辅助触点 KM　　B. 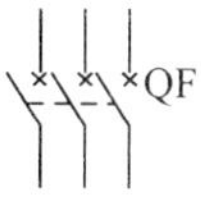 QF　　C. 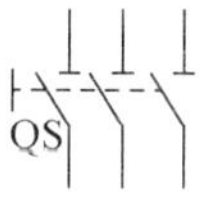 QS

64. 熔断器的符号是(　　)

A. 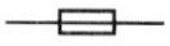 　　B. 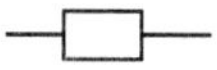 　　C.

第四章　常用电工仪表

65. 按照计数方法,电工仪表主要分为指针式仪表和(　　)仪表。

A. 电动　　B. 数字　　C. 比较

66. 一般电器所标和仪表上所指示交流电压、电流的数值都是(　　)。

A. 最大值　　B. 有效值　　C. 平均值

67. (　　)仪表可直接用于交、直流测量,且精确度高。

A. 电磁式　　B. 磁电式　　C. 电动式

68. (　　)仪表可直接用于交直流测量,但精度低。

A. 电磁式　　B. 磁电式　　C. 电动式

69. (　　)仪表由固定的永久磁铁,可转动的线圈及转轴、游丝、指针、机械调零机构等组成。

A. 电磁式　　B. 磁电式　　C. 感应式

70. (　　)仪表由固定的线圈,可转动的铁芯及转轴、游丝、指针、机械调零机构等。

A. 电磁式　　B. 磁电式　　C. 感应式

71. (　　)仪表由固定的线圈,可转动的线圈及转轴、游丝、指针、机械调零机构等组成。

A. 电磁式　　B. 磁电式　　C. 电动式

72. (　　)仪表的灵敏度和精确较高,多用来制作携带式电压表和电流表。

A. 磁电式　　B. 电磁式　　C. 电动式

73. 电压表内阻(　　)。

A. 越大越好　　B. 越小越好　　C. 适中

74. 测量电压时,电压表应与被测电路(　　)。

A. 串联　　B. 并联　　C. 正接

75. 钳型电流表由电流互感器和带有(　　)的磁电式表头组成。
A. 测量电路　　B. 整流装置　　C. 指针
76. 钳型电流表利用(　　)组成。
A. 电流互感器　　B. 电压互感器　　C. 变阻器
77. 钳形电流表使用时,应先用比较大的量程,然后再视被测电流的大小变换量程。切换量程应(　　)。
A. 直接转换量程开关
B. 一边进线一边换挡
C. 先将钳口打开再转动量程开关
78. 钳形电流表测量电流时,可以在(　　)电路的情况下进行。
A. 断开　　B. 短接　　C. 不断开
79. 钳形电流表使用时应先用较大量程,然后在视被测电流的大小变换量程。切换量程时应(　　)。
A. 先将退出导线,再转动量程开关
B. 直接转动量程开关
C. 一边进线一边换挡
80. 有时后用钳表测量电流前,要把钳口开合几次目的是(　　)。
A. 消除剩余电流　　B. 消除剩磁　　C. 消除残余应力
81. 万用表电压量程 2.5 V 是当指针在(　　)位置时电压值为 2.5 V。
A. 1/2 量程　　B. 满量程　　C. 2/3 量程
82. 万用表实质是一个带整流器的(　　)仪表。
A. 电动式　　B. 电磁式　　C. 磁电式
83. 万用表由表头、(　　)及转换开关三个主要部分组成。
A. 线圈　　B. 测量电路　　C. 指针
84. 指针式万用表测量电阻时标度尺最右侧是(　　)。
A. 0　　B. ∞　　C. 不确定
85. 指针式万用表一般可以测量交直流电压、(　　)电流和电阻。
A. 交流　　B. 交直流　　C. 直流
86. 兆欧表由两个主要组成部分手摇(　　)磁电式流比计
A. 交流发电机　　B. 直流发电机　　C. 电流互感器
87. 用兆欧表逐相测量定子绕组与外壳的绝缘电阻,当转动摇柄时指针摆到零,说明绕组(　　)。
A. 碰壳　　B. 断路　　C. 短路
88. 电容器在用万用表检查时指针摆动后应该(　　)。
A. 保持不动　　B. 逐渐回摆　　C. 来回摆动
89. 接地电阻测量仪主要由手摇发电机、(　　)、电位器,以及检流计组成。
A. 电压互感器　　B. 电流互感器　　C. 变压器
90. 接地电阻测量仪是测量(　　)的装置。
A. 直流电阻　　B. 绝缘电阻　　C. 接地电阻

91. 线路或设备的绝缘电阻的测量是用(　　)测量。

A. 万用表的电阻档　　B. 兆欧表　　C. 接地摇表

92. 测量接地电阻时,电位探针应接在距接地端(　　)m 的地方。

A. 10　　B. 20　　C. 30

93. 电能表是测量(　　)用的仪器。

A. 电流　　B. 电压　　C. 电能

94. 电能表是测量(　　)的仪器。

A. 电压　　B. 电流　　C. 电度数

95. 单相电度表主要有一个可转动的铝盘和分别绕在不同铁芯上的一个(　　)和一个电流线圈组成。

A. 电阻　　B. 电压线圈　　C. 电流互感器

96. 以下说法中不正确的是(　　)。

A. 直流仪表可以用于交流电路测量。

B. 电压表内阻越大越好

C. 钳形电流表可做成既能测交流电流,也能测量直流电流。

D. 使用万用表测量电阻,每换一次欧姆档都要进行欧姆调零。

97. 以下说法中正确的是(　　)。

A. 不可用 万用表欧姆档(Ω)直接测量微安表、检流计或电池的内阻

B. 摇表在使用前,无需先检查摇表是否完好,可直接对被测设备进行绝缘测量。

C. 电度表是专门用来测量设备的功率的装置

D. 所有的电桥均是测量直流电阻的

第五章　电气安全用具及安全标志

98. 下列说法中不正确的是(　　)。

A. 电业安全工作规程中,安全技术措施包括工作票制度、工作许可制度、工作监护制度、工作间断、转移和终结制度。

B. 停电作业安全措施按保安作用依据安全措施分为预见性措施和防护措施

C. 验电是保证电气作业安全的技术措施之一。

D. 挂登高板时应钩口向外,并且向上。

99. 绝缘安全用具分(　　)的和辅助的安全工具。

A. 直接　　B. 间接　　C. 基本

100. 绝缘手套属于(　　)。

A. 基本安全用具　　B. 辅助安全用具　　C. 直接安全用具

101. (　　)可用于操作高压跌落式熔断器、单极隔离开关及装设临时接地线等。

A. 绝缘手套　　B. 绝缘鞋　　C. 绝缘棒(令克棒)

102. 绝缘棒操作时应带绝缘手套、穿绝缘鞋(靴),操作时手握部分(　　)超过隔离环。

A. 必须　　B. 可以　　C. 不得

103. 高压验电器的发光电压不应高于额定电压的(　　)%。

A. 50　　B. 25　　C. 75

104. 接地线应用多股软裸铜线,其截面积不得小于(　　)mm^2。(新标准不是裸铜而是透明护套软铜线)

A. 6　　B. 10　　C. 25

105. (　　)是登杆作业时必备的保护用具,无论用登高板或脚扣都要用其配合。

A. 安全带　　B. 梯子　　C. 手套

106. 登高板和绳应能承受(　　)N 的拉力试验。

A. 1 000　　B. 1 500　　C. 2 206

107. 保险绳使用时应(　　)。

A. 低挂高用　　B. 高挂低用　　C. 保证安全

108. 登杆前,应对脚扣进行(　　)。

A. 人体载荷冲击试验　　B. 人体静载荷试验　　C. 人体载荷拉伸试验

109. 使用梯子,梯子与地面的夹角为(　　)

A. 30°　　B. 60°　　C. 90°

110. 尖嘴钳 150 mm 是长度(　　)。

A. 其绝缘手柄长 150 mm

B. 其总长度为 150 mm

C. 其开口为 150 mm

111. 螺丝刀的规格是以柄部外的杆身的长度和(　　)表示。

A. 半径　　B. 直径　　C. 厚度

112. 一字螺丝刀 50×3 的工作部分宽度为(　　)。

A. 15 mm　　B. 5 mm　　C. 3 mm

113. 电烙铁用于(　　)导线的接头等。

A. 风焊　　B. 铜焊　　C. 锡焊

114. 下面说法中,不正确的是(　　)。

A. 剥线钳 是用来剥削小导线头表面绝缘层的专用工具。

B. 手持电动工具有两种分类方式,即按工作电压分类和按防潮程度分类。

C. 电工刀的手柄是无绝缘保护的,不能在带电导线或器材上剖切,以免触电。

115. 使用剥线钳应选用比导线直径(　　)的刀口。

A. 相同　　B. 稍大　　C. 较大

116. 电工使用带塑料柄的钢丝钳,其耐压在(　　)V 以上。

A. 380　　B. 500　　C. 1 000

117. 三相交流电中,用颜色表示相序,其中 L_1(A 相)用(　　)表示。

A. 红色　　B. 绿色　　C. 黄色

118. “禁止合闸,有人工作”的标志牌应制作为(　　)。

A. 白底红字　　B. 红底白字　　C. 白底绿字

第六章　触电的危害与救护

119. 以下说法中正确的是(　　)。

A. 通电时间增加,人体电阻因出汗而增加,导致通过人体的电流减小。

B. 30 Hz～50 Hz 电流危险性最大。

C. 相同条件下，交流电比直流电对人体危害较大。

D. 工频电流比高频电流更容易引起皮肤灼伤

120. 人体体内电阻约为(　　)Ω。

A. 200　　B. 500　　C. 300

121. 一般情况下 220 V 工频电压作用下人体的电阻为(　　)。

A. 500 至 1 000Ω　　B. 800 至 1 600Ω　　C. 1 000 至 2 000Ω

122. 电伤是由电流的(　　)效应所造成的伤害。

A. 热　　B. 化学　　C. 热、化学、机械

123. 电流对人体热效应造成的伤害是(　　)。

A. 电烧伤　　B. 电烙印　　C. 皮肤金属化

124. 如果触电者心跳停止，有呼吸，应立即对触电者施行(　　)急救。

A. 仰卧压胸法　　B. 胸外心脏按压法　　C. 俯卧压背法

125. 据 些资料表明，心跳呼吸停止，在(　　)min 内进行抢救，约 80%可以救活。

A. 1　　B. 2　　C. 3

126. 当人体直接碰触带电设备其中的一相时，电流通过人体流入大地，这种触电现象称为(　　)。

A. 单相触电　　B. 两相触电　　C. 三相触电

127. 人体同时接触带电设备或线路中的两相导体时，电流从一相通过人体流入另一相，这种触电现象称为(　　)触电。

A. 单相　　B. 两相　　C. 感应电

128. 当电气设备发生接地故障，接地电流通过接地体向大地流散，若人在接地短路点周围行走，其两脚间的电位差引起的触电叫(　　)触电。

A. 单相　　B. 跨步电压　　C. 感应电

129. 在对可能存在较高跨步电压的接地故障点进行检查时，室内不得接近故障点(　　)m 以内。

A. 2　　B. 3　　C. 4

130. 电流从左手到双脚引起心室颤动效应，一般认为通电时间与电流的乘积大于(　　)mA.S时就有生命危险。

A. 30　　B. 16　　C. 50

131. 人的室颤电流约为(　　)mA。(50 mA 为致命电流，该电流足以致人于死亡)

A. 30　　B. 16　　C. 50

132. 脑细胞对氧最敏感，一般脑缺氧超过(　　)min 就会造成不开逆转的损坏，导致脑死亡。

A. 5　　B. 8　　C. 12

133. 电弧引起电光性眼炎的主要原因是(　　)。

A. 红外线　　B. 可见光　　C. 紫外线

第七章　直接接触电击防护措施

134. 工作人员在 10 kV 及以下电气设备上工作时，正常的活动范围与带电设备的安全距离距离为(　　)m。
A. 0.2　　B. 0.35　　C. 0.5
135. 新装和大修后的低压线路和设备，要求绝缘电阻不低于(　　)MΩ。
A. 1　　B. 0.5　　C. 1.5
136. 运行中的线路绝缘电阻，要求每一伏工作电压(　　)Ω。
A. 200　　B. 500　　C. 1 000
137. 带电体的电压越高，要求其空间距离就(　　)。
A. 一样　　B. 越小　　C. 越大
138. 绝缘材料耐热等级为 E 级时其极限温度为(　　)度。
A. 90　　B. 105　　C. 120
139. 漏电保护器设备在正常工作时，电路电流的相量和等于(　　)开关保持闭合状态。
A. 为正　　B. 为负　　C. 为零
140. 在选择漏电保护装置的灵敏度时，要避免由于正常(　　)引起的不必要的动作而影响正常供电。
A. 泄漏电压　　B. 泄漏电流　　C. 泄漏功率
141. 建筑施工工地的用电机械设备(　　)安装漏电保护装置。
A. 应　　B. 不应　　C. 没规定
142. 应装设报警式漏电保护器而不自动切断电源的是(　　)。
A. 招待所插座回路　　B. 生产用的电气设备　　C. 消防用电梯
143. 在不接地系统中，如发生单相接地故障时，其它相线对地电压会(　　)。
A. 升高　　B. 降低　　C. 不变
144. 特低电压值是指在任何情况下，任意两导体之间出现的(　　)电压。
A. 最小　　B. 最大　　C. 中间
145. 特别潮湿的场所应采用(　　)V 的安全特低电压。
A. 42　　B. 24　　C. 12
146. (GB/T3805－2008)《特低电压(ELV)限值》中规定，在正常环境下，正常工作时工频电压有效值的限值为(　　)V。
A. 33　　B. 70　　C. 55
147. 特别危险环境中使用的手持电动工具应采用(　　) V 安全电压。
A. 24　　B. 42　　C. 36

第八章　间接接触电击防护措施

148. TN－S 俗称(　　)。
A. 三相五线　　B. 三相四线　　C. 三相三线
149. 某相电压 220V 的三相四线系统中工作接地电阻 R_N＝2.8Ω，系统中用电设备采取接地保护方式，接地电阻为 R_A＝3.6Ω。如有电设备漏电，故障排除前漏电设备对地电压为

( )V。

A. 24.375 B. 123.75 C. 96.25

150. 在不接地系统中，如发生单相接地故障时，其它相线对地电压会( )。

A. 升高 B. 降低 C. 不变

151. 保护线(接地或接零线)的颜色按标准应采用( )。

A. 蓝色 B. 红色 C. 黄/绿双色

152. 三相四线制的零线的截面积一般( )相线截面积。(现要求截面积相等)

A. 大于 B. 小于 C. 等于

153. 对于低压配电网，配电容量在 100 kVA 以下时，设备保护接地的接地电阻不应超过( )Ω。

A. 6 B. 10 C. 4

154. 低压线路中的零线采用的颜色是( )。

A. 淡蓝色 B. 深蓝色 C. 黄/绿双色

155. PEN 线或 PE 线除工作接地外，在其它地点再次与大地相连接称为( )接地。

A. 直接 B. 间接 C. 重复

第九章　特特殊防护

156. 电气火灾的引发是由于危险温度的存在，危险温度的引发主要是由于( )。

A. 电压波动 B. 设备负载轻 C. 电流过大

157. 电气火灾的引发是由于危险温度的存在，其中短路、设备故障、设备非正常运行及( )都可能是引发危险温度的因素。

A. 导线截面选择不当 B. 电压波动 C. 设备运行时间长

158. 当车间电气火灾发生时，首先应做的是( )。

A. 迅速离开现场去报告领导
B. 迅速设法切断电源
C. 迅速用干粉或者二氧化碳灭火器灭火

159. 当车间电气火灾发生时，应首先切断电源，切断电源的方法是( )。

A. 拉开刀开关
B. 拉开断路器或磁力开关
C. 报告负责人请求断总电源

160. 当低压电气火灾发生时，首先应做的是切断电源，切断电源的方法是( )。

A. 拉开刀开关
B. 拉开断路器或磁力开关
C. 报告负责人，请求断总电源

161. 电气火灾发生时，应先切断电源再扑救，但不知或不清楚开关在何处时，应剪断电线，剪切时要( )。

A. 不同相线在不同位置剪断
B. 几根线迅速同时剪断
C. 在同一位置一根一根剪断

162. 当电气火灾发生时,应首先切断电源再灭火,但当电源无法切断时,只能带电灭火,500 V低压配电柜灭火可选用的灭火器是(　　)。
A. 二氧化碳灭火器　　B. 泡沫灭火器　　C. 水基式灭火器
163. 带电灭火时,如用二氧化碳灭火器的机体和喷嘴距 10 kV 以下的高压带电体不得小于(　　)m。
A. 0.4　　B. 0.7　　C. 1.0
164. 用喷雾水枪可带电灭火,但为安全起见,灭火人员要戴绝缘手套,穿绝缘靴还要求水枪头(　　)。
A. 接地　　B. 必须是塑料制成的　　C. 不能是金属制成的
165. 干粉灭火器火器可适用于(　　)kV 以下线路带电灭火。
A. 10　　B. 35　　C. 50
166. 当 10 kV 高压控制系统发生电气火灾时,如果电源无法切断,必须带电灭火则可以选择的灭火器是(　　)。
A. 干粉灭火器,喷嘴和机距带电体不小于 0.4 m
B. 雾化水枪,戴绝缘手套,穿绝缘靴,水枪头接地。水枪头距带电体 4.5 m 以上
C. 二氧化碳灭火器喷嘴距带电体不小于 0.6 m
167. 下列说法中,不正确的是(　　)。
A. 旋转电器设备着火时不宜用干粉灭火器灭火
B. 当电气火灾发生时如果无法切断电源,就只能带电灭火,并选择干粉、二氧化碳灭火器,尽量少用水基式灭火器。
C. 在带电灭火时,如果用喷雾水枪应将水枪喷嘴接地,并穿上绝缘靴和带上绝缘手套,才可进行灭火操作。
D. 当电气火灾发生时首先应迅速切断电源,在无法切断电源的情况下,应迅速选择干粉、二氧化碳等不导电的灭火器材进行灭火。
168. 在易燃易爆的场所,电气设备应安装(　　)的电器。
A. 安全电压　　B. 密封型　　C. 防爆型
169. 在易燃易爆场所敷设线路应采用(　　)敷设,或者采用铠装电缆敷设。
A. 穿金属蛇皮管　　B. 穿水管煤气管　　C. 穿钢管
170. 在易燃易爆的场所供电的线路应采用(　　)方式供电。
A. 单相三线制;三相四线制
B. 单相三线制;三相五线制
C. 单相两线制;三相五线制
171. 在易燃易爆场所使用的照明灯具应采用(　　)灯具。
A. 防爆型　　B. 防潮型　　C. 普通型
172. 接闪线(避雷线)属于避雷装置的一种,它主要保护(　　)。
A. 变配电设备
B. 房顶较大面积的建筑物
C. 高压输电线路
173. 避雷针是常用的防雷装置,安装时避雷针宜装独立的接地装置,如果在非高电阻率地

区,其电阻不宜超过(　　)Ω

A. 2　　B. 4　　C. 10

174. 在电压供电线路保护接地和建筑物防雷接地网需要共用时,其接地网电阻要求(　　)

A. 小于等于 2.5Ω　　B. 小于等于 1Ω　　C. 小于等于 10Ω

175. 下列说法中,不正确的是(　　)

A. 雷雨天气,即使在室内也不要修理家中的电气线路、开关、插座等。如果一定要修要把家中电源总开关拉开。

B. 防雷装置应沿建筑物的外墙敷设,并经最短途径接地,如有特殊要求可以暗设。

C. 雷击产生的高电压可对电气装置和建筑物及其他设施造成毁坏,电力设施或电力线路遭破坏可能导致大规模停电。

D. 对容易产生静电的场所应保持地面潮湿或铺设导电性能较好的地板。

176. 在建筑物、构筑物、电气设备上能产生的电效应、热效应、机械效应具有较大破坏作用的雷属于(　　)等。

A. 直接雷　　B. 球形雷　　C. 感应雷

177. 在雷暴雨天气,应将门和窗户等关闭,其目的是为了防止(　　)侵入屋内,造成火灾、爆炸或人员伤亡。

A. 球形雷　　B. 感应雷　　C. 直接雷

178. 在对可能存在较高跨步电压的接地故障点进行检查时,室内不得接近故障点(　　)m 以内。

A. 3　　B. 2　　C. 4

179. 为防止跨步电压造成对人体的伤害,防雷接地装置距离建筑物的出入口、人行道不应小于(　　)m。

A. 2.5　　B. 3　　C. 5

180. 变压器和高压开关柜,防止雷电侵入产生破坏的主要措施是(　　)。

A. 安装避雷器　　B. 安装避雷线　　C. 安装避雷网

181. 雷电流产生的(　　)电压和跨步电压可直接使人触电死亡。

A. 感应　　B. 接触　　C. 直击

182. 在生产过程中,静电对人体,对设备,对产品都是有害的,要消除或减弱静电,可使用喷雾增湿剂,这样做的目的是(　　)。

A. 使静电荷向四周散发泄漏

B. 使静电荷通过空气泄漏

C. 使静电沿绝缘体表面泄漏

183. 静电防护的措施比较多,下面常用又行之有效的可消除设备外壳静电的方法是(　　)。

A. 接地　　B. 接零　　C. 串接

184. 静电现象是十分普遍的电现象,(　　)是它的最大危害。

A. 高电压击穿绝缘　　B. 易引发火灾　　C. 对人体放电,直接置人于死地

185. 运输石油、液化气的油罐车在行驶过程中,在油罐车底部长采用拖挂金属链条或导电的橡胶与地面接触其目的是(　　)。

A. 中和油罐车在行驶过程产生的静电电荷

B. 泄漏油罐车在行驶过程产生的静电电荷

C. 使油罐车与大地进行等电位进行连接

186. 静电引起爆炸和火灾的条件之一是(　　)。

A. 静电能量要足够大　　B. 有爆炸性混合物存在　　C. 有足够的温度

187. 防静电的接地电阻要求不大于(　　)Ω。

A. 10　　B. 40　　C. 100

第十章　低压电器

188. 正确选用电器应遵循两个基本原则是安全原则(　　)原则。

A. 性能　　B. 功能　　C. 经济

189. 从制造角度考虑,低压电器是指在交流 50 Hz、额定电压(　　)V 或直流额定电压 1 500 V及以下电气设备。

A. 800　　B. 400　　C. 1 000

190. 低压断路器也称为(　　)。

A. 闸刀　　B. 总开关　　C. 自动空气开关

191. 低压电器,可归为低压配电电器和(　　)电器。

A. 电压控制　　B. 低压控制　　C. 低压电动

192. 属于配电电器的有(　　)。

A. 接触器　　B. 熔断器　　C. 电阻器

193. 属于控制电器的是(　　)。

A. 接触器　　B. 熔断器　　C. 刀开关

194. 刀开关在选用时要求刀开关的额定电压要大于等于线路实际的(　　)电压。

A. 额定　　B. 最高　　C. 故障

195. 拉开闸刀时,如果出现电弧,应(　　)

A. 迅速拉开　　B. 立即合闸　　C. 缓慢拉开

196. 下列说法中,不正确的是(　　)。

A. 在供配电系统和设备自动系统中,刀开关通常用于电源隔离。

B. 隔离开关是指承担接通和断开电流的任务将电路与电源断开。

C. 低压断路器是一种重要的控制和保护电气。低压断路器都装有灭弧装置,因此可以安全地带负荷拉合闸。

D. 漏电断路器在被保护电路中有漏电或有人触电时,零序电流互感器就产生感应电流,经放大使脱扣器动作,从而切断电路。

197. 低压电器按其动作方式又可分为自动切换电器和(　　)电器。

A. 非自动切换　　B. 非电动　　C. 非机械

198. 低压断路器广泛用于低压供配电系统和控制系统,主要用于(　　),有时也用于过载保护。

A. 速断　　B. 短路　　C. 过流

199. 断路器的电气图形符号为(　　)。

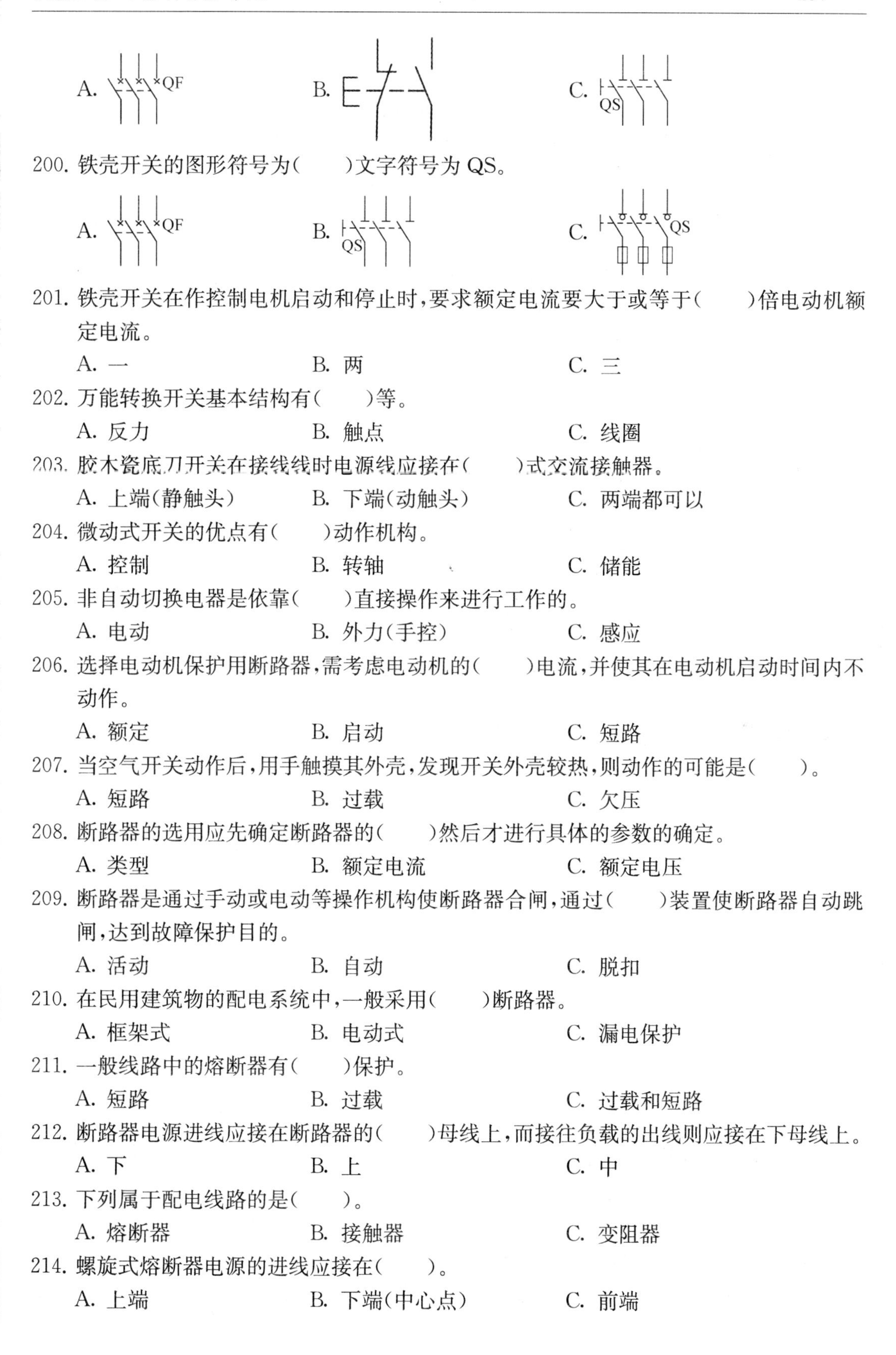

A. QF　　B.　　C. QS

200. 铁壳开关的图形符号为(　　)文字符号为 QS。

A. QF　　B. QS　　C. QS

201. 铁壳开关在作控制电机启动和停止时，要求额定电流要大于或等于(　　)倍电动机额定电流。

A. 一　　B. 两　　C. 三

202. 万能转换开关基本结构有(　　)等。

A. 反力　　B. 触点　　C. 线圈

203. 胶木瓷底刀开关在接线线时电源线应接在(　　)式交流接触器。

A. 上端(静触头)　　B. 下端(动触头)　　C. 两端都可以

204. 微动式开关的优点有(　　)动作机构。

A. 控制　　B. 转轴　　C. 储能

205. 非自动切换电器是依靠(　　)直接操作来进行工作的。

A. 电动　　B. 外力(手控)　　C. 感应

206. 选择电动机保护用断路器，需考虑电动机的(　　)电流，并使其在电动机启动时间内不动作。

A. 额定　　B. 启动　　C. 短路

207. 当空气开关动作后，用手触摸其外壳，发现开关外壳较热，则动作的可能是(　　)。

A. 短路　　B. 过载　　C. 欠压

208. 断路器的选用应先确定断路器的(　　)然后才进行具体的参数的确定。

A. 类型　　B. 额定电流　　C. 额定电压

209. 断路器是通过手动或电动等操作机构使断路器合闸，通过(　　)装置使断路器自动跳闸，达到故障保护目的。

A. 活动　　B. 自动　　C. 脱扣

210. 在民用建筑物的配电系统中，一般采用(　　)断路器。

A. 框架式　　B. 电动式　　C. 漏电保护

211. 一般线路中的熔断器有(　　)保护。

A. 短路　　B. 过载　　C. 过载和短路

212. 断路器电源进线应接在断路器的(　　)母线上，而接往负载的出线则应接在下母线上。

A. 下　　B. 上　　C. 中

213. 下列属于配电线路的是(　　)。

A. 熔断器　　B. 接触器　　C. 变阻器

214. 螺旋式熔断器电源的进线应接在(　　)。

A. 上端　　B. 下端(中心点)　　C. 前端

215. 下列说法中,不正确的是(　　)。

A. 熔断器在所有电路中,都能起到过载保护。

B. 在我国,超高压送电线路基本上是架空敷设。

C. 过载是指线路中的电流大于线路的计算电流或运行载流量

D. 额定电压为 380 V 的熔断器可用在 220 V 的线路中。

216. 熔断器的额定电压是从(　　)角度出发,规定的电路最高工作电压。

A. 过载　　B. 灭弧　　C. 温度

217. 熔断器的额定电流(　　)电动机的起动电流。

A. 大于　　B. 等于　　C. 小于

218. 熔断器在电动机电路中起(　　)保护作用。

A. 过载　　B. 短路　　C. 过载和短路

219. 更换熔体时原则上新熔体与旧熔体的规格要(　　)。

A. 不同　　B. 相同　　C. 更新

220. 当一个熔断器保护一只灯时,熔断器应串联在开关(　　)

A. 前　　B. 后　　C. 中

221. 熔断器的保护特性又称为(　　)。

A. 安秒特性　　B. 灭弧特性　　C. 时间性

222. 具有反时限安秒特性的元件就是短路保护和(　　)保护能力。

A. 温度　　B. 机械　　C. 过载

223. 根据被保护负载的性质和短路电流的(　　),选择具有相应分断能力的熔断器。

A. 大小　　B. 前后　　C. 高低

224. 在采用多级熔断器保护时,前级熔断器额定电流要比后级要大。目的是防止熔断器越级跳闸(　　)。

A. 查找故障困难　　B. 减小停电范围　　C. 扩大停电范围

225. 更换熔体或熔管必须在(　　)。

A. 带电　　B. 不带电　　C. 带负载

226. 在半导体电路中,主要选用快速熔断器作(　　)保护。

A. 过压　　B. 短路　　C. 过热

227. 继电器是一种根据(　　)来控制电路接通或断开的一种自动电器。

A. 外界输入信号(电信号非电信号)

B. 电信号

C. 非电信号

228. 热继电器具有一定的(　　)自动调节补偿功能。

A. 时间　　B. 频率　　C. 温度

229. 热继电器的整定电流为电动机额定电流的(　　)%。

A. 120　　B. 100　　C. 130

230. 下列说法中,不正确的是(　　)。

A. 铁壳开关安装时外壳必须可靠接地。

B. 热继电器的双金属片弯曲的速度与电流大小有关,电流越大,速度越快,这种特性称正比时限特性。

C. 速度继电器主要用于电动机的反接制动,所以也称反接制动继电器。

D. 低压配电屏是按一定的接线方案将有关低压一、二次设备组装起来,每一个主电路方案对应一个或多个辅助方案,从而简化了工程设计。

231. 热继电器的保护特性与电动机过载特性贴近,为了充分的发挥电动机(　　)能力。

A. 控制　　B. 过载　　C. 节流

232. 时间继电器的电气图形符号 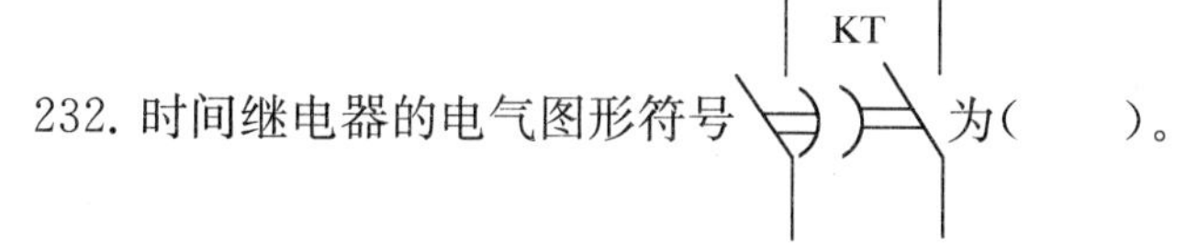 为(　　)。

A. 延时闭合动合　　B. 延时断开动合　　C. 延时断开动断

233. 下列说法中,正确的是(　　)。

A. 行程开关的作用是将机械行走的长度用电信号输出。

B. 热继电器是利用双金属片受热弯曲而推动触电动作的一种保护电器,它主要用于线路的速断保护。

C. 中间继电器实际上是一种动作与释放值可调节的电压继电器。

D. 电动式时间继电器的延时时间不受电源电压波动及环境温度变化的影响。

234. 在电器控制系统中,使用最广泛的是(　　)交流接触器。

A. 电磁式　　B. 气动式　　C. 液压式

235. 主令电器很多,其中有(　　)。

A. 接触器　　B. 行程开关　　C. 热继电器

236. 属于控制电器的是(　　)。

A. 接触器　　B. 熔断器　　C. 刀开关

237. 交流接触器的额定工作电压,是指在规定条件下,能保证电器正常工作的(　　)电压。

A. 最低　　B. 最高　　C. 平均

238. 交流接触器的电寿命是机械寿命的(　　)倍。

A. 10　　B. 1　　C. 1/20

239. 交流接触器的机械寿命是指在不带负载的操作次数,一般达(　　)。

A. 10 万次　　B. 600—1 000 万次　　C. 10 000 万次以上

240. 交流接触器的接通能力是指开关分、合电流时不会造成(　　)的能力。

A. 电压下降　　B. 电弧出现　　C. 触点融焊

241. 在电力控制系统中,使用最广泛的是(　　)式交流接触器。

A. 电磁　　B. 气动　　C. 液动

242. 利用交流接触器作欠压保护的原理,当电压不足时,线圈产生的(　　)不足,触头分断。

A. 涡流　　B. 磁力　　C. 热量

243. 利用交流欠压保护原理,当电压不足时线圈产生(　　)不足触头分断。

A. 磁力　　B. 涡流　　C. 热量

244. 接触器安装时,一般应安装在(　　)面上,其倾斜度不得超过 5°。

A. 垂直　　B. 水平　　C. 倾斜

245. 交流接触器的断开能力,是指开关断开电流时能可靠地的(　　)能力。
A. 分开触点　　B. 切断运行　　C. 熄灭电弧
246. 继电器是一种根据(　　)来控制接通或断开的一种自动电器。
A. 电信号
B. 机械信号
C. 外界输入信号(电信号和非电信号)
247. 行程开关的组成包括有(　　)。
A. 保护部分　　B. 线圈部分　　C. 反力系统
248. 微动式行程开关的优点有(　　)动作机构。
A. 控制　　B. 转轴　　C. 储能
249. 电流继电器使用时其吸引线圈直接或通过电流互感器(　　)在被控电路中
A. 并联　　B. 串联　　C. 串联或并联
250. 电压继电器使用时其吸引线圈直接或通过电压互感器(　　)在被控电路中。
A. 并联　　B. 串联　　C. 串联或并联
251. 低压电容器的放电负载通常(　　)。
A. 灯泡　　B. 线圈　　C. 互感器
252. 电容器从电网断开后,需经放电才能进行维护,要求经 1 min 放电将电容器残余电压放至(　　)V,以保障维护人员的安全。
A. 65　　B. 42　　C. 36
253. 1 千伏以上的电容器组采用(　　)接成三角形作为放电装置。
A. 电炽灯　　B. 电流互感器　　C. 电压互感器
254. 并联电力电容器的作用是(　　)。
A. 降低功率因数　　B. 提高功率因数　　C. 维持电流
255. 电容器可用万用表(　　)档进行检查。
A. 电压　　B. 电流　　C. 电阻
256. 下列说法中,正确的是(　　)。
A. 并联补偿电容器主要用在直流电路中
B. 补偿电容器的容量越大越好。
C. 并联电容器有减少电压损失的作用
D. 电容器的容量就是电容量。
257. 电容器的功率属于(　　)。
A. 有功功率　　B. 无功功率　　C. 视在功率
258. 低压电容器放电负载通常为(　　)。
A. 灯泡　　B. 线圈　　C. 互感器
259. 电容器禁止带(　　)合闸。
A. 带电　　B. 带电荷　　C. 停电
260. 电容器属于(　　)的设备。
A. 运动　　B. 静止　　C. 危险
261. 并联电容器联接应采用(　　)联接。

A. 三角形　B. 星形　C. 矩形

262. 联接电容器的导线长期允许电流不应小于电容器额定电流的(　　)%。

A. 110　B. 120　C. 130

263. 正常情况下,应根据线路上(　　)的高低和电压的高低,投入或退出并联电容器。

A. 视在功率　B. 有功功率　C. 功率因数

264. 凡受电容量在 160 kVA 以上的高压供电用户,月平均功率因素标准为(　　)。

A. 0.8　B. 0.85　C. 0.9

265. 单台电容器可按电容器额定电流的(　　)倍选用熔体的额定电流。

A. 2.5～3.5　B. 2～2.5　C. 1.5～2.5

266. 电容器运行中,电压不应长时间超过电容额定电压的(　　)倍。

A. 1　B. 1.1　C. 1.5

267. 为了检查可以短时停电,在触及电容器前必须(　　)。

A. 充分放电　B. 长时间停电　C. 冷却之后

268. 发现电容器有损伤或缺陷时应该(　　)。

A. 自行修理　B. 送回修理　C. 丢弃

269. 电容器测量前必须(　　)。

A. 揩擦干净　B. 充满电　C. 充分放电

第十一章　三相交流异步电动机

270. 以下说法中,正确的是(　　)。

A. 三相异步电动机的转子导体中会形成电流,其电流方向可用右手定则判定。

B. 为了改善电动机启动及运行性能,笼型异步电动机转子铁芯一般采用直槽结构。

C. 三相电动机转子和定子要同时通电才能工作。

D. 同一电器元件的各部件分散地画在原理图中,必须按顺序标注文字符号。

271. 以下说法中,不正确的是(　　)。

A. 电动机按铭牌数值工作时,短时运行的定额工作制用 S_2 表示

B. 电动机短时定额运行的时,我国规定短时运行的时间有 6 种

C. 电气控制系统图,包括电气原理图和电气安装图。

D. 交流电动机铭牌上的频率是此电机使用的交流电源的频率。

272. 以下说法中,不正确的是(　　)。

A. 异步电动机转差率是旋转磁场的转速与电动机转速之差与旋转磁场的转速之比。

B. 使用改变磁极对数来调速的电机一般都是绕线型转子电动机。

C. 能耗制动这种方法是将转子的动能转化为电能,并消耗在转子回路的电阻上。

D. 再生发电制动只用于电动机转速高于同步转速的场合。

273. 对照电机与其铭牌检查,主要有(　　)频率、定子绕组的连接方式。

A. 电源电压　B. 电源电流　C. 工作制

274. 三相异步电动机种类繁多,但基本结构由(　　)转子两大部分组成。

A. 定子　B. 外壳　C. 机座与罩壳

275. 电动机(　　)作为电动机磁通的通路,要求材料有良好的导磁性能。

A. 机座　　B. 端盖　　C. 定子铁芯

276. 三相异步电动机按其(　　)的不同可分为开启式、防护式、封闭式三大类。

A. 供电电源的方式　　B. 外壳防护方式　　C. 结构型式

277. 三相电动机在额定工作状态下运行时,定子电路所加的(　　)叫额定电压。

A. 线电压　　B. 相电压　　C. 额定电压

278. 旋转磁场旋转的方向,决定于通入定子绕组中的三相交流电的相序,只要任意调换电动机(　　)所接三相交流电源的相序,旋转磁场即反转。

A. 一相绕组　　B. 两相绕组　　C. 三相绕组

279. 某四极电动机的转速为 1 440R/MIN,则这台电动机的转差率为(　　)%。

A. 2　　B. 4　　C. 6

280. 三相异步电动机一般可直接启动的功率为(　　)kW 以下。

A. 7　　B. 10　　C. 16

281. 三相交流电动机星一三角降压启动,是先把电动机定子三相绕组进行(　　)联接。

A. 星形　　B. 三角形　　C. 沿边三角

282. 对电机各绕组的绝缘检查,如测出绝缘电阻为零,在发现无明显烧毁的现象时,则可进行烘干处理,这时(　　)通电运行。

A. 允许　　B. 不允许　　C. 烘干好后就可

283. 对电机各绕组的绝缘检查,要求是电动机每 1 kV 工作电压,绝缘电阻(　　)。

A. 小于 0.5 MΩ　　B. 大于 0.5 MΩ　　C. 大于等于 1 MΩ

284. 在对 380 V 电机各绕组的绝缘检查中,发现绝缘电阻(　　),则可初步判定为电动机受潮所致,应对电机进行烘干处理。

A. 大于 0.5 MΩ　　B. 小于 10 MΩ　　C. 小于 0.5 MΩ

285. (　　)的电机,在通电前,必须先做各绕组的绝缘电阻检查,合格后才可通电。

A. 一直在用,停止没超过一天

B. 不常用,但电机刚停止不超过一天

C. 新装或未用过的

286. 异步电动机在启动瞬间,转子绕组中感应的电流很大,使定子流过的启动电流也很大,约为额定电流的(　　)倍。

A. 2　　B. 4 至 7　　C. 9 至 10

287. 笼形异步电动机常用的降压启动有(　　)启动、自耦变压器降压启动、星一三角降压启动。

A. 串电阻降压　　B. 转子串电阻　　C. 转子串频敏

288. 笼形异步电动机降压启动能减少启动电流,但由于电机的转矩与电压的平方成(　　),因此降压启动时转矩减少较多。

A. 反比　　B. 正比　　C. 对应

289. 笼形异步电动机采用电阻降压启动时,启动次数(　　)。

A. 不允许超过 3 次/小时　B. 不宜太少　　C. 不宜过于频繁

290. 降压启动是指启动时降低加在电动机(　　)绕组上的电压,启动运转后,再使其电压恢复到额定电压正常运行。

A. 定子　　B. 转子　　C. 定子及转子

291. 频敏电阻器其结构基本与三相电抗器相似，由三个铁芯柱和(　　)个绕组组成。

A. 1　　B. 2　　C. 3

292. 电动机功率小于变压器容量的(　　)允许直接启动。

A. 60%　　B. 40%　　C. 20%

293. 三相笼形异步电动机的启动方式有两类，既在额定电压下的直接启动和(　　)启动。

A. 转子串电阻　　B. 转子串频敏　　C. 降低启动电压

294. 利用(　　)来降低加在定子三相绕组上电压的启动叫自耦降压启动。

A. 自耦变压器　　B. 频敏变压器　　C. 电阻器

295. 自耦变压器二次一般有 2～3 个抽头，其电压 U_1 分别为 80%(　　)和 40%。

A. 60%　　B. 30%　　C. 20%

296. 组合开关用于电动机可逆控制时，(　　)允许反向接通。

A. 不必在电动机完全停转后就

B. 可在电动机停后就

C. 必须在电动机完全停转后才

297. 电机在正常运行时的声音，是平稳、轻快、(　　)和有节奏的。

A. 均匀　　B. 尖叫　　C. 摩擦

298. 电动机运行时要用看(　　)闻的办法及时监视电动机。

A. 记录　　B. 听　　C. 吹风

299. 对电机轴承润滑的检查，(　　)电动机转轴，看是否转动灵活，听有无异声。

A. 通电转动　　B. 用手转动　　C. 用其它设备带动

300. 一台 380 V、7.5 kW 电动机装过载和断相保护应选用(　　)。

A. JR16－20/3　　B. JR16－60/30　　C. JR16－20/3D

301. 国家标准规定凡(　　)kW 以上的电动机均采用三角型接法。

A. 3　　B. 4　　C. 7.5

302. 三相交流电与电动机三相绕组联接其中 Y 接法表示(　　)。

A. 星形接法　　B. 三角形接法　　C. 沿边三角

303. 对电动机内部的脏物及灰尘清理应采用(　　)

A. 用湿布抹擦

B. 布上沾汽油、煤油抹擦

C. 用压缩空气吹、或用干布抹擦

304. 测量电动机线圈对地的绝缘电阻时，摇表的的“L”、“E”两个接线柱应(　　)。

A. “E”接在电动机出线的端子，“L”接电动机的外壳

B. “L”接在电动机出线的端子，“E”接电动机的外壳

C. 随便接，没有规定

305. 用兆欧表逐相测量电动机定子绕组与外壳的绝缘电阻时，当转动摇把时，指针摆向零，说明绕组(　　)。

A. 碰壳　　B. 断路　　C. 短路

第十二章　低压线路

306. 在配电线路中,熔断器作过载保护时,熔断器的额定电流为不大于导线允许载流量的(　　)倍。

A. 0.8　　B. 1.1　　C. 1.25

307. 根据线路的电压等级和用户对象,电力线路可分为配电线路和(　　)线路。

A. 动力　　B. 照明　　C. 送电

308. 几种线路同杆架设时,必须保证高压线路在低压线路的(　　)。

A. 上方　　B. 下方　　C. 右方

309. 下列材料中,导电性能最好的是(　　)。

A. 铜　　B. 铝　　C. 铁

310. 下列材料不能作为导线使用的是(　　)。

A. 铝绞线　　B. 铜绞线　　C. 钢绞线

311. 交流 10 kV 母线电压是指交流三相三线制的(　　)。

A. 线电压　　B. 相电压　　C. 线路电压

312. 接户线对地距离 6～10 kV 不小于(　　)m;低压接户线不小于 2.5 m。

A. 6　　B. 5　　C. 4

313. 平时我们所说的瓷瓶,在电工专业中称为(　　)。

A. 隔离体　　B. 绝缘瓶　　C. 绝缘子

314. 低压线路中的零线采用的颜色是(　　)。

A. 淡蓝色　　B. 深蓝色　　C. 黄/绿双色

315. 在铝绞线中加入钢芯的作用是(　　)。

A. 提高导电能力　　B. 增大导线面积　　C. 提高机械强度

316. 导线接头要求应接触紧密和(　　)等。

A. 拉不断　　B. 牢固可靠　　C. 不会发热

317. 导线接头电阻要足够小,与同长度同截面导线的电阻比不大于(　　)。

A. 1.5　　B. 1　　C. 2

318. 导线连接不紧密、不牢靠会造成接头(　　)。

A. 发热　　B. 绝缘不良　　C. 不导电

319. 导线的中间接头采用铰接时,先在中间互绞(　　)圈。

A. 2　　B. 1　　C. 3

320. 导线接头、控制触点等接触不良是诱发电气火灾的重要原因,所谓接触不良其本质的原因是(　　)。

A. 触头接触点电阻变化引起过电压

B. 触头接触点电阻变小

C. 触头接触点电阻变大引起功耗增大

321. 导线的接头缠胶布时后一圈压在前一圈胶布宽度的(　　)。

A. 1/2　　B. 1/3　　C. 1/4

322. 电气安装时,导线与导线或导线与螺栓连接时最容易发生故障甚至火灾事故的工艺是

(　　)。

A. 铝线与铝线的绞接　B. 铜线与铝线绞接　C. 铜铝过度接头

323. 合上电源开关，熔丝立即烧断，则线路(　　)。

A. 短路　B. 漏电　C. 电压太高

324. 线路单相短路是指(　　)。

A. 功率太大　B. 电流太大　C. 零火线直接接通

325. 穿管导线，管内允许有(　　)个导线接头。

A. 1　B. 0　C. 2

326. 下列说法中，正确的是(　　)。

A. 电力线路敷设时严禁采用突然剪断导线的办法松线。

B. 为了安全高压线路通常采用绝缘导线。

C. 根据用电性质，电力线路可分为动力线路和配电线路。

D. 跨越铁路公路等的架空绝缘铜导线截面积不得小于 16 mm^2。

327. 下列说法中，不正确的是(　　)。

A. 黄/绿双色的导线只能用于保护线

B. 按规范要求，穿管绝缘导线用铜芯线，截面积不得小于 1 mm^2。

C. 以前我国强调以铝代铜作导线，以减轻导线的重量。

D. 在电压低于额定值的一定比例后能自动断电的称为欠压保护

328. 下列说法中，不正确的是(　　)。

A. 导线连接时必须注意做好防腐措施。

B. 截面积较小的单股导线平接时可采用绞接法。

C. 导线接头的抗拉强度必须与原导线的抗拉强度相同。

D. 导线连接后接头与绝缘层的距离越小越好。

第十三章　照明及移动式电气设备

329. 照明线路系统中，每一单相回路中，灯具与插座的数量不得超过(　　)个。

A. 20　B. 25　C. 30

330. 每一照明(包括风扇)支路总容量一般不大于(　　)kW。

A. 2　B. 3　C. 4

331. 照明电路熔断器额定电流取线路计算电流的(　　)倍。

A. 0.9　B. 1.1　C. 1.5

332. 一般照明场所的线路允许电压损失为额定电压的(　　)。

A. 5%　B. 10%　C. 15%

333. 一般照明线路中，无电的依据是(　　)。

A. 用电流表测量　B. 用兆欧表测量　C. 用低压验电笔验电

334. 相线应接在螺口灯头的(　　)。

A. 螺纹端子　B. 中心端子　C. 外壳

335. 下列说法中，不正确的是(　　)

A. 白炽灯属热辐射光源。

B. 日光灯点亮后，镇流器起降压限流作用。

C. 对于开关频繁的场所应采用白炽灯照明。

D. 高压水银灯的电压比较高，所以称为高压水银灯。

336. 下列说法中，不正确的是(　　)。

A. 当灯具达不到最小高度时，应采用 24 V 以下电压。

B. 电子整流器的功率因素高于电感式整流器。

C. 事故照明不允许和其它照明共用同一条线路。

D. 日光灯电子整流器可使日光灯获得高频交流电

337. 下列说法中，正确的是(　　)。

A. 为了有明显区别，并列安装的同型号开关应不同高度，错落有致。

B. 为了安全可靠，所有开关均应同时控制相线和零线

C. 不同电压的插座应有明显区别。

D. 危险场所室内的吊灯与地面距离不少于 3 m。

338. 螺口灯头的螺纹应与(　　)相接。

A. 相线　B. 零线　C. 地线

339. 落地插座应具有牢固可靠的(　　)。

A. 标志牌　B. 保护盖板　C. 开关

340. 单相三孔插座的上孔接(　　)。

A. 相线　B. 零线　C. 地线

341. 在检查插座时，电笔(电笔完好)在插座的两个孔均不亮，首先判断是(　　)。

A. 短路　B. 相线断线　C. 零线断线

342. 在电路中开关应控制在(　　)上。

A. 零线　B. 相线　C. 中性线

343. 墙面开关安装时，离地面的高度为(　　)m。

A. 1.3　B. 1.5　C. 2

344. 对颜色有较高区别要求的场所，宜采用(　　)。

A. 彩灯　B. 白炽灯　C. 紫色灯

345. 下面照明灯中功率因素最高的是(　　)。

A. 日光灯　B. 节能灯　C. 白炽灯

346. 日光灯属于(　　)的光源。

A. 气体放电　B. 热辐射　C. 生物

347. 电感式日光灯镇流器的内部是(　　)。

A. 电子电路　B. 线圈　C. 振荡电路

348. 碘钨灯属于(　　)光源。

A. 气体放电　B. 电弧　C. 热辐射

349. 为提高功率因数，40W 的日光灯应配用(　　)电容器。

A. 2.5μF　B. 3.5μF　C. 4.75μF

350. 传统的日光灯整流器内部是(　　)。

A. 电子电路　B. 线圈　C. 振荡电路

351. 下列现象中，可判定是接触不良的是(　　)。

A. 日光灯启动困难　　B. 灯泡忽明忽暗　　C. 灯泡不亮

352. 图示中的电路，在开关 S1 和 S2 都合上后可以触摸的是(　　)。(答案选择 B 不对，理论上可以实际上根本不能触摸)

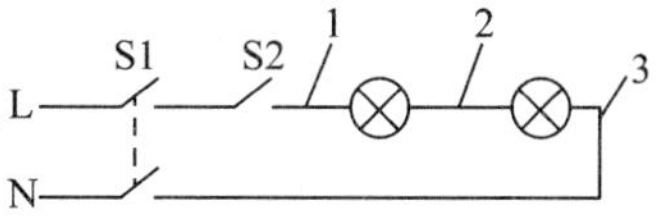

A. 第 2 段　　B. 第 3 段　　C. 无

353. 如图中，在保险丝处接入一个 220 V 40 W 灯泡 Lo 当只闭合开关 S 时 Lo 和 L1 都呈现暗红色，由此可以确定(　　)。

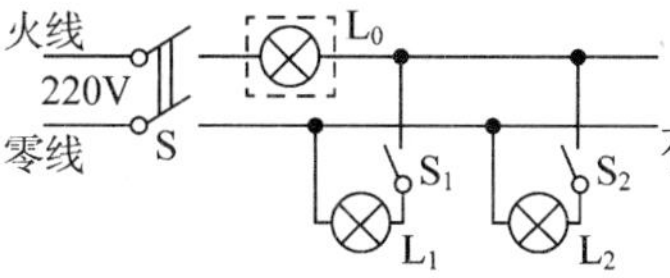

A. L1 支路接线正确　　B. L1 灯头短路　　C. L1 支路漏电

354. 安装在同一建筑物的开关位置应一致、操作灵活、接触良好，一般(　　)为闭合。

A. 向左　　B. 向上　　C. 向下

355. 暗装的开关、插座应有(　　)。

A. 明显标志　　B. 警告标志　　C. 盖板

356. 手持电动工具按触电保护方式可分为(　　)类。

A. 2　　B. 3　　C. 4

357. 移动式的电气设备电源线应采用高强度的铜芯橡皮护套软绝缘(　　)，工作零线或保护零线必须与相线同截面积。

A. 电缆　　B. 导线　　C. 绞线

358. Ⅱ类手持电动工具是带有(　　)绝缘的设备。

A. 基本　　B. 防护　　C. 双重

359. 在一般场所，为保证使用安全，应选用(　　)电动工具。

A. Ⅰ　　B. Ⅱ　　C. Ⅲ

360. Ⅰ类电动工具的绝缘电阻要求最小为(　　)MΩ。

A. 1　　B. 2　　C. 3

361. Ⅱ类电动工具的绝缘电阻要求最不低于(　　)MΩ。

A. 5　　B. 7　　C. 9

362. 手持电动工具带“回”字符号标志的电动工具是(　　)。

A. Ⅰ　　B. Ⅱ　　C. Ⅲ

363. 固定电源线或移动式发电机供电的移动式机械设备，应与供电电源的(　　)有金属性的可靠连接。

A. 外壳　　B. 零线　　C. 接地装置

364. 狭窄场所、锅炉、金属容器内、管道作业使用(　　)工具。

A. Ⅰ　　B. Ⅱ　　C. Ⅲ

三、多项选择题:148 题(选择正确的答案,将相应的字母填入括号中)

第一章　法律法规

1. 下列工种属于特种作业的有(　　)。
A. 电工作业　　B. 金属焊接与切割作业
C. 登高架设作业　　D. 压力容器作业

2. 特种作业人员应当符合的条件有(　　)等。
A. 具备必要的安全技术知识与技能
B. 具有高中及以上文化程度。
C. 具有初中及以上文化程度。
D. 经社区或者县级以上医疗机构体检健康合格,并无妨碍从事相应特种作业疾病和生理缺陷。

3. 电工作业是指对电气设备进行(　　)。
A. 运行维护　　B. 安装检修　　C. 改造施工　　D. 调试

第二章　电气安全管理

4. 保证安全工作的组织措施(　　)
A. 工作票制度　　B. 工作许可制度
C. 工作监护制度　　D. 工作间断、转移和终结制度

5. 保证安全工作的技术措施(　　)
A. 停电　　B. 验电
C. 装设接地线　　D. 悬挂标示牌和装设遮栏(围栏)

6. 对装设接地线的要求,下列正确的是(　　)。
A. 装设接地线必须两人进行
B. 装设接地线时,应先接导线端,后接接地端
C. 拆接地线时,应先拆导线端,后拆接地端
D. 经验电确认设备已停电,装设接地线可以不使用绝缘棒或不戴绝缘手套

7. 在验电操作过程中,正确的行为是(　　)。
A. 对已停电的线路或设备,当其经常接入的电压表或其它信号指示无电,可以作为无电压的根据,不必进行验电
B. 验电时,必须使用电压等级合适、合格的验电器
C. 验电时,应在检修设备的进线和出线两侧分别验电
D. 验电前应先在等压等级合适的有电设备上进行试验,确认验电器良好

第三章　电工基础知识

8. 电路一般由(　　)和连接导线组成。
A. 电源　　B. 负载　　C. 变压器　　D. 控制设备

9. 磁力线的方向表述正确的是(　　)。
A. 由 N 极到 S 极　　B. 在磁体的内部由 S 极到 N 极

C. 由S极到N极　　D. 在磁体的外部由N极到S极

10. 载流导体在磁场中受到力的作用,力的大小与(　　)成正比。

A. 磁感应强度　　B. 通电导体的电流

C. 通电导体有效长度　　D. 导体的截面积

11. 下列属于非磁性材料的是(　　)。

A. 空气　　B. 橡胶　　C. 铜　　D. 铁

12. 下面利用自感特性制造的器件有(　　)。

A. 日光灯整流器　　B. 自耦变压器

C. 滤波器　　D. 感应线圈

13. 电阻的大小与导体的(　　)有关。

A. 材料　　B. 温度　　C. 长度　　D. 体积

14. 以欧姆(Ω)为单位的物理量有(　　)。

A. 电阻　　B. 电感　　C. 感抗　　D. 容抗

15. 以下说法是正确的(　　)。

A. 欧姆定律是反映电路中的电压、电流、电阻之间关系的定律

B. 串联电路中的电压的分配与电阻成正比

C. 并联电路中的电压的分配与电阻成正比

D. 基尔霍夫节点电流定律,称基尔霍夫第二定律。

16. 下列说法错误的是(　　)。

A. 如果三相对称负载的额定电压为 220 V,要想接入线电压为 380 V 的电源上则应接成三角形连接

B. 三相电路中,当使用额定电压为 220 V 的单相负载时,应接在相线与相线之间

C. 三相电路中,当使用额定电压为 380 V 的单相负载时,应接在相线与相线之间

D. 如果三相对称负载的额定电压为 380 V,则应将它们接成三角形连接

17. 晶体三极管,每个导电区引出的电极分别为(　　)。

A. 基极　　B. 发射极　　C. 集电极　　D. 共发射极

18. 三极管输出特性,曲线可分为(　　)区域。

A. 放大　　B. 截止　　C. 饱和　　D. 发射

19. 三相负载的联接方式有(　　)。

A. 三相三线连接　　B. 星形连接

C. 三角形连接　　D. 三相四线连接

20. 三相交流电的电源相电压为 220 V,以下说法正确的是(　　)。

A. 电源作 Y 连接,负载作 Y 连接,负载电压为 220 V

B. 电源作△连接,负载作 Y 连接,负载电压为 127 V

C. 电源作△连接,负载作 Y 连接,负载电压为 220 V

D. 电源作 Y 连接,负载作△连接,负载电压为 380 V

第四章　常用电工仪表

21. 电工仪表按工作原理分(　　)仪表。

A. 磁电式　B. 电磁式　C. 电动式　D. 感应式

22. 电工仪表精度可分为(　　)。

A. 0.1 级　B. 0.2 级　C. 0.5 级　D. 2.5 级

23. 便携带式电磁系统电流表扩大量程采用(　　)。

A. 串联分压电阻　B. 并联分六电阻

C. 分段线圈串、并联　D. 采用电流互感器

24. 常用电工测量方法主要有(　　)。

A. 直接测量法　B. 比较测量法　C. 间接测量法　D. 数字测量法

25. 按照测量方法,电工仪表分为主要有(　　)。

A. 直读式　B. 比较式　C. 对比式　D. 对称式

26. 万用表主要由(　　)组成。

A. 测量机构　B. 测量线路　C. 转换开关　D. 表棒

27. 数字式万用电表除具有普通指针万用电功能外,还可以测量(　　)。

A. 电容　B. 电感　C. 交流电流　D. PN 结正向压降

28. 万用电表使用前的校表包括(　　)。

A. 短接　B. 机械调零

C. 欧姆(Ω)调零　D. 在有电设备上测试

29. 万用电表使用完毕将开关置于(　　)。

A. 最高电阻档　B. OFF 档

C. 交流电压最大档　D. 交流电流最大档

30. 关于单相电度表下列说法是正确的是(　　)。

A. 电度表有两个线圈,一个电压线圈和一个电流线圈

B. 积算器的作用是记录用户用电量多少的一个指示装置

C. 电度表前允许安装开关,以方便用户维护电器

D. 电度表后允许安装开关,以方便用户维护电器及线路

31. 兆欧表主要组成部分是(　　)

A. 手摇直流发电机　B. 磁电式流比计测量机构

C. 电压线圈　D. 电流互感器

32. 合格的摇表在使用前检查的结果是(　　)。

A. 开路检查为∞　B. 短路检查为 0　C. 开路检查为 0　D. 短路检查为∞

33. 接地电阻测量仪主要有(　　)组成。

A. 手摇发电机　B. 电流互感器　C. 电位器　D. 检流计

34. 关于直流单臂电桥下列说法是正确的是(　　)。

A. 直流单臂电桥适用于测量电动机直流电阻

B. 直流单臂电桥适用于测量变压器直流电阻

C. 直流单臂电桥适用于测量电阻范围为 $1\Omega—10^8\Omega$

D. 直流单臂电桥测得的电阻的数值等于比较臂倍率和比较臂读数值的乘积

第五章　电气安全用具及安全标志

35. 电工钢丝钳常用的规格有(　　)mm。

A. 100　　B. 150　　C. 175　　D. 200

36. 电工钢丝钳的用途很多，具体可用于(　　)。

A. 钳口用来弯绞或钳夹导线线头

B. 齿口用来紧固或起松螺母

C. 刀口用来剪切导线或剖削软导线的绝缘层

D. 铡口用来铡切导线线芯、钢丝和铅丝等较硬金属

37. 尖嘴钳常用的规格有(　　)mm。

A. 130　　B. 160　　C. 180　　D. 200

38. 电烙铁常用的规格有(　　)W 等。

A. 25　　B. 45　　C. 75　　D. 100

39. 下列(　　)属于基本安全用具。

A. 绝缘手套　　B. 绝缘棒　　C. 绝缘夹钳　　D. 绝缘垫

40. 高空作业时应做到(　　)

A. 高空作业人员应戴安全帽　　B. 高空作业人员应系好安全带

C. 地面作业人员应戴安全帽　　D. 作业人员应戴绝缘手套

41. 交流电路中的相线可用的颜色有(　　)

A. 黄色　　B. 绿色　　C. 红色　　D. 蓝色

42. 安全标志牌按其用途一般分为(　　)。

A. 禁止　　B. 警告　　C. 允许　　D. 提示(指令)

43. “止步！高压危险！”用于(　　)。

A. 室外工作地点围栏　　B. 施工地点邻近带电设备遮栏

C. 禁止通行的过道　　D. 工作地点临近待电设备的横梁上

第六章　触电的危害与救护

44. 按人体及带电方式和电流通过人体的途径可分为(　　)。

A. 单相触电　　B. 两相触电　　C. 感应电压触电　　D. 跨步电压触电

45. 电伤是电流的(　　)造成的伤害。

A. 热效应　　B. 化学效应　　C. 机械效应　　D. 高空坠落

46. 按人体及带电方式和电流通过人体的途径可分为(　　)。

A. 单相触电　　B. 两相触电　　C. 感应电压触电　　D. 跨步电压触电

47. 属于电伤的有(　　)造成的伤害。

A. 电烧伤　　B. 电烙印　　C. 触电后摔伤　　D. 机械性损伤

48. 不同电流对人体的影响正确的是(　　)。

A. 直流电和交流电都可以使人触电

B. 直流电比交流电的危害较小

C. 50～60 Hz 电流危险性最大

D. 低于 20 Hz 或高于 350 Hz 的电流危险性相对减小

49. 低压触电者脱离电源时的注意事项(　　)。

A. 救护人员要判明情况，做好自身的防护

B. 触电者脱离电源的同时,要防止二次伤害事故
C. 在夜间抢救,应及时设置临时照明灯,以避免延误抢救时间。
D. 高压触电时,不能用干燥木棍、木板、竹杆去拨动或挑开高压线

第七章　直接接触电击防护措施

50. 以下属于绝缘材料的有(　　)
A. 陶瓷　　B. 硅　　C. 塑料　　D. 橡胶
51. 防止直接接触电击的方法有(　　)
A. 保护接地　　B. 采用绝缘防护
C. 采用屏护和安全距离　　D. 采用特低电压
52. 所谓屏护就是使用(　　)等将带电体与外界隔离
A. 遮栏　　B. 导体　　C. 栅栏　　D. 护罩
53. 遮栏主要用于防止(　　)
A. 工作人员过分接近带电体　　B. 工作人员意外碰到带电体
C. 检修时的安全隔离装置　　D. 设备不小心接地
54. 漏电保护断路器的工作原理是(　　)。
A. 正常时零序电流互感器的铁芯无磁通,无感应电流
B. 有漏电或有人触电时,零序电流互感器就产生感应电流
C. 有漏电或有人触电时,漏电电流使热保护动作
D. 零序电流互感器内感应电流经放大使脱扣器动作从而切断电路
55. 漏电开关一闭合就断开可能的原因(　　)
A. 过载　　B. 漏电　　C. 漏电开关损坏　　D. 零线重复接地
56. 下列属于 RCD 类型的是(　　)组成。
A. 保险丝　　B. 触电保安器　　C. 漏电开关　　D. 漏电断路器
57. 单相 220 V 电源供电的电气设备,应选择(　　)漏电保护装置。
A. 三极式　　B. 二极二线式　　C. 四极式　　D. 单极二线式
58. 应安装漏电开关的场所有(　　)
A. 临时用电的电气设备　　B. 生产用的电气设备
C. 公共场所通道照明　　D. 学校的插座
59. 在居住场所按装漏电保护器应选用(　　)有关。
A. 额定电压 220 V　　B. 动作电流 30 mA 以下
C. 动作时间 0.1 s 内　　D. 动作电流 6 mA 以下
60. 特低电压可分为(　　)。
A. SELV　　B. PELV　　C. HELV　　D. FELV
61. FELV 是指使用功能(非电击防护)的原因而采用的特低电压如(　　)。
A. 220 V 电动机　　B. 电焊机
C. 380 V 电动机　　D. 电源外置的笔记本电脑

第八章　间接接触电击防护措施

62. TN 系统的类型有(　　)

A. TN—C 系统　　B. TN—S 系统
C. TN—C—S 系统　　D. TN—C—X 系统

第九章　特殊防护

63. 爆炸危险气体的环境可分为(　　)三个等级。
A. 0　　B. 1　　C. 2　　D. 3
64. 下列属于防爆电气设备类型的有(　　)
A. 隔爆型　　B. 增安型　　C. 全密封型　　D. 正压外壳型
65. 在当前我国供电系统电压等级中,可用于 10 kV 以下(不含 10 kV)线路带电灭火的器材有(　　)。
A. 干粉灭火的器　　B. 二氧化碳灭火的器
C. 高压雾化水枪　　D. 水基泡沫灭火的器
66. 燃烧具备的条件有(　　)。
A. 可燃物　　B. 助燃物　　C. 着火源　　D. 操作人员
67. 引起火灾的直接原因(　　)。
A. 短路　　B. 电流的热量　　C. 电火花　　D. 电弧
68. 在爆炸危险的场所,对使用电气设备有较一般场所更高的要求,主要采取的措施有(　　)等是爆炸危险的场所对电气设备、设施的一些基本要求。
A. 电气设备、金属管道等进行等电位接地
B. 选用相应环境等级的防爆电气设备
C. 接地主干线不同方向两个点以上接地
D. 单相电气设备供电相线、零线都要装短路保护装置
69. 电气火灾发生时,作为当班电工,应首先要切断电源再扑救,但为了不影响扑救,避免火灾范围进一步扩大,应采取的措施有(　　)
A. 选择性断开引起火灾的电源支路开关
B. 为了安全应立即切断总电源
C. 选择适当的灭火器材迅速灭火
D. 立即打电话给主管报告情况
70. 在爆炸危险的场所,对使用电气设备选型的依据主要有(　　)
A. 电气设备的额定频率　　B. 电气设备使用环境的等级
C. 电气设备的使用条件　　D. 电气设备的可靠性
71. 防直接雷装置主要措施(　　)
A. 避雷线　　B. 避雷网、避雷带　　C. 避雷器、　　D. 避雷针
72. 完整的防雷装置是由(　　)三部分构成。
A. 接闪器　　B. 引下线　　C. 接地装置　　D. 接地体
73.《电业安全工作规程》规定:电气运行人员在有雷电时必须(　　)
A. 尽量避免户外高空检修　　B. 禁止倒闸操作
C. 不得靠近接闪杆　　D. 禁止户外等电位作业
74. 每年初夏雨水季节是雷电多而且事故频繁发生的季节,在雷爆雨天气时为了避免被雷

击,以下是可减少被雷击几率的方法(　　)。

A. 不要到室外高处作业　　B. 不要在田野外逗留

C. 不要进入宽大的金属构架内　　D. 不要到小山小丘等隆起的地方

75. 对建筑物雷电可能引起火灾或爆炸及人身伤亡事故,为了防止雷电冲击波沿低压线进入室内,可采取以下措施(　　)

A. 全电缆埋地供电,入户电缆金属外皮接地、

B. 架空线供电,入户装装设阀型避雷器、铁脚金属接地

C. 变压器采用隔离变压器

D. 架空线转电缆供电时,在转接处装设阀型避雷器

76. 静电产生有以下方式(　　)

A. 固体物质大面积的磨擦　　B. 混合物搅拌各种高电阻物体

C. 物体粉碎、研磨　　D. 花扦物料衣服的摩擦

77. (　　)是静电的防护有效措施。

A. 环境危险程度控制　　B. 接地

C. 增湿　　D. 检流计工业容器尽量采用塑料制品

第十章　低压电器

78. 属于低压配电电器的有(　　)

A. 刀开关　　B. 低压断路器　　C. 熔断器　　D. 行程开关

79. 属于低压控制电器的有(　　)

A. 熔断器　　B. 继电器　　C. 接触器　　D. 按钮

80. 低压断路器一般由(　　)组成。

A. 操作系统　　B. 触头系统　　C. 灭弧系统　　D. 脱扣器和外壳

81. 胶壳瓷底开关的选用要注意(　　)

A. 刀开关的额定电压要大于或等于线路实际的最高电压

B. 作隔离开关选用时,要求刀开关的额定电流要大于或等于线路实际的工作电流。

C. 不适合用于直接控制 5.5 kW 以上的交流电动机

D. 刀开关直接用于控制 5.5 kW 以上的交流电动机时,刀开关的额定容量大于电动机的容量

82. 组合开关的选用有以下原则(　　)。

A. 用于一般照明、电热电路,其额定电流大于等于被控电路负载电流的总和

B. 当用着设备电源引入开关时,其额定电流稍大于或等于被控电路负载电流的总和

C. 当用于直接控制电动机时,其额定电流一般可取电动机额定电流的 2～3 倍。

D. 可用来直接分断故障电流

83. 熔断器的保护特性为安秒特性具有(　　)。

A. 通过熔体的电流越大,熔断时间越短

B. 通过熔体的电压值越大,熔断时间越短

C. 具有过载保护能力

D. 反时限特性,具有短路保护能力

84. 熔断器选择，主要选择(　　)

A. 熔断器形状　B. 熔断器形式　C. 额定电流　D. 额定电压

85. 熔断器的种类按其结构可分为(　　)

A. 无填料封闭管式　B. 插入式

C. 螺旋　D. 有填料封闭管式

86. 熔断器中熔体的额定电流选择方法要考虑(　　)

A. 熔体在保护纯电阻负载时，熔体的额定电流要稍大于或等于电路的工作电流

B. 熔体在保护一台电动机时，熔体的额定电流大于或等于(1.5～2.5)倍的电动机额定电流

C. 熔体在保护多台电动机时，熔体的额定电流大于或等于其中最大的一台电动机的额定电流的(1.25～2.5)倍加上其余各台电动机额定电流总和

D. 在采用多级熔断器保护中，后级熔体的额定电流要比前级至少大一个等级(排队：是以以电源端为最后端)

87. 熔断器中熔体的材料一般有(　　)

A. 钢　B. 铜　C. 银　D. 铅锡合金

88. 熔断器熔体熔断可能是(　　)有关。

A. 短路　B. 过载　C. 接触不良　D. 漏电

89. 交流接触器结构有(　　)。

A. 调节系统　B. 电磁系统　C. 触头系统　D. 灭弧系统

90. 电磁式继电器具有(　　)等特点

A. 由电磁机构、触点系统和反力系统组成　B. 电磁机构为感测机构

C. 应用于小电流中所以无灭弧装置　D. 具有与电源同步的功能

91. 通用继电器主要具有(　　)等特点。

A. 其磁路系统由U形静铁芯和一块板状衔铁构成

B. 可更换不同性质的线圈

C. U形静铁芯与铝座浇注成一体

D. 线圈装在静铁芯上

92. 热继电器的工作原理是(　　)

A. 若在额定电流以下工作时，双金属片弯曲不足使机构动作，因此热继电器不会动作

B. 若在额定电流以上工作时，双金属片弯曲随时间增长弯曲度增加，最终使机构动作

C. 具有反应时限特性，电流越大速度越快

D. 只要整定值调恰当，就可以防止电机因高温造成的损坏

93. 热继电器在对电机进行过载保护时应具备(　　)

A. 具备一条与电机过载特性相似的反时限保护特性

B. 具有一定的温度补偿性

C. 动作值能在一定范围内调节

D. 电压值可调

94. 属于热继电器的符号有(　　)

A. 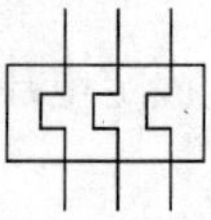　B. 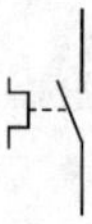　C. 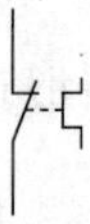　D. 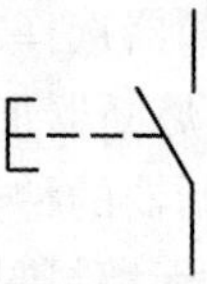

95. 交流接触器的结构有(　　)

A. 调节系统　B. 电磁机构　C. 触头系统　D. 灭弧系统

96. 交流接触器的额定电流是由以下(　　)工作条件所决定的电流值

A. 额定电压　B. 操作频率　C. 使用类别　D. 触点的寿命等

97. 速度继电器的工作原理是(　　)。

A. 速度继电器轴与电动机轴相连,电机转速度继电器转子转

B. 速度继电器定子绕组切割旋转磁场(由转子转动在定子与转子之间的气隙产生的)进而产生力矩

C. 定子受到的磁场力的方向与电动机旋转方向相同

D. 从而定子向轴的转动方向偏摆,通过定子拨杆拨动触点,使触点动作

98. 速度继电器主要有(　　)组成。

A. 定子　B. 转子　C. 触点　D. 同步电机

99. 属于速度继电器的符号有(　　)

A. 　B. 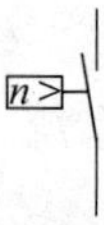

C. 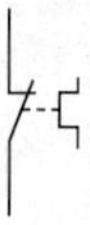　D. 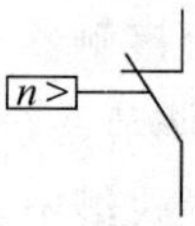

100. 时间继电器按动作可分主要有(　　)组成。

A. 电磁式　B. 空气阻尼式　C. 电动式、电子式　D. 电压式、电流式

101. 电动式时间继电器由(　　)。

A. 同步电机　B. 传动机构　C. 离合器凸转　D. 触点调节旋钮

102. 提高功率因数的方法有(　　)

A. 减少负载　B. 人工无功补偿

C. 提高自然功率因数　D. 减少用电

103. 功率因数自动补偿柜是由(　　)

A. 电容器组　B. 变压器　C. 避雷器　D. 无功补偿自动投切装置

104. 并联电力电容器的作用(　　)。

A. 增大电流　B. 改善电压的质量　C. 提高功率因素　D. 补偿无功功率

105. 并联电容器在电力系统有(　　)补偿方式。

A. 集中　B. 分散

C. 多种　D. 个别(就地补偿)

106. 电力电容器按工作电压分为(　　)

A. 高压　B. 中压　C. 低压　D. 超高压

107. 搬运电力电容器时不得(　　)

A. 过分倾斜　B. 侧放　C. 竖放　D. 倒放

第十一章 三相交流异步电动机

108. 在三相异步电动机定子上布置结构完全相同，空间各相差 120°电角度的三相定子绕组，当分别通入三相交流电时，则在（ ）中产生了一个旋转磁场。
   A. 定子 B. 转子
   C. 机座 D. 定子与转子之间的气隙
109. 电动机转子按其结构分为（ ）
   A. 笼形 B. 绕线形 C. 星形 D. 矩形
110. 电动机额定工作制分为（ ）
   A. 连续定额 B. 短时定额 C. 断续定额 D. 额定定额
111. 我国规定的负载持续率有（ ）。
   A. 15％ B. 25％ C. 40％ D. 60％
112. 关于电动机辅助设施及安装底座的检查下列说法是正确的（ ）。
   A. 电动机与底座之间固定是否牢固，接地装置是否良好
   B. 熔断器及熔丝是否合格完好
   C. 传动装置及所带负载是否良好
   D. 启动设备是否良好
113. 断路器用于电动机保护，瞬时脱扣器电流整定值选用有（ ）。
   A. 断路器长延时时电流整定值等于电动机额定电流
   B. 保护笼形电机整定电流等于系数 K * 电动机额定电流（系数与型号、容量、启动方法有关，约 8～15 之间）
   C. 保护绕线转子电动机时整定电流等于系数 K * 电动机额定电流（系数，保护绕线转子电动机约 3～6 之间）
   D. 考虑操作条件和寿命
114. 一般电动机电路上应有（ ）保护。
   A. 短路 B. 过载 C. 欠压 D. 断相
115. 三相异步电动机调速的方法有（ ）
   A. 改变电源频率 B. 改变磁极对数
   C. 在转子电路中串电阻改变转差率 D. 改变电磁转矩
116. 电动机制动方法有（ ）
   A. 再生发电 B. 反接 C. 能耗 D. 电抗
117. 在电动机电路中具有过载保护的电器有（ ）。
   A. 熔断器 B. 时间继电器、
   C. 热继电器 D. 空气开关长延时流脱扣器
118. 关于自耦减压启动的优缺点下列说法中，正确的是（ ）。
   A. 可按允许的启动电流及所需的转矩来选择启动器的不同抽头
   B. 电机定子绕组不论采用星形或三角形联结都可以使用
   C. 启动时电源所需的容量比直接启动大
   D. 设备贵，体积大

119. 关于电动机启动的要求下列说法是正确的(　　)。
A. 电动机有足够的启动转矩
B. 在保证一定大小的启动转矩前提下,启动电流应尽量小
C. 启动所需要的控制设备要尽量简单,价格力求低廉、操作和维护方便
D. 启动过程中的能量损耗尽量小,

120. 对四极三相异步电动机而言,当三相交流电变化一周时(　　)
A. 四极电动机合成磁场只旋转了半圈
B. 四极电动机合成磁场只旋转了半圈
C. 电动机旋转磁场的转速,等于三相交流电变化的速度。
D. 电动机旋转磁场的转速,等于三相交流电变化速度的一半。

121. 电动机转子串频敏变阻器启动时的原理(　　)。
A. 启动时转速很低故转子频率很小
B. 启动时转速很低故转子频率很大
C. 电动机转速升高后频敏变阻器铁芯中的损耗很小
D. 启动结束后转子绕组短路,把频敏变阻器从电路中切除

122. 电动机转子串电阻启动优缺点有(　　)。
A. 整个启动过程中启动转矩大,适合重载启动
B. 定子启动电流大于直接启动的定子电流
C. 启动设备多,启动级数小
D. 启动能量消耗在电阻上从而浪费能源

123. 电动机在运行时,用各种方法监视电动机是为了(　　)
A. 出现不正常的现象时及时处理　　B. 防止故障扩大
C. 监视工人是否在工作　　D. 只为观察电动机是否正常工作

124. 关于电动机的维护下列说法中,正确的是(　　)。
A. 保持电机的清洁
B. 要定期清扫电动机内、外部
C. 要定期更换润滑
D. 要定期电动机的绝缘电阻,发现绝缘电阻过低时,应及时进行烘干处理

第十二章　低压线路

125. 架空线路的电杆按材质分(　　)
A. 木杆　　B. 金属
C. 硬塑料　　D. 混凝土杆(水泥杆)

126. 导线的材料主要有(　　)
A. 银　　B. 铜　　C. 铝　　D. 钢

127. 导线的结构可分为(　　)
A. 单股　　B. 双股　　C. 多股　　D. 绝缘

128. 在配电线路中熔断器只作为短路保护时,熔体的额定电流应不大于(　　)。
A. 绝缘导线允许载流量的 2.5 倍　　B. 电缆允许载流量的 2.5 倍

C. 穿管绝缘导线允许载流量的 2.5 倍　D. 明敷绝缘导线允许载流量的 2.5 倍

129. 低压配电线路上装熔断器时，不允许装在(　　)。
A. 三相四线制系统的零线(中性线)　B. 无直接接零要求的单相回路的零线上
C. 有直接接零要求的单相回路的零线上　D. 各相线上

130. 导线接头与绝缘层的距离可以是(　　)mm。
A. 0　B. 5　C. 10　D. 15

131. 下列属于导线连接的要求有(　　)
A. 连接紧密　B. 稳定性好　C. 跳线连接　D. 耐腐蚀

132. 低压配电线路装熔断器时，不允许装在(　　)。
A. 三相四线系统的零线　B. 无接零要求的单相回路的零线
C. 有接零要求的单相回路的零线　D. 各相线

133. 在配电线路中熔断器作短路保护，熔体的额定电流应不大于(　　)。
A. 绝缘导线允许载流量的 2.5 倍　B. 电缆允许载流量的 2.5 倍
C. 穿管绝缘导线允许载流量的 2.5 倍　D. 明敷绝缘导线允许载流量的 1.5 倍

第十三章　照明及移动式电气设备

134. 照明的种类分为(　　)。
A. 局部照明　B. 内部照明　C. 工作照明　D. 事故照明

135. 一般场所移动式局部照明用的电源可采用(　　)V。
A. 12　B. 24　C. 36　D. 220

136. 大面积照明的场所宜采用(　　)照明。
A. 白炽灯　B. 金属卤化物灯　C. 高压钠灯　D. 长弧氙灯

137. 照明分路总开关距地面距离以(　　)m 为宜。
A. 1.5　B. 1.8　C. 2　D. 2.5

138. 可采用一个开关控制 2—3 盏灯的场合有(　　)组成。
A. 餐厅　B. 厨房　C. 车间　D. 宾馆

139. 单相两孔插座的安装，面对插座应将(　　)接相线。
A. 上孔　B. 下孔　C. 左孔　D. 右孔

140. 室内照明线路每一分路应(　　)。
A. 不超过 15 个灯头　B. 不超过 25 个灯头
C. 总容量不超过 5 kW　D. 总容量不超过 3 kW

141. 照明电路常见的故障有(　　)。
A. 断路　B. 短路　C. 漏电　D. 起火

142. 短路的原因可能有(　　)。
A. 导线绝缘损坏　B. 设备内绝缘损坏
C. 设备开关进水　D. 导线接头故障

143. 灯泡忽亮忽暗(　　)
A. 电压太高　B. 电压不稳定
C. 灯座接触不良　D. 线路接触不良

144. 线路断路的原因有(　　)。

A. 熔丝熔断　　B. 线头松脱　　C. 断线　　D. 开关未接通

145. 对手持式电动工具电源线的要求有(　　)。

A. 电源线应采用橡皮绝缘软电缆　　B. 单相用三芯电缆

C. 三相用四芯电缆　　D. 电缆中间不得有接头。

146. 移动电气设备必须(　　)。

A. 设专人保管　　B. 设专人维护、保养及操作

C. 建立设备档案　　D. 定期检修

147. 在潮湿场所或金属构架上选用电动工具以下说法正确的是(　　)。

A. 必须使用Ⅱ类或Ⅲ类电动工具

B. 如果使用Ⅰ类电动工具必须安装动作电流不大于 30 mA,动作时间不大于 0.1 s 的漏电保护器。

C. 只要电动工具能转动,绝缘电阻要求就不是很严格

D. 任何电动工具均可以使用

148. 手持式电动工具电源线的要求有(　　)。

A. 防雨防雷措施　　B. 必要时应设临时工棚

C. 电源线必须有可靠的防护措施　　D. 独立的接地体

国家安全生产监督管理局

《低压电工》初训部分考题答案

一、判断题

1. ×　2. ×　3. ×　4. ×　5. √　6. ×　7. √　8. √

9. √　10. √　11. ×　12. √　13. ×　14. √　15. √　16. √

17. √　18. ×　19. ×　20. √　21. √　22. ×　23. √　24. √

25. √　26. ×　27. ×　28. √　29. √　30. ×　31. √　32. √

33. √　34. ×　35. √　36. √　37. ×　38. ×　39. √　40. ×

41. √　42. ×　43. √　44. √　45. ×　46. √　47. ×　48. ×

49. ×　50. ×　51. √　52. ×　53. ×　54. √　55. ×　56. ×

57. √　58. ×　59. √　60. √　61. ×　62. √　63. √　64. √

65. √　66. √　67. √　68. ×　69. √　70. ×　71. ×　72. √

73. ×　74. √　75. √　76. ×　77. ×　78. √　79. ×　80. √

81. √　82. ×　83. √　84. √　85. ×　86. √　87. ×　88. ×

89. √　90. √　91. ×　92. ×　93. √　94. ×　95. ×　96. √

97. √　98. √　99. √　100. ×　101. ×　102. ×　103. ×　104. ×

105. √　106. √　107. ×　108. √　109. √　110. √　111. √　112. √

113. √　114. √　115. √　116. √　117. √　118. ×　119. √　120. ×

121. √　122. ×　123. ×　124. √　125. √　126. ×　127. ×　128. √

129. ×　130. ×　131. ×　132. √　133. √　134. ×　135. √　136. ×

137. √　138. √　139. √　140. ×　141. √　142. √　143. √　144. ×

145. ×　146. ×　147. ×　148. ×　149. √　150. ×　151. ×　152. ×

153. √　154. ×　155. ×　156. √　157. ×　158. ×　159. ×　160. √

161. ×　162. ×　163. √　164. ×　165. √　166. √　167. √　168. ×

169. √　170. √　171. ×　172. √　173. ×　174. √　175. √　176. √

177. √　178. ×　179. ×　180. √　181. √　182. ×　183. √　184. ×

185. ×　186. ×　187. √　188. ×　189. ×　190. √　191. √　192. ×

193. √　194. √　195. ×　196. √　197. √　198. √　199. √　200. √

201. √　202. √　203. √　204. ×　205. ×　206. √　207. √　208. √

209. √　210. √　211. ×　212. √　213. √　214. √　215. ×　216. √

217. √　218. ×　219. ×　220. √　221. √　222. ×　223. √　224. ×

225. ×　226. ×　227. ×　228. ×　229. √　230. √　231. ×　232. √

233. √　234. ×　235. √　236. ×　237. ×　238. √　239. ×　240. ×

241. √　242. ×　243. √　244. √　245. √　246. √　247. √　248. √
249. ×　250. ×　251. ×　252. ×　253. √　254. √　255. √　256. √
257. ×　258. ×　259. √　260. ×　261. √　262. ×　263. ×　264. ×
265. ×　266. ×　267. ×　268. √　269. ×　270. √　271. ×　272. √
273. √　274. √　275. √　276. √　277. ×　278. ×　279. √　280. √
281. √　282. ×　283. √　284. ×　285. √　286. √　287. √　288. √
289. ×　290. √　291. √　292. ×　293. √　294. ×　295. √　296. √
297. ×　298. √　299. √　300. ×　301. ×　302. √　303. ×　304. ×
305. √　306. ×　307. √　308. √　309. √　310. ×　311. ×　312. √
313. ×　314. √　315. ×　316. √　317. ×　318. √　319. √　320. √
321. ×　322. √　323. √　324. ×　325. √　326. √　327. √　328. √
329. ×　330. √　331. √　332. ×　333. √　334. √　335. √　336. √
337. ×　338. ×　339. ×　340. ×　341. ×　342. √　343. ×　344. √
345. ×　346. √　347. ×　348. ×　349. √　350. ×　351. √　352. √
353. √　354. √

二、单项选择题

1. B　2. A　3. B　4. B　5. B　6. C　7. A　8. A
9. A　10. C　11. C　12. C　13. A　14. B　15. B　16. A
17. C　18. C　19. A　20. B　21. B　22. D　23. D　24. A
25. B　26. A　27. B　28. A　29. C　30. B　31. A　32. A
33. A　34. C　35. B　36. A　37. B　38. B　39. C　40. A
41. A　42. B　43. A　44. A　45. A　46. B　47. B　48. C
49. C　50. B　51. C　52. B　53. C　54. B　55. A　56. C
57. A　58. B　59. B　60. B　61. A　62. B　63. A　64. A
65. B　66. B　67. C　68. A　69. B　70. A　71. C　72. A
73. A　74. B　75. B　76. A　77. C　78. C　79. A　80. B
81. B　82. C　83. B　84. A　85. B　86. B　87. A　88. B
89. B　90. C　91. B　92. B　93. C　94. C　95. B　96. A
97. A　98. A　99. C　100. B　101. C　102. C　103. B　104. C
105. A　106. C　107. B　108. A　109. B　110. B　111. B　112. C
113. C　114. B　115. B　116. B　117. C　118. A　119. C　120. B
121. C　122. C　123. A　124. B　125. A　126. A　127. B　128. B
129. C　130. C　131. C　132. B　133. C　134. B　135. B　136. C
137. C　138. C　139. C　140. B　141. A　142. C　143. A　144. B
145. C　146. A　147. B　148. A　149. B　150. A　151. C　152. B
153. B　154. A　155. C　156. C　157. A　158. B　159. B　160. B
161. A　162. A　163. A　164. A　165. C　166. A　167. B　168. C
169. C　170. B　171. A　172. C　173. C　174. B　175. A　176. A

177. A 178. C 179. B 180. A 181. B 182. C 183. A 184. B
185. B 186. C 187. C 188. C 189. C 190. C 191. B 192. B
193. A 194. B 195. A 196. B 197. A 198. B 199. A 200. C
201. B 202. B 203. A 204. C 205. B 206. B 207. B 208. A
209. C 210. C 211. C 212. B 213. A 214. B 215. A 216. B
217. C 218. B 219. B 220. B 221. A 222. C 223. A 224. C
225. B 226. B 227. C 228. C 229. B 230. B 231. B 232. B
233. D 234. A 235. B 236. A 237. B 238. C 239. B 240. C
241. A 242. B 243. A 244. A 245. C 246. C 247. C 248. C
249. B 250. A 251. A 252. A 253. C 254. B 255. C 256. C
257. B 258. A 259. B 260. B 261. A 262. C 263. C 264. C
265. C 266. B 267. A 268. B 269. C 270. A 271. B 272. B
273. A 274. A 275. C 276. B 277. B 278. B 279. B 280. A
281. A 282. B 283. C 284. C 285. C 286. B 287. A 288. B
289. C 290. A 291. C 292. C 293. C 294. A 295. A 296. C
297. A 298. B 299. B 300. C 301. B 302. A 303. C 304. B
305. A 306. A 307. C 308. A 309. A 310. C 311. A 312. C
313. C 314. A 315. C 316. B 317. B 318. A 319. C 320. C
321. A 322. B 323. A 324. C 325. B 326. A 327. C 328. C
329. B 330. B 331. B 332. A 333. C 334. B 335. D 336. A
337. C 338. B 339. B 340. C 341. B 342. B 343. A 344. B
345. C 346. A 347. B 348. C 349. C 350. B 351. B 352. B
353. A 354. B 355. C 356. B 357. A 358. C 359. B 360. B
361. B 362. B 363. C 364. C

三、多项选择题

1	2	3	4	5	6	7	8	9	10
ABC	ACD	ABCD	ABCD	ABCD	AC	BCD	ABD	BD	ABC
11	12	13	14	15	16	17	18	19	20
ABC	ABD	ABC	ABD	AB	AB	ABC	ABC	BC	ABD
21	22	23	24	25	26	27	28	29	30
ABCD	ABCD	BD	ABC	AB	ABC	ABCD	BC	BC	ABD
31	32	33	34	35	36	37	38	39	40
AB	AB	ABCD	ABCD	BCD	ABCD	ABCD	ABCD	BC	ABC

续表

41	42	43	44	45	46	47	48	49	50
ABC	ABCD	ABCD	ABD	ABC	ABD	ABD	ABCD	ABCD	ACD
51	52	53	54	55	56	57	58	59	60
BCD	ACD	ABC	ABD	BCD	BCD	BD	ABD	ABC	ABD
61	62	63	64	65	66	67	68	69	70
BD	ABC	ABC	ABD	BC	ABC	BCD	ABCD	ACD	BCD
71	72	73	74	75	76	77	78	79	80
ABD	ABC	BCD	ABD	ABD	ABCD	AC	ABD	BCD	BC
81	82	83	84	85	86	87	88	89	90
ABCD	ABC	ACD	BCD	ABCD	ABCD	BCD	ABC	BCD	ABC
91	92	93	94	95	96	97	98	99	100
ABCD	ABCD	ABC	ABC	BCD	ABCD	ABCD	ABC	ABD	ABC
101	102	103	104	105	106	107	108	109	110
BCD	BC	AD	BCD	ABD	AC	ABD	ABD	AB	ABC
111	112	113	114	115	116	117	118	119	120
ABCD	BC	ABCD	ABCD	ABC	ABC	CD	ABD	ABCD	AD
121	122	123	124	125	126	127	128	129	130
BCD	ACD	AB	ABCD	ABD	BC	AC	BCD	AC	ABCD
131	132	133	134	135	136	137	138	139	140
ABD	AC	ACD	CD	ABC	ABC	BC	ACD	AD	BD
141	142	143	144	145	146	147	148		
ABC	ABC	BCD	ABCD	ABCD	ABCD	AB	ABC		

主要参考文献、资料

1. 国家安全生产监督管理总局.特种作业人员安全技术培训大纲和考核标准,2011

2. 国家电网安监〔2009〕664 号.国家电网公司电力安全工作规程(线路部分)

3. 国家电网安监〔2009〕664 号.国家电网公司电力安全工作规程(变电部分)

4. GB50054—2011.低压配电设计规范.(2011 年 07 月 26 日发布,2012 年 6 月 01 日实施)

5. 电气工程师手册.北京:机械工业出版社,2002

6. 王建,刘伟,李伟.维修电工(高级)职业资格培训教材.北京:机械工业出版社,2011

7. 劳动和社会保障部中国就业培训技术指导中心组织编写.维修电工(基础知识).北京:中国劳动社会保障出版社,2013

8. 全国安全安全生产教育培训教材编审委员会组织编写.低压电工作业.徐州:中国矿业大学出版社,2013

9. 徐鸿泽.低压电工作业.南京:东南大学出版社,2011

10. Q/GDW-10-J461-2011.江苏省电力公司企业标准